罗布泊考古研究

陈晓露 著

上海古籍出版社

中国人民大学科学研究基金

（中央高校基本科研业务费专项资金资助）

项目成果（15XNL019）

序

　　陈晓露的《罗布泊考古研究》即将由上海古籍出版社隆重推出，这对于从事西域研究和中西文化交流研究的学者来说，无疑是一件厚重的虎年礼物。

　　罗布泊，位于塔里木盆地的东端，这里是西域地理环境演变和古代历史文化演进最为典型的区域，同时，因其地属丝绸之路上东西文化交流的交通枢纽，百多年来一直深受学术界的关注。虽然罗布泊长期以来留给世人的多半是荒凉、偏僻、黄沙弥漫和缺乏生机的印象，但实际上，在考古学研究中，罗布泊是新疆最为重要的地理区域和文化版块之一，罗布泊周边和孔雀河流域曾经是新疆先民最早开拓的地区，同时也是丝绸之路开辟、连接东西方文明交流互动的重要纽带。从20世纪初以来，罗布泊周边屡有重要考古发现，如今恶劣的自然环境与考古发现的精美文物，往往形成巨大的反差，一次次引发人们的惊奇和赞叹。然而，自然地理上几乎难以逾越的独特性、历史上多元文化融合的复杂性，以及长久以来的诸多现实因素，一直制约着对这一地区历史文化遗存的综合研究，人们对其在西域历史文化乃至中华文明多元一体格局形成进程中的作用与地位，缺乏全面的了解和深入探讨。从这个意义上讲，《罗布泊考古研究》的出版，填补了这一重要学术研究领域的空白。

　　近些年来，新疆地区的考古发掘与研究工作有了长足的进步，在若干领域取得了令人瞩目的成绩。但毋庸讳言，与中原地区相比，新疆地区的考古发掘与研究还是相对薄弱一些。首先，新疆地域辽阔，自然环境多样，拥有绿洲、草原、沙漠等多种地貌，基于这些地理条件孕育出来的考古学文化面貌，自然也呈现出复杂的特征；其次，新疆历史上地处丝绸之路的节点，东西方人群的迁徙互动，宗教艺术的交流荟萃，进一步增加了文化的复杂性和多样性；再次，由于历史和现实的种种原因，新疆地区开展大规模、系统性工作的难度较大,因此已经开展工作的数量,特别是对一个重点区域的综合性研究也比其他地区相对要少。这些因素叠加起来,使得新疆考古学研究难以形成全局性、成体系的认识。令人欣慰的是,近年来随着发掘资料的积累和学术研究工作的推进,新疆部分地区已经开展了相对长时段的区域性综合研究。《罗布泊考古研究》正是这样一个典型案例。

罗布泊地区北邻库鲁克塔格山,南至阿尔金山北麓,西接孔雀河下游,东连疏勒河谷地。1901年,瑞典地理学家斯文赫定在罗布泊西岸发现了楼兰古城,震惊了国际学术界。此后,斯坦因、橘瑞超、黄文弼等一大批学者纷至沓来,希望在这片长期被忽略的荒漠之地寻找到失落已久的文明。可以说,正是楼兰的发现和罗布泊地区的探险考察活动,才揭开了西域地区科学考古研究的篇章。中华人民共和国成立后,罗布泊地区又进行了几次大规模的考古工作,如古墓沟墓地、楼兰遗址、小河墓地、营盘遗址的发掘等。迄今为止,罗布泊地区可称得上是新疆地区考古资料积累最为丰富的区域之一。此外,塔里木盆地南道上的几批重要考古资料,如中日联合考古队在尼雅遗址连续十年的工作、且末扎滚鲁克墓地三次大规模的发掘等,也为罗布泊考古研究提供了丰富而充足的可资参照的辅助材料。

本书作者陈晓露,本科到博士均就读于北京大学考古文博学院,读博期间曾赴德国自由大学交流学习一年。我与陈晓露的硕博研究生导师林梅村教授结识较早,一直在学术上有诸多的来往和交流,林梅村教授门下早年的学生郭物、陈凌、马健等,在读研期间都与我在考古调查发掘和学术研究上有过较多的接触,也邀请我参加了他们的硕、博士论文答辩,这批年轻的学者目前都是学术界的佼佼者。我于2004年由内蒙古文物考古研究所调入中国人民大学任教后,也参与了陈晓露的博士论文开题与答辩的全过程,她毕业后来到中国人民大学,先做了两年博士后研究,随后转为教职,成为了我在人大考古学科建设方面的重要帮手。她在学术研究上的孜孜不倦、精益求精;她在田野实践中的不惧困难、吃苦耐劳;她在前辈学者面前表现出的勤奋好学和谦恭有礼,给我留下了极为深刻的印象。陈晓露从本科阶段就在导师的指点下,对罗布泊产生了浓厚的兴趣,后来跟随林梅村教授读研究生,并以《楼兰考古》为题完成了一篇优秀的博士论文。这些年来,她在楼兰考古的基础上,持续在罗布泊考古研究上努力钻研。现在推出的这本著作,就是她在博士论文的基础上,把视野从历史时期扩展到了史前时期,结合近年来最新的考古发现,力图以区域性考古的视野,描绘出罗布泊地区考古学文化整体面貌的一次大胆的尝试。

通读全书,可以得出一个印象:罗布泊地区独特的自然环境和地理位置,在相当大程度上深刻影响了其考古学文化面貌的特征和发展演变走向。显然,环境因素的影响作用,在新疆其他地区也同样存在。如前所述,一方面,新疆地理环境多样,不同小区域的自然条件差异,在某种程度上对本地居民的生活方式、物质文化面貌有着决定性作用;另一方面,新疆处于东西交通孔道之上,每处遗址展示的文化几乎都会不同程度地受到东西方文化因素的渗透和影响。因此毫无疑问,本书所呈现出的这种区域性研究的路径,也适合于新疆其他区域的考古学文化研究,其所建立的年代学序列,对于认识西域文化的发展演变脉络也具有较强的参照意义。同时,本书并非只是对考古材料的归纳整理,而是始终注重将讨论纳入历史研究的框架中;反过来,也正是通过对考古学材料的深度解读,才将罗布泊地区的文化演进阶段得以具体、清晰地呈现出来。本书涉及的时代跨度大,研究的内容十分庞杂,作者尽量地收集和吸收了截至目前关于罗布泊的各种研究成果,可以说,这应当是目前学术界对罗布泊考古最为全面的一本学术著作。

定位准确是本书另一个值得肯定之处。全书始终将罗布泊置于中原文化、本地文化以及新疆以西地区诸文化的多重影响下展开讨论,并对所讨论的内容区分出层次性。其中可圈可点之处很多,如对箱式木棺文化因素、城址规模与规制的关系、罗布泊居民日常生活以及本地佛教的世俗性等方面的观察和讨论,都颇具新意。对于涉及罗布泊地区历史的很多关键性问题,作者也给出了自己的解答。尽管很多问题仍不能最后定论,但作者对于研究方法的探讨和研究思路的尝试,是值得肯定的。当然,由于学科本身的特点,考古学研究可以说是一种永远不可能完结的研究,因为地下永远有未知的新材料可能问世。就在本文落笔之际,罗布泊考古又有了新进展。颇受学术界瞩目的尉犁克亚克库都克烽燧,由新疆文物考古研究所主持,从2019年开始迄今已经开展了连续三年的主动性发掘,获得了重要成果。通过对遗址出土文书的解读,发掘者已经可以判断,这处烽燧是一处唐代军事设施,而学术界以往普遍认为该烽燧与孔雀河沿岸的一系列烽燧群都可能属于汉代。晓露与我讨论这处新发现时说,她一直关注着该遗址的发掘,只是本书的写作是在遗址发掘之前,仍延续的是之前的一贯认识,而这些唐代烽燧有着很明显的汉代烽燧的形制特征,这也是我们今后研究中应当继续关注的问题,具体情况都有待于后续工作的进一步开展。祝愿晓露在西域考古研究领域继续奋进,不断取得新的成果。

魏　坚

2021 年 12 月 7 日

目　录

插图目录及出处

第一章　罗布泊地理环境与交通路线

　　罗布泊位于今新疆巴音郭楞蒙古自治州东部，地理位置大致在北纬39—41度、东经88—94度之间，现已干涸。在各种语境中的"罗布泊地区"一词，除了指代历史上的罗布泊湖盆及湖水曾漫及的地方，还包括了周边东抵北山、西邻塔克拉玛干沙漠、南到阿尔金山前山带、北抵库鲁克塔格的广大戈壁区域。这一地区地表有大片盐壳，雅丹地貌广为分布，气候极为干燥，高温、少雨、多风沙，目前是我国最为干旱的地区。这样与周围明显有别的自然环境，使得罗布泊地区成为塔里木盆地东端一个独立又特殊的地理单元。

　　与恶劣的自然环境相对的是，罗布泊地区曾经创造出辉煌灿烂的历史。这里地处东西交通的枢纽地带，是沟通古代文明的中心，荟萃东西方历史上多种不同的文化，历来受到学术界的密切关注。人类在这片地区的活动，经历了兴盛与衰亡的巨大变化。这里是历史时期人地关系的一个典型缩影，也是研究环境、地理、历史、考古文化演变的绝佳区域。

一、罗布泊地理位置与自然环境

　　罗布泊是塔里木盆地的最低点，南北两侧阿尔金山、库鲁克塔格与北山的山前平原则略高，阿尔金山又有自西向东缓降的趋势。这里的地表自然景观为戈壁、沙漠、盐漠、风蚀残丘，冲积平原和可耕地极少。在气候上，这一地区深处于欧亚大陆腹地，远离海洋，云量少、日照多、蒸发强、植被稀少，为极端干旱气候。年平均降水量在40毫米以下，蒸发量则达到3 000毫米以上。夏季酷热，最高气温达40—50度；冬季晴朗干凉，无积雪覆盖。每年2—6月为风季，风向以东北风为主，巨大的风蚀作用使罗布泊北部的孔雀河下游龙城、楼兰古城一带形成了大片的雅丹地貌，东西长约

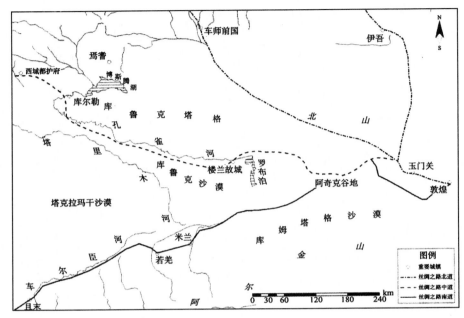

图 1-1　罗布泊地理位置

40千米,南北宽约160千米,面积达到1 800平方千米。①

　　罗布泊是塔里木盆地地表水和地下水的汇聚中心,周边地区在历史上也曾是一片水乡泽国,有众多的湖泊、河流和丰富的地下水。其中,罗布泊本身就曾是这一地区最大的水体。在史书中,罗布泊被称为"渤泽"(《山海经》)、"盐泽"(《史记》)、"蒲昌海"和"牢兰海"(《水经注》)等。从记载来看,它占据的面积曾相当大,但水面范围随着历史的长期演变在不断地缩小,直到20世纪六七十年代彻底干涸。除罗布泊外,众多的河流流经这一地区后,还形成了喀拉和顺湖、台特马湖等大小不等的湖泊。这些湖泊在近代以来由于种种原因大都干涸,只有个别由于近年来的生态治理,恢复了部分水源。

　　最主要的地表河流有三条:塔里木河、孔雀河与车尔臣河。这几条主要河流进入罗布泊地区的水量曾经应该是很大的,所以才能够形成众多的

① 夏训诚主编:《中国罗布泊》,北京:科学出版社,2007年。本节关于罗布泊地理环境的研究成果,主要引自是书,恕不一一注出。

湖泊。塔里木河是我国最大的内陆河,从源头叶尔羌河到台特马湖共2 437千米。相关研究根据《水经注》的记载认为,北魏之前,塔里木河分南北两河入于罗布泊。当主流偏北时,下游即取孔雀河入罗布泊;主流偏南时,则沿今塔里木河道从南入罗布泊。直到19世纪,塔里木河的水量应仍然很大。清人徐松撰于道光年间的《西域水道记》称:"塔里木河,河水汪洋东逝,两岸旷邈。"到19世纪末,塔里木河还常年有水流注罗布泊。孔雀河在《山海经》中被称为"敦薨之水",其上源为源出天山的开都河,先流入博斯腾湖,流出博斯腾湖的部分始称孔雀河。1934年,中瑞西北考察团成员陈

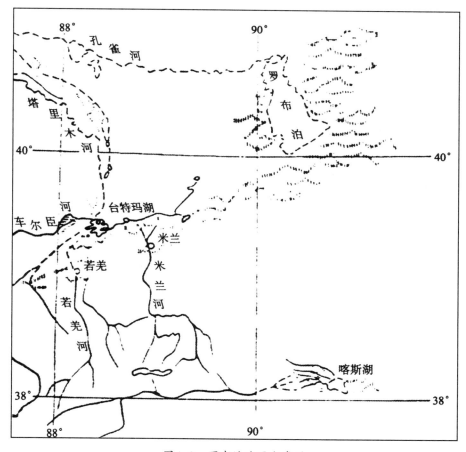

图1-2　罗布泊地区水资源

宗器等人在尉犁乘独木舟仍可直通罗布泊,可见水量在当时仍很大。车尔臣河则源自阿尔金山北坡,在北魏郦道元的《水经注》中被称为"阿耨达大水",出山后分两支,一支入塔里木南河,另一支入"牢兰海"即罗布泊。清代《新疆图志》称车尔臣河为"卡啬河",并言其"由卡啬(今且末)入罗布卓尔约千里有余,虽不通舟楫,夏涨而冬不枯",可见车尔臣河直到那时仍是一条常年有水入泊的河流。这三条大河注入罗布泊的水量一度很大,后来才逐渐减少甚至断流,最终使得罗布泊和其他湖泊失去补给来源而干涸。此外,还有发源于阿尔金山的米兰河、若羌河和瓦石峡河等小河,水量相对较小。不过,尽管汇入罗布泊的几条河流都是淡水河,但罗布泊由于深居大陆腹地,西邻库鲁克沙漠,远离海洋,湖水为咸水,即使在湖水充盈的时候,其整体的生态环境仍然是比较严酷的。只是在有些时期,水资源相对充足,周边的植被较为发育,条件会相对好一些。

罗布泊位于塔里木盆地东缘。后者是我国最大的内陆盆地,总体为不规则菱形,四面为几大山脉所包围,南北最宽处600千米,东西最长处1 500千米,面积约40万平方千米。地势自西南向东北倾斜,地貌呈环状分布,边缘是与山地相连接的砾石戈壁,中心是广袤的沙漠,仅东面有70千米宽的缺口与河西走廊相通。盆地平均气温在24—64度之间,有时甚至更高,中心为塔克拉玛干沙漠,气候十分干燥,降水稀少。但南北山区的降水量可观,从昆仑山和天山山脉发源的许多河流,深入沙漠内部,形成绿洲。如小河墓地所傍依的小河,就是孔雀河伸入库鲁克沙漠中的支流。小河墓地的发掘表明其是在一座原生高阜沙丘的基础上,由不断构筑的多层墓葬以及自然积沙叠垒、堆积而成,即该墓葬区并非逐渐沙漠化,而是从使用之初便是在沙漠之中。但是,墓葬中出土的大量动、植物遗存却也说明小河人的生活环境应是水草丰美、牛羊成群的绿洲。一般说来,在史前时期由于各方面的限制,人们的生活区和墓葬区并不会相距太远。尽管迄今尚未确认小河居民的生活区位置,但小河墓地的葬具和墓前所立巨大木柱都暗示着处在沙漠中的墓地距离木材的取用地(即绿洲中的生活区)应不会太远,否则其搬运过程不会太便利。[1]

---

[1] 新疆文物考古研究所:《新疆罗布泊小河墓地2003年发掘简报》,《文物》2007年第10期,第4—42页。

罗布泊的北部、东部和西部，则是我国第二大雅丹地貌分布区，面积达到3 000平方千米。这种地貌的形成是在罗布泊湖相沉积物的基础上，经风蚀和水流等外营力长期共同作用的结果。这些雅丹有些高达10—20米，其排列方向与当地的主力风向平行，大致呈东北—西南走向。以往的研究者认为风力对于雅丹的形成起了主要作用，因此又称其为"风蚀台地"，后来才认识到暴雨、洪水对其形成也有作用。早在汉代，人们便注意到了这一特殊地貌，在《汉书》中称之为"龙堆""白龙堆"，北魏的《水经注》中也称为"白龙堆"。20世纪初斯文·赫定在罗布荒原考察时，借用维吾尔语将这种地貌称为"雅丹"。这片地区位于塔里木盆地东缘与河西走廊之间，交通十分难行，在历史时期往往成为军事防御的天然屏障。

在荒漠与戈壁之间，河流尾闾地带形成的大大小小的绿洲，成为人们生活栖居的家园。从远古时代开始，这里就出现了人类活动的足迹。尽管生态环境恶劣、条件艰苦，人们依然在对环境不断的适应过程中，创造出了独特的文化，并深深烙上了罗布泊地区特有的印记。

二、罗布泊地区交通路线

罗布泊地区北隔库鲁克塔格山与和硕、吐鲁番及哈密相望，东接河西走廊的敦煌，南依阿尔金山，西与塔里木盆地连成一片，是塔里木盆地东端的十字路口，也是敦煌通向西域各地区最重要的交通枢纽。在不同的历史时期，西域地区的各个政治主体势力对比形势不同，罗布泊地区的主要交通路线也存在着差异。

学术界一般把张骞通西域作为丝绸之路开辟的标志。不过，汉王朝经营这条线路的初衷，是为了与北方的匈奴抗衡。因此，罗布泊地区尽管自然条件恶劣，但由于地理位置位于匈奴主要势力范围以南，因而得以在中原王朝的着力保障下，成为了交通西域的重要节点，在两汉时期呈现出繁荣的景象。这一时期的中西交通干线在历史上被称为"楼兰道"，即以罗布泊西北的楼兰王国为主要通道和分途点的道路。

关于这条线路，文献中表述最明确的是《三国志·魏书》卷三十裴注引《魏略·西戎传》所述："从玉门关西出，发都护井，回三陇沙北头，经居卢仓，从沙西井转西北，过龙堆，到故楼兰，转西诣龟兹，至葱岭，为中道。"

这段文字详细说明了从玉门关出发后要行至罗布泊西北的楼兰、再经塔里木盆地北缘出葱岭的路线。研究者对其中提到的各个地点都进行详细的考证,尽管尚未取得一致的意见,但大致认为是先沿着疏勒河河谷,后转至阿奇克谷地行进,然后穿过罗布泊湖盆东岸的白龙堆地带后到达楼兰。① "龙堆"多次见于《汉书·西域传》,如"楼兰国最在东垂,近汉,当白龙堆""且通西域,今有龙堆,远则葱岭"等记载。如前所述,一般认为龙堆即指罗布泊东部的雅丹地貌,是到达楼兰前最艰难的一段路程。"居卢仓"的位置,根据出土汉简和考古调查情况,我们认同孟凡人先生的观点,认为应该在孔雀河故道北岸的土垠遗址。② 至于"都护井""沙西井",无疑是指这一路线中水源丰富之处,具体地点仍存在争议,未能确定。③ 但是,从土垠到楼兰之间基本是无水可取的雅丹戈壁,因此前两处地点应是在罗布泊以东地区。研究者指出,《魏略·西戎传》上引文字可能是在传抄过程中发生了舛误,"沙西井"与"居卢仓"二者的顺序被弄颠倒了。④

到达楼兰后再向西的路线,文献并未详细记录。不过,考古工作者在孔雀河故道中游沿线从营盘到库尔勒发现了11处烽火台,这些亭燧无疑指示着当时交通的具体走向。斯坦因还曾在土垠东南发现过一处烽燧,我们认为它也应是与孔雀河烽燧连成一线的。⑤ 这条路线应该就是《魏略·西戎传》中的"转西诣龟兹,至葱岭"的路线,也即《汉书·西域传》中的"北道"。

《汉书·西域传》载:"自玉门、阳关出西域有两道。从鄯善傍南山北,波河西行至莎车,为南道;南道西逾葱岭则出大月氏、安息。自车师前王廷随北山,波河西行至疏勒,为北道;北道西逾葱岭则出大宛、康居、奄蔡焉。"

---

① 张莉:《西汉楼兰道新考》,《西域研究》1999年第3期,第86—88页。

② 孟凡人:《罗布淖尔土垠遗址试析》,《考古学报》1990年第2期,第176—181页。

③ 黄文弼:《释居卢訾仓》,《国学季刊》第五卷第二号,北平:国立北京大学,1935年,第67页;陈宗器:《罗布泊与罗布荒原》,《地理学报》1936年第3卷第1期,第18—49页;黄文房:《罗布泊地区古代丝绸之路的研究》,收入中国科学院新疆分院、罗布泊综合科学考察队:《罗布泊科学考察与研究》,北京:科学出版社,1987年,第312—313页。

④ 孟凡人:《罗布淖尔土垠遗址试析》,《考古学报》1990年第2期,第181页;王炳华:《"土垠"遗址再考》,收入朱玉麒主编:《西域文史》第四辑,北京:科学出版社,2009年,第69—74页。

⑤ 参见第四章。

6

这两条道路在《史记·大宛列传》中又合称"南北道":"初,贰师起敦煌西,以为人多,道上国不能食,乃分为数军,从南北道。"而罗布泊与楼兰实为汉代南北两道的分界点。"南道"是"从鄯善傍南山北"西行,这里的"鄯善"无疑即楼兰更名后迁至车尔臣河流域的都城扜泥城,"南山"即昆仑山。在汉通西域初期,由于北方存在匈奴势力的威胁,南道应是主要的通行道路。张骞归汉、李广利还师、冯奉世送大宛客等行动都选择了南道。随着汉朝在西域的实力逐渐扩张到北道、设立都护之后,北道才逐渐成为交通主干线。

东汉早期,汉明帝采用了直接打击天山北麓匈奴主力的策略,力图打通从伊吾进入西域的道路。《后汉书·西域传》称:"自敦煌西出玉门、阳关,涉鄯善,北通伊吾千余里。"不过,由于汉匈对峙形势变幻莫测,伊吾道无法保证通畅,只能时断时续。在这种情况下,研究者推测楼兰道应仍是东汉力保、主要使用的道路。曹魏以后,如前所述,《魏略·西戎传》将楼兰道及其以西称为"中道",而将从敦煌经伊吾到车师后王庭的通道称为"新道",又称"北新道"。不过,由于鲜卑占据伊吾,楼兰道又成为中原通西域的主要干道,魏晋前凉时期的西域长史都设在楼兰LA古城。LA古城中出土不少关于丝绸贸易的简牍文书,表明这一时期楼兰道亦为商人所利用,成为东西贸易的商道。LE古城附近还发现有贵霜大月氏移民的墓葬,楼兰能够成为外来移民的重要落脚点,显然是由于此时占据着交通枢纽的地理位置。公元4世纪晚期以后,楼兰道逐渐失去了交通干线的作用,罗布泊西北基本不见这一时期的遗址。不过,楼兰道的生命力可能一直持续到隋末关闭"大碛路(楼兰道)"之时,甚至到唐代还有人通过。考古工作者曾在白龙堆东北古道上发现900余枚开元通宝,可能是偶然途径的个别小股商旅散落于此。[①]

除了经楼兰沿塔里木盆地南北边缘延伸的丝路主干道,从文献记载和考古发现来看,罗布泊地区还存在一些南北方向的短途通路,如"墨山国之路"、小河沿线南北通道等。尽管它们的重要性不及"南北道",但对于勾连西域内部局地的交通也仍然发挥着重要作用。

---

① 孟凡人:《丝路交通线概说》,收入氏著:《新疆考古与史地论集》,北京:科学出版社,2000年,第345—346页。

　　"墨山国之路"的名称由罗新先生提出,指的是翻越库鲁克塔格山沟通罗布泊与吐鲁番盆地的道路。对于墨山国,《汉书·西域传》载:"山国……西至尉犁二百四十里,西北至焉耆百六十里,西至危须二百六十里,东南与鄯善、且末接。山出铁,民山居,寄田籴谷于焉耆、危须。"其具体地望所在,学术界尚存在一定争议,但一般认为这个小国游牧于库鲁克塔格山间。[①]"墨山国之路"意即取道库鲁克塔格山的道路。汉晋时期,北方游牧民族的势力始终是中原王朝最大的威胁之一,罗布泊西北的楼兰和吐鲁番盆地的车师则一直是中原王朝在西域经略的两个重要地点,因而这条道路往往是军事行动所采取的路线,如西汉天汉二年(前99)开陵侯将楼兰国兵击车师、地节二年(前68)郑吉击车师、前秦建元十九年(383)吕光伐龟兹等行动,可能都选择了这条道路进军。[②]不过,楼兰与车师两地之间有库鲁克塔格山阻隔,若直线沟通需翻山越岭,并不便捷易行,沿途所能获得补充的物资给养也有限。[③]因此这条道路可能并非常规行旅路线,只是因具有重要战略意义而主要用于军事行动。

　　小河沿线的南北通道是由考古发现所揭示出来的。20世纪30年代中瑞西北科学考察团最早发现了小河遗址群,其中包括青铜时代的5号墓地和烽燧、墓地等汉晋时期遗址。[④]21世纪初,新疆文物考古研究所在对青

---

① M. A. Stein, *Serindia: Detailed Reporat of Explorations in Central Asia and Westernmost China Carried out and Described under the Orders of H. M. India Government*, vol. 1, Oxford: Clarendon Press, 1921, p. 334; M. A. Stein, Innermost Asia: Report of Exploration in Central Asia Kan-su and Eastern Iran, vol. 2, Oxford: Clarendon Press, 1928, pp. 722—725;羊毅勇:《从考古资料看汉晋时期罗布淖尔地区与外界的交通》,《西北民族研究》1994年第2期,第28—29页;林梅村:《墨山国贵族宝藏的重大发现》,收入氏著:《古道西风——考古新发现所见中西文化交流》,北京:生活·读书·新知三联书店,2000年,第194—204页;李文瑛:《营盘遗址相关历史地理学问题考证——从营盘遗址非"注宾城"谈起》,《文物》1999年第1期,第43—51页。

② 罗新:《墨山国之路》,收入袁行霈主编:《国学研究》第五卷,北京:北京大学出版社,第483—518页。

③ (日)松田寿男著,陈俊谋译:《古代天山历史地理学研究》,北京:中央民族学院出版社,1987年,第62—68页;殷晴:《汉代丝路南北道研究》,《新疆社会科学》2010年第1期,第124—126页。

④ F. Bergman, *Archaeological Researches in Sinkiang, Especially the Lop-Nor Region*, Stockholm: Bokförlags Aktiebolaget Thule, 1939, pp. 51–180.

铜时代的小河5号墓地进行发掘的过程中,也对周边地区进行了调查,又发现了一批汉晋时期遗址。① 麦德克古城、小河西北古城两座城址则无疑是汉晋时期重要的军事政治据点。麦德克古城平面呈圆形,应为西域土著政权的都城或治所;小河西北古城平面为方形,应是中原王朝修筑。② 显然,汉晋时期这条连接丝路南北道的通路具有十分重要的地位。西汉宣帝时期,郑吉首先以鄯善为基地,经营取得一定成效后,逐渐控制北道成为首任西域都护,小河沿线这条通道应即是当时郑吉沟通和维系南北的重要联络线。公元5世纪初,东晋法显西行求法,渡沙河后先至佛教圣地鄯善,住"一月日"后,"复西北行十五日"到达焉耆,可能也需要先取道这条南北通路到达孔雀河,再沿河岸向西北行至焉耆。

此外,坐落于南道的鄯善,南依昆仑山和阿尔金山,其往南和往东南方向都有路途可通。公元4—5世纪后,楼兰道逐渐走向衰落,鄯善为吐谷浑占据,其与青藏高原、柴达木盆地的联系可能有一定程度的加强。尼雅出土佉卢文文书和米兰出土木简中都有提到"苏毗"人,反映出鄯善与西藏之间存在往来。③ 北魏时期西使的宋云、惠生"从吐谷浑西行三千五里至鄯善城",所走即是从柴达木盆地连接丝路南道的路线,与南北朝时期与西域沟通的所谓"河南道"相连。④

① 新疆文物考古研究所:《罗布泊地区小河流域的考古调查》,收入吉林大学边疆考古研究中心:《边疆考古研究》第7辑,北京:科学出版社,2008年,第371—407页。
② 参见第四章。
③ 黄盛璋:《于阗文〈使河西记〉的历史地理研究》,《敦煌学辑刊》1986年第2期,第7—8页。
④ 唐长孺:《南北朝期间西域与南朝的陆路交通》,收入氏著:《魏晋南北朝史论拾遗》,北京:中华书局,1983年,第168—174页。

第二章　罗布泊史前考古文化

　　罗布泊地区的考古发现中,细石器遗存是较为特殊的一类遗存,目前学术界对这类遗存的认识仍十分有限。一般来说,细石器应属于石器时代遗存,但细石器在新疆地区的发现却十分特殊,相当一部分表现出较晚的特征,说明其年代范围可能十分宽泛,延续使用时间很长,可以到铁器时代甚至更晚的时期,并不完全属于史前考古文化。大体看来,这一地区的细石器遗存主要见于孔雀河三角洲地带、楼兰LA古城附近、LK与LL古城周围、小河沿岸等地点,制作技术主要是打制和压制,产品类型丰富,形态和用途多样,包括刮削器、尖状器、石镞等,其中以通体加工的桂叶形石镞或矛、投枪头最具有特征。石器制作的工艺技术有了一定发展,其中有的细石核上可剥离出很长的细石叶,可以看出打制石器技术已发展到相当高的水平。此外,考古工作者还采集到一定数量的玉斧、石磨盘、石杵、砺石等磨制石器,部分石器点还偶见手制、素面的夹砂红褐陶片。[①]细石器和磨制石器、彩陶共同出现,表明其经济形态应是以渔猎为主,但农业经济可能已经出现,由此来看其年代下限可能不会太早。在罗布泊地区2014—2016年连续三年的综合科学考察中,考古工作者也采集了不少石器。通过将细石器遗存点的分布范围与魏晋时期各类遗存的分布范围进行比对发现,二者分布范围大致重合,但是又存在一定差异:在楼兰古城周边及其东北部等汉晋时期遗存的核心区,细石器不仅数量少,而且种类也少;而在楼兰古城的南部,细石器分布则比较多。[②]这种分布可能揭

---

① 伊第利斯·阿不都热苏勒:《新疆地区细石器遗存》,《新疆文物》1993年第4期,第37—59页。
② 新疆文物考古研究所:《2014年度古楼兰交通与古代村落遗迹调查报告》,《新疆文物》2015年第3—4期,第29页。

示了一定的问题。不过，多数研究者指出，由于这些细石器遗存主要来自地表采集，尚未发现确切的文化层位，因而目前学术界对其年代、属性与渊源的探讨都只能是初步的，带有一定推断性质，还无法从考古学文化层面认为西域地区存在一个细石器文化时代。至于年代下限能否延续到青铜时代，也难以得出明确的结论。[①]这一问题在整个新疆地区都是普遍存在的，就目前的研究状况来看，由于材料所限，尚难以建立系统的认识。[②]

这一地区更为重要、较为明确的史前考古材料是以小河墓地和古墓沟墓地为代表的一批青铜时代文化遗存。尽管目前所知均为墓葬，未见居址材料，但墓葬已积累了一定的数量，迄今已刊布的相关文化遗存已达到20余处，其中3处进行了科学发掘，可以进行综合的考古学文化分析。从文化面貌来看，这批材料表现出一致的特点，是目前新疆地区所知考古学文化中年代最早者之一，受到了国内学术界的广泛关注。

一、小河文化的面貌与年代

以古墓沟墓地和小河墓地为代表的这支考古学文化，目前学术界对之存在多种称呼，包括"小河文化""古墓沟文化""小河古墓沟文化""孔雀河青铜时代文化"等。[③]不过，尽管命名上未能统一，但研究者对该文化的内涵和外延的认识都比较清楚和一致，并未引起过多混乱。在这里，我们暂采用新疆文物考古研究所的称呼，称其为"小河文化"。

该文化目前积累的材料已经较为充足，包括孔雀河下游的古墓沟墓

---

① 于志勇：《新疆地区细石器研究的回顾与思考》，《新疆文物》1996年第4期，第64—71页。

② 宋亦箫：《新疆石器时代考古文化讨论》，收入文化遗产研究与保护技术教育部重点实验室、西北大学文化遗产与考古学研究中心编著：《西部考古》第四辑，西安：三秦出版社，2009年，第88—94页；朱之勇、高磊：《新疆旧石器、细石器研究的成就、问题与展望》，收入吉林大学边疆考古研究中心编：《边疆考古研究》第18辑，北京：科学出版社，2015年，第93—104页。

③ 肖小勇：《西域考古研究——游牧与定居》，北京：中央民族大学出版社，2015年，第96—98页。

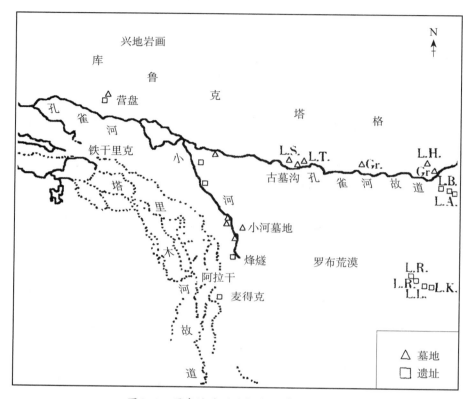

图 2-1 罗布泊地区小河文化遗址分布图

地[①]和铁板河墓地[②]、贝格曼与新疆文物考古研究所先后发掘的小河墓地[③]、

① 王炳华：《孔雀河古墓沟发掘及其初步研究》，《新疆社会科学》1983年第1期，第117—130页；王炳华：《古墓沟》，乌鲁木齐：新疆人民出版社，2014年。
② 穆舜英：《楼兰古尸的发现及其研究》，《新疆文物》1992年第3期，第61—74页；收入穆舜英、张平主编：《楼兰文化研究论集》，乌鲁木齐：新疆人民出版社，1995年，第370—391页。
③ Folke Bergman, *Archaeological Researches in Sinkiang*, Stockholm: Bokfoerlags Aktiebolaget Thule, 1939, pp. 59-98；新疆文物考古研究所：《2002年小河墓地考古调查与发掘报告》，收入吉林大学边疆考古研究中心编：《边疆考古研究》第3辑，北京：科学出版社，2004年，第338—398页；新疆文物考古研究所：《新疆罗布泊小河墓地2003年发掘简报》，《文物》2007年第10期，第4—42页。

20世纪初斯坦因调查的四处墓地（LF、LQ、LS、LT）[①]、1934年斯文赫定在孔雀河三角洲发现的Grave 36和Grave 37两座墓葬[②]、黄文弼考察的Lㄅ和Lㄇ两座墓葬[③]、全国第三次文物普查中在若羌楼兰LE古城周边附近发现并编号的近20处墓地和尉犁咸水泉10号墓地[④]以及2005年伊第利斯在克里雅河尾闾地带发现的北方墓地[⑤]。其中，前三处墓地进行了较为科学的考古发掘。

铁板河墓地位于若羌县罗布泊西北、孔雀河尾闾铁板河流入罗布泊湖盆附近的风蚀地貌中，东南距楼兰文物保护站约8.3千米，南距楼兰LE古城约10.5千米，东北距土垠遗址约7千米。墓地位于一座高出地面7—8米的雅丹台地上，分为东西两处，1980年新疆社会科学院考古研究所楼兰考古队发现并进行清理了东处的2座墓葬。M1在雅丹崖壁处，为长方形竖穴土坑墓，长1.7、宽约0.7、深1米左右。墓穴东西两端各插立两根粗木杆。墓穴中葬一成年女性，仰身直肢，无葬具，尸体保存较好：深褐色长发披肩，面部盖簸箕状的长扁筐，上再盖树枝和芦苇；上身裹粗毛布、下身裹羊皮，头戴毡帽，帽侧插羽毛，脚穿皮鞋；随葬草编篓、木梳。M2在M1东侧，完全被破坏，无尸骨，仅从残墓穴中采集到草编篓及簸箕状扁筐、香蒲草、草绳、刀形木器、鱼骨等。

古墓沟墓地位于新疆尉犁县东南部库鲁克塔格山以南、孔雀河下游干河床北岸荒漠第二台地一处沙丘上，经纬坐标为东经88°56′08.2″、北纬40°40′41.2″，南距孔雀河干河床约2千米，南偏西距若羌县小河墓地44千米，东偏南距楼兰古城85千米。其东、西数千米即斯坦因发现的LS和LT

① M. A. Stein, *Innermost Asia: Report of Explorations in Central Asia Kan-Su and Eastern Iran,* Oxford: Clarendon Press, 1928, vol. 1, pp. 263–266; vol. 2, pp. 734–737; 743–744.

② Folke Bergman, *Archaeological Researches in Sinkiang*, Stockholm: Bokfoerlags Aktiebolaget Thule, 1939, pp. 136–140.

③ 黄文弼：《罗布淖尔考古记》，北平：国立北京大学出版部，1948年，第97—99页。

④ 新疆维吾尔自治区文物局编：《不可移动的文物：巴音郭楞蒙古自治州卷（2）》，乌鲁木齐：新疆美术摄影出版社，2015年，第209—241、479—481页。

⑤ 张迎春：《新疆发现克里雅河北方墓地》，《阿克苏日报》2008年4月19日第006版；Victor H. Mair, "The Northern Cemetery: Epigone or Progenitor of Small River Cemetery No. 5?", in Victor H. Mair & Jane Hickman ed., *Reconfiguring The Silk Road: New Research on East-West Exchange in Antiquity*, Philadelphia: University of Pennsylvania Museum of Archaeology and Anthropology, 2014, pp. 23–32.

墓地。墓地所在的台地地势较周围稍高,并开阔平缓。墓葬分布范围为东西35米,南北45米,面积1 600平方米。1979年新疆社会科学院考古研究所在此共清理了42座墓葬,按照地表标志可区别为两种类型。第一类型墓葬,地表有7圈列木,构成椭圆形圈,圈外散布以7根木桩构成的放射性直线。这类墓葬共见6座,比较整齐地分成两排,并列在墓地所在沙丘。墓主人均为男性,仰身直肢、头东脚西,方向近90°;使用木棺,但均已朽坏,唯余木灰;随葬品尚见其痕迹者,有小型木雕人像、小木俑、锯齿形刻木、骨珠、小铜卷、玉珠等物。未见麻黄枝、草篓,但因有机质殉物大都已朽,并不能否定其可能存在。第二类型墓葬,地表不见7圈椭圆形围木,共见36座,主要分布于墓地西南部。使用无底的竖穴木棺,东西向,挡木端头外各立一

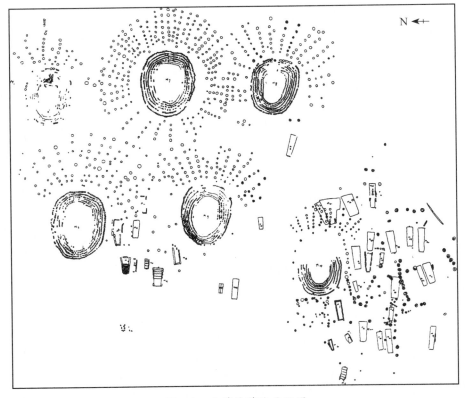

图2-2 古墓沟墓地平面图

根木柱。入葬人员,男女老幼均见,婴幼儿葬穴相对稍集中。墓主人仰身直肢、头东脚西。出土物品除棺木、棺盖牛羊皮、毛毯、裹尸毛线毯、皮衣、皮鞋、裘皮围脖、随身草篓、麻黄枝外,还有木俑、石俑、锯齿形刻木、显示花纹之小卵石、牛羊角等少量殉物。两种类型的墓葬,有互相叠压、打破的情况。

小河墓地位于若羌县罗布泊西部孔雀河支流小河河道东侧4000米处的沙漠之中,地理坐标为北纬40°20′11″、东经88°40′20.3″,海拔高度823米。墓地外部为一座椭圆形的大沙丘,大致呈东北—西南走向,高7米余,长74米,宽35米,总面积2500平方米左右。1934年中瑞西北考察团首次发现该墓地,并发掘了12座墓葬。2002—2005年,新疆文物考古研究所等单位对该墓地实施了全面发掘,共清理墓葬167座,出土文物数以千计。

发掘表明,小河墓地是在一座原生的高阜沙丘的基础上,由不断构筑的多层墓葬以及自然积沙叠垒、堆积而成。在沙丘的中部和西南端,各有一排保存较好的木栅墙,中部木栅墙将墓地分成独立的南北两个区域。南区的保存相对较好,共有墓葬139座;北区处于迎风面,由于罗布泊强烈的东北风的侵袭,绝大部分墓葬被破坏,仅存墓葬28座。南区墓葬可分为上下5层。位于底层的第5层墓葬建构于原生沙丘之上,是墓地最早的一批墓葬。这层墓葬形成之后,在其分布区的南北两侧才树立起木栅墙作为界墙,之后木栅墙以北也开始布墓,两个墓区由此形成。墓地绝大多数墓葬结构一致,一般是先挖沙坑,坑中置棺具,然后在棺前后栽竖立木。南区1—3层墓葬密集,上下反复叠压打破,墓室深度一般在1米左右。4—5层墓葬,位置低,沙质潮湿紧密,普遍较深,最深的接近2米。墓葬均有棺具,一墓一棺。木棺由胡杨木制成的侧板、两挡、盖板拼合而成,均无底板,其上普遍覆盖着牛皮,最多的覆盖5、6层,有的还盖有毛织物,牛皮上中部多放一把红柳枝及芦苇一枝。木棺形制根据侧板和挡板的形状可分3类,表现出侧板从直板到弧面、挡板从梯形到长条形的演变趋势,大体上可分为早晚两期,4—5层木棺为早期,1—3层为晚期。4—5层墓葬中部分高等级葬具在木棺外还加罩泥壳。

LF墓地位于楼兰文物保护站西南3.9千米处的一处较高大的雅丹高台上,斯坦因1914年首次发现并做过一些清理。台地大致呈东北—西南走向,长约50米,宽约15米,高约30米。台地西南坡较缓,其余三面极为陡

北

图 例
散乱棺木 ━
立 桩 。
探方框 ⌐
等高线 ━

图2-3 小河墓地平面图

峭。墓葬分布于台地中部和西南部,东北部是一处戍堡建筑,之间相隔有一条宽1.5—1.8米的风蚀沟,两侧的遗迹年代不同。台地西南部的墓葬和戍堡属于汉晋时期遗存,台地中部分散布列的墓葬则属于青铜时代。斯坦因在这里清理了8座墓葬,其中1座为空墓,亦用木板围起来,3座因风蚀完全毁坏,其余4座墓保存较好。这4座墓中的2座被斯坦因编号为LF.1和LF.4,在地表用并列竖立的木板构筑长方形的围栏,围栏高出地表90厘米以上,中置弧形侧板拼合而成的槽形木棺,墓主人均为男性。另外2座墓因风蚀,棺木已几乎暴露,均葬女性。

LS墓地为1915年斯坦因在库鲁克塔格考察途中于孔雀河北岸发现,距离古墓沟不远,但因斯坦因考察过后再未有研究者到达过该遗址,其具体位置未能确定。墓地位于一台地上,地表保留有许多成行的木桩。台地南边有一道用灌木层和砾石层筑成的残墙,延伸了约25英尺长。墓葬共有十余座,分成两组,彼此相隔约20码远。南组墓葬中间的被编号为LS.1,地表形制类似古墓沟的"太阳墓",中间由七圈木桩构成东西长14英尺、南北宽10英尺的椭圆形围垣,其外的南面和东面仍保留着列木射线。墓穴内未见木棺,四壁以木板构成围栏,木板顶部和人骨都经过火烧。其余几座墓或在墓穴四壁构筑围栏,或用挖空的树干并覆盖木板和羊皮做成木棺,或二者兼用。人骨大都以毛线毯包裹,有些身上放置麻黄小包,出土青铜小管、毛织品、毛草绳、木勺、木碗、骨针、木质和石质小雕像等器物。

LQ墓地位于楼兰文物保护站西偏北约5千米处一座长条形风蚀雅丹台地上,亦由斯坦因发现。台地近300米长,高约14米,墓葬分布面积约为30米×37米。斯坦因在此发掘了3座墓葬。墓地地表可见密集排列的木板围栏。大部分墓葬棺木尸体都已腐烂,仅少数几座墓保存稍好。从埋葬方法、残存随葬品、服饰等来看,与附近的LF墓地相同。LQM2号墓中,墓主人足部放置一件长约60厘米的木雕人像。在墓地附近地表还采集到一些青铜器,其中包括一件铜质镜形器、一件铜斧等。

LT墓地位于LS以东约8千米的孔雀河北岸,共见墓葬22座。墓地所在沙丘,顶部南北长20米、东西宽16米,面积320平方米。该墓地由美国地理学家亨廷顿发现,斯坦因1915年发掘了其中6座墓葬。墓葬为长方形木板围栏,其内未见木棺,人骨尚存,出土过木雕人像。

此外,斯文赫定发现的孔雀河Grave 36和Grave 37、黄文弼编号的L丂和L∏、三普中调查的多个墓地以及克里雅河流域的北方墓地,其主要特征与上述材料基本相同。

依靠几次科学发掘获得的较为可靠的材料,我们认识到这批墓葬的主要特征较为一致,即小河文化的文化面貌已基本清楚,大致包括以下几点:

(1)地面标志: 可见4个类型。

一是地面未发现墓葬标志,或已被风蚀破坏。

二是地表有立木围垣,见于古墓沟墓地和LS墓地。古墓沟发现6座墓葬:地表环绕墓穴紧密排列7圈木桩,形成大型椭圆形围垣,木桩比较十分规整,由内而外粗细有序;围垣外又散布木桩,四向展开构成放射状直线,十分壮观,俗称“太阳墓”。墓穴中的木棺均已朽烂,仅剩木灰,但仍可以看出墓的盖板和四周边板的痕迹。墓主人均为男性,头东脚西,无疑应属于整个墓地中身份较为特殊的一类人。发掘者认为地表的7圈立木围垣与射线代表着古墓沟人已经形成对太阳的崇拜。[①]也有研究者提出7圈立木围垣并不代表太阳,而是女阴的象征,是一种生殖崇拜形式。[②]但女阴形象较难与立木射线联系起来,这一说法并未被普遍认可。

图2-4　古墓沟七圈立木围垣墓

① 王炳华:《古墓沟人社会文化生活中的几个问题》,《新疆大学学报(哲学社会科学版)》,1983年第2期,第88—89页。
② 李青:《古楼兰鄯善艺术综论》,北京:中华书局,2005年,第218—222页。

此外,古墓沟M21、M23、M29、M36等墓,在地表列立有多根木柱,有些立木还可相连成线,它们究竟是另一种地表标志,还是7圈椭圆形立木围垣的残留物,无法确定。三普中发现的09LE4号墓地和09LE40号墓地也可见到地表有木桩排列成长方形标志的墓葬,但已被严重破坏,情况亦不明确。

三是地表立木,小河墓地和古墓沟墓地较为多见,于墓室前端竖立高大的木柱作为标志,高3至5米,露出地表部分涂红,成为醒目的墓葬标志物。有些木柱顶端变细,可能用以悬挂牛头。小河墓地很多木柱根部放置一把由芦苇、麻黄、骆驼刺等植物组成的草束,草束中夹粗芦苇秆和羊腿骨,旁侧放草篓。2、3层墓葬和4、5层墓葬组成这种草束的植物有所不同,后者一侧的草篓上多盖有大的木盖,草篓的系绳上多穿有小的铜环。2、3层墓葬粗木柱的根部将自然树根略削为跎状柱础,柱根部通常留出一突出的旁根,上镶嵌小铜片,4、5层墓葬则基本不见这种现象。

此外,小河墓地的木棺前部还根据墓主性别竖立具有象征意义的男根或女阴立木,有的棺尾还插立细木棍。女性棺前的"男根"立木基本呈柱状,形制上也有不同,有的是上下均匀的多棱形木柱,有的是整体呈多棱形的上粗下细的木柱,木柱端头均涂红,缠绕一段毛绳,绳下固定草束;男

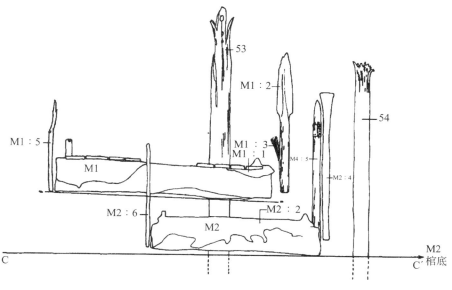

图2-5　棺前立木侧视图

19

性棺前的"女阴"立木,外形类似木桨,有大有小、差别较大,上部涂黑,柄部涂红,有很多立木柄端刻有7道旋纹。"桨"的大小差别很大,最高的3米多,最短的0.8米左右。"女阴"立木下还立有冥弓和木箭,并在不同层位表现出差别:1—3层冥弓较小,与木箭分立在立木的两侧;4、5层冥弓要大得多,且与木箭并立在立木的一侧。部分"男根"和"女阴"立木的顶端嵌有小铜片。埋葬时,男根和女阴立木连同木棺一起多被掩埋在墓室中,地表仅露出最前端的标志木柱。

四是木屋式建筑,仅二例,分别见于小河墓地和斯文赫定1934年在孔雀河三角洲发现的37号墓(Grave 37)。小河墓地的木屋式墓葬,南北向坐落在墓地北端,有斜坡梯形墓道,墓道前立有3米高的木柱。木屋与墓道、木柱在一条直线上,平面呈长方形,长4.15米,宽1.75—2.60米,深1.50米,以木柱和木板构筑:四角、墙壁中部立木柱,上端有凹槽承接顶梁,推测顶部应该也平搭有木板;木柱外立板壁,共同围成一个梯形空间,中部以木板分隔为前后两间;门在南面,用木板封死;壁板和木柱上涂绘红色和黑色的几何纹样,包括S纹、竖条纹、网格纹。外壁蒙多层牛皮,牛皮上敷盖杂草。木屋外整齐地堆垒大量碎泥块和牛头、羊头。由于被严重盗扰,该墓葬出土器物较少,但规格很高,如权杖头、木雕及骨雕的人面像、铜质镜形器等。木屋内不见人骨,仅在木屋上部几经扰乱的流沙中发现一节肱骨和

图2-6　木屋结构复原图

胸骨,经鉴定可能属于一成年女性,但不能完全肯定。1934年贝格曼发掘该墓地时,其向导奥尔德克告知他曾在木屋内地面中央挖掘到一口棺材,内有一具女尸。如果奥尔德克所说不误,结合斯文赫定发现的Grave 37号墓的情况,该墓葬也应是地下挖掘的竖穴沙室墓,使用木棺葬具,木屋则应被归为墓上建筑。

孔雀河三角洲Grave 37,斯文赫定发现时认为是一座房屋废墟,贝格曼指出它是墓上建筑,墓穴在其下1米深处,棺木为两根平行圆木上置9块木板构成,人骨位于木板上,出土有生皮皮鞋、草编篓和草编簸箕等文物。

(2)墓室与葬具

墓葬结构大多一致,一般为竖穴沙室。埋葬较浅的墓葬,流沙直立性差,墓室及开口位置多根据木棺形状、棺前木柱遗痕来推测;位置较低的墓葬,沙质潮湿紧密,具有一定的直立性,墓室形状相对明确。大多数墓室为大于木棺的圆角长方形,长2—2.5米,宽1米左右,深在1—2米之间。

墓室中均有木棺葬具,基本为一墓一棺。多数棺具的形制大体统一,系截取完整的胡杨木制成侧板相对并合,两端再楔以竖向长条形的挡板,根据侧板与挡板形状可以细分为三类:

第一类,侧板弧形,两端内侧保留了树干本身的自然弧面,两板端头相触,近端头凿出"U"形槽用来嵌长条形的挡板,盖板较细窄。这一类木棺普遍见于小河南区1—3层墓葬和第4层偏晚的墓葬,此外,1934年贝格曼在小河北区接近木栅墙顶部的位置也有发现一例。

第二类,侧板也呈弧形,但两端不见树干本身的自然弧面,两端头也不接触,侧板端头出棱,用来竖立挡板,挡板通常较宽,呈上窄下宽的长方梯形,盖板多宽大。南区第5层绝大多数墓葬、第4层早期墓葬及北区部分墓葬采用这种木棺形制。

第三类,侧板近乎直板,挡板普遍宽大,木棺的平面基本呈长方形或长方梯形。这类直板棺分布在北区和南区第5层墓葬中,又以北区的最为典型。古墓沟的大多数木棺也属于这一类型,其中M12最为特殊,木棺东段使用了横撑木,而且厢板内壁还有朱红色彩绘,南北两侧厢壁分别装饰斜向平行线和山形纹,为其他墓所不见。

三类木棺大致可分为早晚两期,侧板由直板逐渐演变为弧板。大多数木棺的大小刚好可以盛殓一个死者,均无棺底,上盖多块横向小木板,板

图2-7　早期木棺

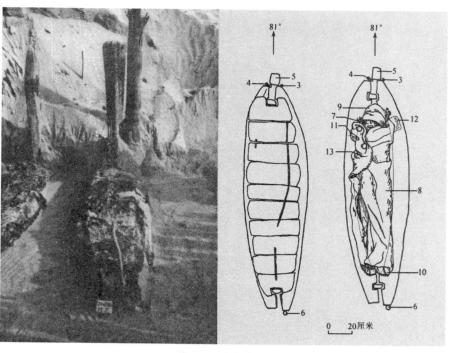

图2-8　晚期木棺

上覆以带毛牛皮,有的还盖有毛织物。牛皮是将活牛屠宰剥皮后湿着盖上的,所以紧紧地箍着棺盖,使无底的木棺成为一体,流沙难以进入。牛皮上部多放置红柳枝、芦苇、碎石等。[①]

高等级墓葬在木棺之外,又用木板等组装成类似"椁"的葬具。小河墓地发掘者称其为"泥壳木棺",实为在木棺外再以木板围筑成木板室,其前部正中凿孔,孔中楔木,下方整体用草绳箍紧,上口部封盖芦苇草帘,再以细泥抹平,形成长方形"泥壳"。泥壳周围又竖立多根高约5米的多棱形涂红木柱,有6根、8根者,最多达到10根,围成圆圈,圈径2—4米。柱体涂红,顶端悬牛头。木柱围圈堆积中,有大量牛、羊头。小河南区第4、5层共见4座这类泥壳木棺,墓主人均为女性,木棺内的服饰、随葬品等与其他普通墓葬中的女性并无区别,但木棺外、泥壳木板室之内还出土有木雕人像、木罐、草编器等。泥壳木板室制作精细,显见墓主人具有不同于其他墓葬的特殊身份。

古墓沟、LF、LS、LQ、LT和09LE4号等墓地也发现有在木棺周围构造木板室的做法,可能是与小河墓地的所谓"泥壳木棺"类似的椁具,只是上部蚀毁较为严重。如斯坦因发掘的LF.1和LF.4两座墓,环绕木棺的木板非常高,有的超过地表近1米,构成长方形"围栏"。LS墓地的7圈立木围垣墓和竖穴沙室墓都有在墓穴四周竖立木板的做法,有些木板顶部经过灼烧。LS.5地表还发现有5根排成一排的桩子,类似小河墓地泥壳木棺墓外围的木柱圈;古墓沟M11、M12、M14、M28等墓也有见到这类围板,报告称之为"矩形木框"。其中M20的围板较为特殊,十块木板构成梯形,两端各以一根横木支撑,立板外侧还涂抹苇草和泥,与小河墓地在木棺外抹泥的做法接近。

(3) 葬俗葬式

主要是单人葬,有少量的双人和三人合葬。一次葬为主,也有二次葬。小河墓地中一些木棺中埋葬木尸或人首木身的尸体,共有10具,其中男性8具,女性2具,十分独特。

葬式主要是仰身直肢,头向以东向为主。墓主人身穿三件套式服装:

---

① 小河考古队:《新疆罗布泊小河墓地全面发掘圆满结束》,《中国文物报》2005年4月13日第001版。

图 2-9　LF.1、LF.4 木板室

图 2-10　小河墓地泥壳木棺、古墓沟 M20

头戴尖顶毡帽,毡帽上大多缀有红毛绳、伶鼬皮,插羽饰;腰着腰衣;身裹宽大的毛织斗篷,斗篷开口处用木别针别在一起,边缘捆扎小包,内包麻黄草枝、小麦或粟粒。脚上穿短腰皮靴。部分墓主人头、面部绘红色线条;颈、腕部配饰骨、石珠;很多身上放置麻黄小枝、牛(羊)耳尖、筋绳,其他如羽箭、缠红毛绳羽饰等也较常见。男女墓主人所着服饰因性别不同而略有差异:男性毡帽上插排状羽饰,女性毡帽上插单杆羽饰;男性斗篷的穗多位于下摆,腰衣似带;女性斗篷的穗多位于颈肩,腰衣似裙。小河墓地早晚期的服饰也发生了一些变化:南区1—3层所出腰衣结构简单,多为平织和

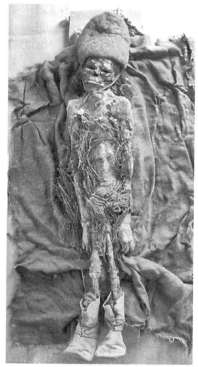

图2-11　小河墓地M11墓主人、M34人首木身

斜编的单色织物,而4、5层腰衣则普遍缂织出红色阶梯纹,北区男性腰衣更为独特,常见一人着短裙式和窄带式两种腰衣的情况。很多墓主人身体进行了装饰,并亦有早晚期差别。1—3层墓主人面部、身体上普遍发现涂有乳白色浆状物质,4、5层和北区死者的面部则多涂红,有的可见涂划出红色线条。

（4）随葬品

墓葬的随葬器物数量不多,种类十分相近,都有相对固定的摆放位置。小河文化不见陶器随葬,除随身衣物外,随葬品中最有特色的是草编篓,几乎每墓都出一件或数件,均放置在尸体右侧腰部斗篷外,整体呈卵形,多为圜底,口部穿有提绳,一般器表编织出阶梯纹或折线等纹饰。还有一种类似草编簸箕,也比较多见,在古墓沟墓地常罩在较高等级的木棺外

图 2-12　草编篓与簸箕

东侧。①

　　此外墓葬还出土了珠饰和大量的木器以及少量的铜器和金器。铜器和金器主要是耳环和一些小的铜片。有些铜片夹在棺前立木上，可能有特殊含义。珠饰佩戴在颈部和手腕处，或以骨珠连缀成项链，或以毛绳穿过玉珠做成腕饰。有些墓葬还出土纹石，也是装饰品。墓地中出土的木器数量最多，有少量木罐等容器和木质掘土工具，也有木梳、木笄篦、木祖、木箭、木雕人面像等，其中木祖只在女性墓葬中随葬。男性墓中见人面形木雕，高鼻极为明显。个别男、女墓葬中随葬有裹涂红皮革的小型木雕人面像、额面切齐并图绘几何形纹饰的大型牛颅骨。另外还有一些特别的随葬品，可能也与人们的精神信仰、死亡观念有关，如缠毛线、束鬃毛、嵌骨雕人面像的短矛形木器，

① 古墓沟 M26 西端出了一件簸箕，由于 M26 与 M20 头尾相叠，我们推测这件簸箕也有可能是属于高等级墓葬 M20。

图 2-13　小河文化随葬品

还有蛇形木杆、带皮套的羽箭、刻弦纹的骨箭、夹条石的蹄状木器、彩绘木牌等。这些物品仅出土于随葬品较为丰富的墓葬中。一些墓葬中特殊的随葬品不止一件，如有的男性墓中木雕人面像一座墓中有两三个，羽箭更是多达三四十根，女性墓中还见双木祖。古墓沟 M20 随葬的牛羊角达到了 26 支，出土了近千颗骨珠。这些都表明墓主人拥有着特殊的身份和地位。

小河文化的面貌较为独特，目前所知周边地区尚无类似可进行横向比较以确定其年代的材料，因此目前对其绝对年代的认识主要依靠碳十四测年手段。古墓沟墓地测得多个碳十四数据，但是部分数据差距较大，曾受到研究者的质疑。发掘者指出，这是由于取样不认真、送检方非发掘者等

27

原因造成的混乱。经过认真规范的取样送检后,测年结果基本一致,集中在距今3800—3900年。

铁板河古墓的碳十四测年结果为距今3880±95年,与古墓沟的数据一致。

小河墓地墓葬数量多,而且分布十分密集,发生叠压打破关系的墓葬数量也较多,整体文化面貌比古墓沟规模宏大、复杂、成熟,因此墓地应该延续了很长一段时间。发掘者公布了第1、2层的碳十四数据,结合墓葬埋葬情况,认为这两层墓葬的年代在公元前1650—前1450年之间。至于更早期的3—5层,则迄今未有碳十四数据刊布,研究者曾透露第5层测定的数据普遍偏晚,或是受到埋藏环境的影响。①

此外,2011年美国学者梅维恒与英国学者马洛瑞在克里雅北方墓地采集了一批样本,并进行了碳十四测定,年代在公元前1800—前1500年之间。②

对于这些碳十四测年数据,目前学术界存在两种意见:一种以王炳华先生为代表,基本认可这一技术手段和结果;另一种观点则以肖小勇先生为代表,他经过详细分析,认为塔里木盆地古代遗存的碳十四测年结果普遍存在偏早的问题,前一种意见在对数据的采用中存在主观选择的情况,有意抛弃了偏晚的数据,而这些偏晚的数据具有一定合理性,从一些现象来看,该文化的年代下限应与汉晋时期相接。③

我们认为,碳十四测年方法目前已经被学术界广泛采用,在能够提供较多样本的前提下,测年结果与实际情况的吻合度还是比较高的,并受到了较多研究者的认可。小河文化迄今已经有了古墓沟墓地、铁板河墓地和小河墓地的多个样本的测年结果,数据集中在一定的年代区间之内,与真实情况应该差距不大,可以信从。在更多的碳十四数据公布之前,不应轻易否定发掘者的判断。从目前资料来看,小河文化的主要年代可大致判定

① 安尼瓦尔·哈斯木:《多学科合作研究结硕果——小河墓地环境及动植物合作研究交流会纪要》,《新疆文物》2010年第2期,第82页。

② Victor H. Mair, "The Northern Cemetery: Epigone or Progenitor of Small River Cemetery No. 5?" in: Victor H. Mair & Jane Hickman ed., *Reconfiguring The Silk Road: New Research on East-West Exchange in Antiquity*, Philadelphia: University of Pennsylvania Museum of Archaeology and Anthropology, 2014, p. 31.

③ 肖小勇:《西域考古研究——游牧与定居》,北京:中央民族大学出版社,2015年,第98—106页。

为公元前2000—前1500年之间。

　　小河墓地由于存在明确叠压的地层,清晰展现了文化面貌演进的早晚脉络。发掘者观察到不同墓区和层位的墓葬,其棺前立木、木棺葬具、墓主人服饰及身体装饰、随葬品组合与器物特征等方面均表现出明显的差别,可以将小河墓地分为两个时期,早期为南区4、5层,晚期为南区1—3层。[①]南区第5层形成之后,其南北两侧修建了木栅墙作为界墙,此后北区才开始布墓。不过,北区由于风蚀较为严重,墓葬保存较差,资料也尚未发表,具体分层和演变情况仍不清楚。综合碳十四数据所测得的绝对年代和木棺葬具形制来看,小河南区4—5层与古墓沟墓地大体同时或更早,铁板河墓地、斯文赫定与黄文弼在孔雀河下游区域所考察的相关墓葬可能都属于这一时期。

　　古墓沟的7圈立木围垣墓较为特殊,不见于除LS外的其他墓地。在最初发表的古墓沟资料中,发掘者曾提出前者的年代相对较晚,这一说法也曾被广为引用。但在后来正式出版的考古报告中,发掘者却又否定了这一说法,指出两类墓葬有彼此交互叠压的情形,因而两者是同时存在的。[②]然而,我们认为,地表有7圈立木围垣的墓葬出现得较晚的可能性还是相当大的。小河墓地的发掘者曾在墓地地表上部采集到高3米左右的木雕人像和数千根短木楔,这是已发掘墓葬中未曾见到的。由此推测,小河墓地上层原有大量已被破坏了的墓葬,它们与已发掘的墓葬相比,文化面貌可能发生了较大的转变,短木楔也许是类似古墓沟"太阳墓"地表立木的遗留物。[③]如此,那么地表有立木围垣的墓葬可能出现的时间较晚。另外,下文将会提到,从小河墓地来看,男女性在小河文化不同时期社会生活中的地位发生了变化。早期的高等级墓葬墓主人多为女性,而晚期则变成了男性。古墓沟7圈立木围垣墓规模大、等级高,且六座墓的墓主人均为男性,应是小河文化晚期男性社会地位超过女性的表现。六座墓葬整齐地分成两排,相对南部其他竖穴沙室墓的杂乱无序,无疑也是在墓地使用后期有意识规划的结果。而

---

① 小河考古队:《新疆罗布泊小河墓地全面发掘圆满结束》,《中国文物报》2005年4月13日第001版。

② 王炳华:《孔雀河古墓沟发掘及其初步研究》,《新疆社会科学》1983年第1期,第118页。

③ 新疆文物考古研究所小河考古队:《罗布泊小河墓地考古发掘的重要收获》,收入殷晴主编:《吐鲁番学新论》,乌鲁木齐:新疆人民出版社,2006年,第941页。

发掘者提到的两类墓葬互相打破的现象则可以解释为：7圈立木围垣墓出现后，竖穴沙室墓并未消失，二者并存使用了一段时期。发掘者还认为两类墓葬可能属于两个不同集团或氏族的人群，前者强力侵入后者之中，使后者大部分成员受其控制、统治，后来又逐渐融为一体。我们认为，以目前的材料来看，这一说法具有一定可能性，但尚缺少足够的证据。尽管如此，7圈立木围垣墓无疑是小河文化晚期新出现的一种文化因素。

小河墓地的主要发掘者之一李文瑛女士认为，罗布泊西南的小河墓地与克里雅北方墓地的文化面貌较为一致，而古墓沟与孔雀河下游周边区域的面貌更加接近，或许可以划分为两个类型。小河墓地与克里雅北方墓地均坐落于塔里木河流域，可能具有前后相继的亲缘或承续关系。相较之下，孔雀河下游地区墓葬发现少、破坏严重，墓地规模小、出土遗物规格也不及前者，可能其代表的人群集团规模较小，活动区域分散，经济生活状态不及罗布泊西南人群。[①]

二、小河文化人群的社会结构

社会结构，一般情况下指的是一个人群成员的组成方式及其关系格局，包含人口结构、家庭结构、社会组织结构、社会阶层结构等等若干重要子结构。就探讨史前社会这个研究目标来说，小河文化的考古学材料还没有积累到足够大的数量，特别是其中墓葬数量最多的小河墓地的材料还没有全部刊布。不过，已发表材料中，部分墓葬表现出的特点引发了人们对小河文化社会结构的关注，例如古墓沟7圈立木围垣墓，其地表规模令人瞩目。因此，通过分析这些墓葬，我们也能够看到小河人群史前社会结构的一些特点。在这里试图仅就目前所了解的情况进行一些初步的观察。

从分布上来看，小河文化主要分布在孔雀河下游，以三角洲地带最为集中。古墓沟发掘了42座墓葬；小河墓地发掘了167座，另有被破坏的墓葬估计达到190座以上。此外还有历次调查、发掘的墓地20余处。尽管各

---

① 安尼瓦尔·哈斯木：《多学科合作研究结硕果——小河墓地环境及动植物合作研究交流会纪要》，《新疆文物》2010年第2期，第82页；陈伟驹：《第三届"交流与互动——民族考古与文物学术研讨会"纪要》，《中国文物报》2017年5月5日第006版。

墓地具体的墓葬多少不一、数量难以估计,但推测整个罗布泊地区小河文化墓葬应该能达到几千座。综合考虑小河文化的延续时间和几千年来自然与人为破坏的情况,可以推想当时该文化的人口规模还是不小的。

与古墓沟、小河两处墓地相比,铁板河墓地仅有2座墓葬,斯文赫定、斯坦因、黄文弼等人在孔雀河三角洲地带发现的其他墓葬数量也较少,比较分散,墓葬出土物少,掩埋简单草率,规格一般。古墓沟墓地的42座墓葬则集中分布在东西长35米、南北宽45米的一处台地上,而且地表有多圈围桩的"太阳墓"和地表有立木的墓葬大体分别集中于台地的北部和南部,分布有序。小河墓地更是在约2 500平方米的原生沙丘之上层层掩埋,连续使用,墓葬总数在350座以上,墓地中部和南部又以木栅墙分割为不同的区域,显然经过了精心的规划,无疑是一处集中使用的"公共墓地"。古墓沟、小河墓地与其他墓地的差别一方面可能是考古发现的原因;另一方面则可能透露出,前两处墓地居民在社会组织方面表现出较高的集中程度,人们长期在附近居住,人口规模相对较大,属于该文化的主要活动区,铁板河、孔雀河三角洲则仅有零星居民散居。

一般来说,社会结构的核心是社会阶层结构。对一支考古学文化所代表人群的社会结构的探讨,最基本的方面无疑是对其社会分层的认识。在墓葬考古研究中,我们也经常进行这样的分析,即所谓"墓葬等级"的划分,即认为墓葬的级别反映了墓主人在社会中的阶层。这样的对应尽管未必准确,但对于小河文化来说应是可以适用的。整体看来,小河文化仍处于物质相当匮乏的阶段,人们能够利用的环境资源仍十分有限,社会复杂化的程度并不高。从早到晚,小河文化都以单人葬为主,未见到夫妻合葬、母子合葬;在古墓沟墓地,婴幼儿的埋葬处也相对集中,也没有见到对儿童墓给以特殊处理的情况。这些都表明家庭关系在当时社会中并不是十分重要,更未形成世袭传承或保存财富的家族或代际关系。

在墓葬等级上,古墓沟、小河墓地表现出一定程度的阶层分化,尽管这种分化程度并不高,仍是非常简单的。可以看到,在墓室规模、葬具、葬式、葬俗方面,各墓表现出强烈的一致性:均为矩形沙室墓;使用有盖无底的木质棺具,有矩形、梯形和舟形三种形状,建造方式类似;葬式则一概为仰身直肢、头东脚西。不过,在地表建筑和标志上,不同墓葬表现出明显的差别,大致可分为高等级墓葬和一般平民墓葬两大类。由此推测,小河文大致已形成了两个社会阶层。

一般平民墓即随葬品简单的竖穴沙室墓,高等级墓葬则包括木屋式墓葬、木棺外使用立木板构筑"椁室"的墓葬和地表7圈立木围垣墓三种。

小河墓地北端的木屋式墓葬尤为特殊,规模宏大,整体建构十分精良。墓道前立棱形木柱高达3米,残存8道凹槽纹。木柱与墓道、墓室基本上沿南北向呈一条直线排列。长方形墓室占地约7平方米,由结实的多棱形粗木柱和宽平的木板构筑,并隔为前、后室。壁板和木柱上涂绘红色和黑色的几何纹样。围绕木屋堆垒大量碎泥块,其前壁两侧的碎泥块上还整齐地叠放着七层涂红的牛头。出土遗物的规格非常高,包括圆形石质权杖头、木雕及骨雕的人面像、带有金环的铜质镜形器、铃形铜器、彩绘木牌以及多达百余件的牛头和羊头等,表明墓主人的地位非比寻常,生前应极受尊崇,可能是整个墓地身份最为显赫的重要人物。遗憾的是,由于墓葬早期遭到严重扰乱,小河考古队未能见到尸骸,只在扰沙中发现了可能属于成年女性的骨骼。虽不能完全确定性别,但我们认为,根据奥尔得克曾在此挖到女尸的说法,墓主人为女性的可能性是很大的。[1]

该墓葬地上的木屋建筑、壁板装饰几何纹样、木屋外的碎泥块和七层涂红的牛头等,在小河墓地都是独一无二的,最为引人注目。正如研究者所注意到的,整个小河墓地都表现出强烈的生殖崇拜和萨满信仰特征。[2]而这种生殖崇拜和萨满信仰的色彩,在这座木屋式墓葬里达到了顶点。有研究者甚至推测小河墓地是以牛为图腾,人们可能在木屋外举行过屠宰牛羊、共进圣餐类的仪式,圣餐后的牛头被挂在祭祀柱上向太阳神献祭,以祈祝部落兴旺。[3]从木屋式墓葬的整体特征看,如果小河墓地真的存在某种形式的祭

---

[1] 发掘者指出,该墓出土的骨雕人面像与M24号墓发现的人面像相似,应该是镶嵌在木杆上的。这种嵌人面像的木杆是男性墓葬所特有的随葬品,因此这座大墓的主人应该是男性,或存在一男一女合葬的可能。更准确的结论还有待于正式报告的发表。参见伊弟利斯·阿不都热苏勒、李文瑛:《寻找消失的文明:小河考古大发现》,《大众考古》2014年第4期,第30—31页。

[2] 王炳华:《生殖崇拜:早期人类精神文化的核心——新疆罗布淖尔小河五号墓地的灵魂》,《寻根》2004年第4期,第4—14页;王炳华:《说"七"——求索青铜时代孔雀河绿洲居民的精神世界》,收入沈卫荣主编:《西域历史语言研究集刊》第五辑,北京:科学出版社,2012年,第15—32页。

[3] 刘学堂著:《新疆史前宗教研究》,北京:民族出版社,2009年,第85—86页。

祀仪式的话,这里应该就是祭祀场地所在,墓主人身份也最有可能与萨满巫师相关。木屋中出土了带有金环的铜质镜形器和铃形铜器,也是小河墓地非常少见的,相比之下其他墓葬所出铜器数量非常少,且均为不起眼的小铜片。在西方,铜被认为是巫师用法术创造的神物,早期的冶铜匠被认为是巫师。小河墓地所出小铜片大多都镶嵌在男根、女阴和棺前的"通天柱"上,或许代表着超自然的力量。而木屋式墓葬出土的铜质镜形器还带有金环,发掘者认为其并非照容饰面的镜子,而是巫师作法的法器。[①]同时,木屋中还出土了权杖头,这是一种昭示身份、象征权威的特殊器具,在小河墓地仅此一件,这也表明了宗教权力在小河文化社会中具有较大的影响力。

使用"椁室"的墓葬以小河墓地的"泥壳木棺墓"为代表。整个小河墓地共清理了4座这类泥壳木棺,结构上大同小异。均挖竖穴沙坑,坑中放置直板或弧形侧板木棺,棺中葬一个体。墓主人均为成年女性,但其服饰、随葬品等和其他随葬品比较丰富的普通女性墓葬并无区别。木棺上竖立木板,拼合成长方形的木板室。在木板室的头挡中部都凿出一孔,孔中由外向内塞一节短木楔。木板室中通常摆放高20余或50余厘米的木雕人像、插有长条形青石棒的裹皮角状器、木罐、草编篓、盘等。木板室外纵向放置一根象征男根的立木和一根胡杨木棍,木板室口部盖草帘、搭绕草绳,然后抹泥。最后,在泥壳木棺周围竖立高约5米的多棱形木柱,这些木柱围成直径2米余的柱圈,柱上涂红,柱顶端粗细变化处用草绳悬挂牛头,具有浓郁的祭祀色彩。发掘过程中,在这些木柱圈内及周围堆积中采集到大量牛头、羊头,大概是举行祭祀活动后留下的遗物。从泥壳木棺制作的精细程度来看,墓主人身份应较为特别。

墓地布局上也体现出了泥壳木棺墓的特殊性。墓地南区各层墓葬一般是由墓地中部向外围埋葬。第4、5两层墓葬的布列均是以泥壳木棺墓为核心的,而且泥壳木棺墓近旁的墓葬随葬品多比较丰富。

古墓沟M20也是一座在木棺外用立木板营建了"木椁"的墓葬。椁室略呈梯形,由十块木板构成,高1.2米,东西侧板的两端还各预留孔洞,用横撑木南北向穿过,立木板外侧西南角可见涂抹草泥,"椁"内置梯形木棺,并

<hr />

① 伊弟利斯·阿不都热苏勒、李文瑛:《寻找消失的文明:小河考古大发现》,《大众考古》2014年第4期,第29—31页。

用8根树干东西向覆盖。墓主人为成年女性，颈戴骨珠项链，骨珠达到945颗，腕部装饰小铜卷。棺外墓室东头随葬大量牛、羊角，杂乱叠置，共见26根；墓室西北角还出土了一件女性木雕像，通高44.5厘米，与小河墓地泥壳木棺墓所出木雕人像类似。另外，M20东侧的M26，其尾挡已与M20的头挡叠压在一起，木棺盖板西端也发现了17根牛、羊角，与M20填沙中的牛、羊角联成一体。由于古墓沟随葬文物，一般都置于墓室东端、人体头部附近，而M26的牛、羊角出自棺外西端，且其出土之沙穴范围也远大于M26之墓穴，因此发掘者认为，M26出土的牛、羊角，实属于M20。如是，则M20随葬的牛、羊角达到43根，且角体大多楔插锥状木钉，已与角体生长在一起，可见系在牛、羊生长期间楔插，用为标志，表明财富所属。

地表7圈立木围垣的"太阳墓"主要见于古墓沟墓地，共6座，每座墓各在墓室周围设置7圈椭圆形围桩，木桩由内向外逐渐增粗加高，围桩圈外再栽立较粗的木桩，形成放射状的列木线，整体呈现为太阳形状。其中保存相对较为完整的79LQM7，墓室外的围桩仍存645根，椭圆形环圈长径3.5米、短径2.5米。环圈外四向散射的列木线共45条，每条射线长5—6米，由7根立木桩构成，共仍存249根。全墓现存立木桩达到894根。加上残损缺失的，粗略估计每座墓使用的立木桩约接近千根，占地约200平方米。建造如此规模的墓上工程，不仅需要极大的人力，而且耗费的木材数量也是十分惊人的。构成"太阳"射线的立木桩，以胡杨树干造就，直径最粗可达35厘米，细者直径也在15厘米以上，高度达1米多，楔入地下的一段，均以金属工具砍削出尖锐的端头，砍面光洁。在当时物质匮乏的情况下，完成如此宏大的工程，表明墓主人或墓葬营建者能够较大规模地调动人力，而且能够占有大量的树木资源、无疑掌握较高的权力。

相较于木屋式墓葬表现出的强烈的神权色彩，带"木椁"的墓葬和7圈立木围垣墓更突出地表现出墓主人占有更多的财富、资源以及能够大规模调动人力的特点。研究者一般认为，人类社会的权力形态可以从经济、意识形态、政治和军事四个维度来考察，史前社会也不例外。[1]从三类高等级墓葬来看，小河文化的宗教权力与经济权力、政治权力并非完全重合，巫师

---

① 张弛：《社会权力的起源——中国史前葬仪中的社会与观念》，北京：文物出版社，2015年，第3—4页。

掌握着掌握宗教权力,部落首领掌握着经济权力、政治权力。不过,二者虽然有一定分化,也仍是互相关联、不可分割的,特别是在文化发展的早期,权力的获得均与生殖繁育密切相关。正如研究者普遍注意到的,小河文化早期表现出强烈的生殖崇拜特征,这是由当时较为低下的生产力水平决定的,生殖繁育是社会存亡的首要问题。巫师的权力是通过以宗教力量提高社群的生殖繁衍能力而获得,而生育较多人口的个人或阶层则能够在社会上集中财富、提高威望,从而掌握经济和政治权力。

　　小河文化社会结构的形成与生殖需要密切相关,这一点还可从性别的角度考察。小河文化在地表标志和随葬品种类上可见到明显的性别差异,如:男女墓葬棺前分别竖立女阴立木和男根立木;木祖、木梳只见于女性墓葬,而木箭、木雕人面像则主要出自男性墓葬;男女墓主所穿服饰也有区别。男性和女性在小河文化社会生活中早晚期的相对地位也有较大变化。在早期,女性享有较高的社会地位。南区第4、5层的中心墓葬墓主人均为女性,使用泥壳木棺葬具。第4层中心为泥壳木棺墓,其东南埋葬一列4座木尸墓,在这一列墓的南侧也见一木尸墓,同时在泥壳木棺墓西亦有一木尸墓。从各墓棺前木柱上的遗痕看,这6座木尸墓是在短时间内连续埋葬的,木尸的形态也基本相同,面部扁平,上绘红色X纹,均为男性,其中包括一座2具男性木尸的合葬墓,由随葬品来看规格也比较高。①

　　一般来说,女性地位高反映了社会对生育繁殖的需求较大,而男性地位高则是由于社会对力量、劳动力的需求较大。在小河文化早期,生产力尚十分低下,物质财富十分匮乏,人们能掌握的剩余产品非常少,对环境资源的开发程度和文明发展程度也都非常低。从材料已完整发表的古墓沟墓地的报告来看,儿童死亡率是很高的。整个墓地共42座墓葬,除6座7圈立木围垣墓和1座墓骨架朽损严重、性别难以辨明之外,其余35座墓中,7座为男性单人葬,1座2名男性合葬,1座3名男性合葬,13座女性单人葬,13座婴幼儿单人葬。婴幼儿墓占据了竖穴沙室墓的三分之一。从儿童的死亡年龄分布来看,古墓沟儿童死亡率高并非由于存在杀婴之类非正常死亡的习俗,而是恶劣的生存条件下的自然死亡。因此,小河文化

---

① 新疆文物考古研究所小河考古队:《罗布泊小河墓地考古发掘的重要收获》,收入殷晴主编:《吐鲁番学新论》,乌鲁木齐:新疆人民出版社,2006年,第940—941页。

早期的生存策略主要是繁衍生殖,通过增加出生人口的绝对数量来应对高死亡率的问题。通过生育来获得更多的人口,应是当时社会的首要目标和普遍愿望。遗传学家们曾对小河南区第5层的21个个体进行了古DNA分析,发现其中13个个体和中心的泥壳木棺墓主人存在很近的亲缘关系。结合整个小河墓地所展现的高度生殖崇拜,研究者认为泥壳木棺墓主人是因为生育了特别多的后代而受到后人崇拜,并获得了较高社会地位。[①]

而到了小河文化晚期,生产力有了一定程度的提高,生产性经济得到了一定发展,人们的生存策略发生了转变,可以通过农业、畜牧业生产等来获得更多的食物,从而保证一定的人口数量。无疑,伴随着生产力的发展,社会结构也发生了一定转变,以更好地改善适应机制、更有效地开拓环境。如前所述,7圈立木围垣墓可能出现较晚,建筑规模庞大,无疑这一时期已经可以一定程度地集中组织人力,进行较大规模的工程或生产活动。结合墓地中发现的栽培小麦等农产品来看,农业活动所需要的劳力合作,在小河文化晚期已经成为可能。而古墓沟墓地6座7圈立木围垣墓的墓主人均是男性,这表明到了小河文化晚期,男性的地位已逐渐提高,甚至可能超过了女性。

小河墓地南区早期的第4、5层以女性泥壳木棺墓为中心,第3层几乎不见规格明显较高的墓葬,而到了第2层,墓地中心就变成了男性墓葬M24。该墓棺前所立的女阴立木十分宽大,随葬品丰富而且特殊。墓主人头前、足后各插一件一端嵌有人面像的木杖,此外身侧贴身堆置40余件随葬品,包括蛇形木雕、刻花羽箭、小型木雕人面像等高等级器物。小河墓地北区靠木栅墙居中的位置并列2座女性泥壳木棺墓,它们的北侧有一由8根木柱围成的半圆柱圈,柱圈内有3具直板木棺,墓主均为男性。从贝格曼的材料看,在这2具女性泥棺墓的西侧也有一个木柱圈,现仅存3根高柱和中部的一具被盗的直板棺。从残存遗物看,墓主为男性。由此推测,北区早晚分布有多个泥壳木棺墓,晚期泥壳木棺墓用于埋葬男性,也说明男性社会地位确有提高。

---

① 李文瑛:《小河六问——小河多学科研究的最新成果》,《新疆日报(汉)》2012年2月5日第004版。

三、小河文化的经济发展状况

由于缺乏遗址材料，目前学术界对小河文化的经济发展状况仍难以建立全面或深入的认识，只能从墓葬资料出发进行一些粗浅的考量，而更多的进展则主要依靠近年来科技考古研究所取得的丰硕成果。

从生产力角度来说，小河文化已经处于青铜时代。当时人们对金属并不陌生，已经能够通过贸易等渠道获得金属特别是青铜等合金制品。古墓沟墓葬中出土了一些形状不明的小铜卷、小铜片或装饰小件，如M7墓主人胸骨柄旁、M10墓主人右手腕骨珠附近、M20墓主人腕部、M41墓主人右腹部等都发现有形状不规则、朽蚀较为严重的小铜片、小铜卷，从出土部位来看应是装饰品。尽管数量不多，但从古墓沟发掘者对墓地出土木材的加工痕迹的观察分析来看，青铜工具已经被普遍使用。如木棺棺板均由质地细密、硬度较大的胡杨树干制成，边棱整齐；很多粗大木桩的底部砍削出锐利的尖锥，砍痕平滑光洁；一些木器和木雕人像，细节处雕刻痕迹匀称利索。这些都并非磨制石器或红铜工具所能做到，而应是采用了不同种类的青铜工具，这一结论也为大多数研究者所认同。

小河墓地很多墓主人身上也发现有金属饰品，除了铜饰、铜片，也有金银合金、纯锡质耳环发现。金相分析表明，小河墓地出土金属器的化学成分各不相同，原料来源上存在差异，其中锡青铜是最主要的，兼用了铅青铜、锡砷青铜和纯铜以及金银合金、纯锡等多种材质。多种材质并用这一显著特征，从一个侧面反映了小河墓地居民在获取金属材料上可能存在多种不同的渠道或来源。

在制作方面，这些器物尽管尺寸都很小，但其制作工艺却并不单一，不仅有铸造和加热锻造成型，而且有热锻后的冷加工工艺，而且有的器物加工量还很大，其所反映出的技术水平已经超越了初始发展阶段，特别是纯锡耳环和纯铜片的发现，更表明当时人们已经掌握了铜、锡这两种金属的提取方法，甚至锡青铜也可能由此配炼制成，这无疑是更高一级的冶金技术发展阶段。当然，目前并无证据表明小河墓地居民曾从事金属矿产的开发和提取活动。因此，从墓地发现金属材料的多样化这一点出发来考虑，小河居民获得金属的主要途径应该是依靠与外界的贸易交换，而贸易交换的对象也可能较为多源。由此推测,小河居民与当时周边地区其他青铜时代文化应存在一定的联系或文化交流。①

从墓葬中出土的遗物判断,小河文化的经济形态是以畜牧业、农业为主,兼及一些渔猎作为补充。畜牧业是小河文化居民最重要的生产方式,他们饲养的家畜主要是牛和羊,数量应该很大。墓葬中频繁出土大量与牛羊相关的文物,如大多数木棺都以牛皮蒙盖,最多的使用了4张牛皮,很多墓葬还出土有牛头、牛肉、牛羊角或耳尖。同时,小河文化居民日常生活所用毡帽、毛毯、皮鞋、毛织衣物等,均为毛皮制品,除部分质量较高的可能是从西方进口而来以外,主要的原料应该是本地出产,这也表明他们饲养了大量牛羊。无疑,畜牧业在经济中占有举足轻重的地位。

运用科技手段对古墓沟和小河墓地成员进行的食物来源分析结果支持了这一推断。古墓沟人骨微量元素分析显示,锶、钡含量较少,表明食谱中植物类食物所占比重相对较少,没有开发出较多的植物类食物来源;人们的食物结构以肉类为主,推测蛋白质、脂肪的主要摄入源是牛羊肉,并以鱼类为补充。②牙齿和骨骼的稳定同位素分析亦表明,古墓沟人群以肉食为主,植物性食物摄入比较单一,以C3植物为主。③对古墓沟M5墓主人头发角蛋白的分析也得出了同样的结论,墓主人主要以动物性蛋白为食。④对小河墓地中牛的古DNA分析表明,小河地区的牛的遗传构成与西部欧亚地区的驯化黄牛非常接近,而与中原黄牛有别。黄牛作为一种大型食草类家畜,移动能力并不强,在小河出现的家牛,可能是伴随着人群迁徙来到塔里木盆地的。⑤小河墓地M13出土草篓的残留物中还提炼出了蛋白质,其鉴定结

---

① 陈坤龙等:《小河墓地出土三件铜片的初步分析》,《新疆文物》2007年第2期,第125—129页;梅建军等:《新疆小河墓地出土部分金属器的初步分析》,《西域研究》2013年第1期,第39—49页。

② 张全超、朱泓、金海燕:《新疆罗布淖尔古墓沟青铜时代人骨微量元素的初步研究》,《考古与文物》2006年第6期,第99—103页。

③ 张全超、朱泓:《新疆古墓沟墓地人骨的稳定同位素分析———早期罗布泊先民饮食结构初探》,《西域研究》2011年第3期,第91—96页。

④ 屈亚婷、杨益民、胡耀武、王昌燧:《新疆古墓沟墓地人发角蛋白的提取与碳、氮稳定同位素分析》,《地球化学》2013年第5期,第447—453页。

⑤ 李春香:《小河墓地古代生物遗骸的分子遗传学研究》,吉林大学博士学位论文,2010年,第66—67页。

果为牛奶制品,这说明牛奶已经进入小河墓地先民的食谱。小河墓地的牛奶利用和挤奶工艺很可能也是伴随着家牛从西部欧亚地区传播而来。[①]

正如研究者普遍观察到的,尽管牛和羊都是畜牧的主要品种,但牛显然在小河文化中扮演了更为重要的角色。除了作为食物和生活必需品的主要来源,牛还是重要的精神图腾。古墓沟M5墓主人尸体下随葬有一块连毛带皮的干牛肉,显然是食品,也许与祭祀有关;高等级墓葬M20随殉的牛羊角多达43支,很多牛羊角的根部穿孔并楔入木钉,用作标志表明财富所属。小河墓地很多墓葬中随葬额面切齐、图绘几何形纹饰的大型牛头,高等级泥壳木棺墓周围竖立的涂红木柱顶端大多也都悬挂有牛头,木屋式墓葬外则整齐地码放了7层涂红的牛头,这些都无疑带有祭祀的含义。

在全世界各地的远古文化中,对牛的信仰普遍被认为与原始先民的生殖崇拜密不可分。在埃及两河、印度等古文明中,主管生殖、丰产的神灵往往与牛存在着各种形式的密切联系,特别是在艺术作品中表现女神与公牛的组合十分常见。[②]研究者一般将其解释为先民们对公牛的强健体魄和旺盛生殖能力的崇拜,期冀自身也能够拥有强大的生育能力,部落人丁兴旺。汤卓炜等曾对小河出土牛的遗骸进行了形态与统计学分析,结果显示雄牛比例大于雌牛,并推测丧葬中青睐雄牛,可能与雌牛综合利用价值大于雄牛有关。[③]不过,从小河墓地整体表现出的强烈生殖崇拜色彩来看,小河墓地偏好使用雄牛可能更多是出于生殖崇拜的原因,以此寄托小河先民们万物丰产的祈求。[④]

农业生产是小河文化经济组成中的另一个重要的组成部分。虽然相关地区并未发现直接的农耕遗迹,不过,很多墓葬中出土了小麦和黍这两类栽培农作物。大多数墓葬都随葬有草编小篓,小篓里盛储有小麦、黍粒。经形态学鉴定,古墓沟墓地出土的小麦有普通小麦、圆锥小麦

① 梁一鸣、杨益民等:《小河墓地出土草篓残留物的蛋白质组学分析》,《文物保护与考古科学》2012年第4期,第81—85页。
② （美）O. V. 魏勒著,历频译:《性崇拜》,北京:中国青年出版社,1988年,第234—236页。
③ 李文瑛:《科技考古在小河文化研究中的应用》《中国文物报》2013年11月8日第007版。
④ 戴茜:《生殖崇拜象征符号中性别指向的考古学研究——以新疆小河墓地为例》,收入贺云翱主编:《女性考古与女性遗产——首届"女性考古与女性遗产学术研讨会"论文集》,南京:南京大学出版社,2011年,第68—72页。

两种;[①]古DNA分析则揭示了小河墓地出土的大量小麦是普通的六倍体小麦;而黍的遗传结构特征与中国来源的黍完全相同。[②]尽管二者发现的数量都不多,但也证明了小河文化存在农业经济。古墓沟墓地还曾出土过一件木质生产工具,长22厘米、宽8厘米,尖端及两侧薄刃锐利,有长期使用的痕迹,发掘者推测是加装木柄作为挖掘沙土的工具使用的。[③]

尽管在经济中所占的比例比重远远不及畜牧业,但农业对古墓沟、小河人群可能具有特殊的含义。从装有小麦和黍粒的草编篓在墓葬中的普及程度来看,这些农产品不仅是古墓沟人群一种珍贵的植物性食物,还是一种重要的随葬品,这似乎暗示了小河文化人群对农业经济的格外重视。我们推测,小河文化从早期到晚期的过程,也是人们不断实践和发展绿洲农业经济的过程。首先,从墓葬来看,在生存状态上,小河文化人群无疑应处于定居生活。古墓沟墓地规模不大,墓地成员集中埋葬一处,表明他们属于同一聚落,有相对稳定的同一居处。小河墓地更是五层墓葬重叠、长期连续使用,墓地中央还有木栅墙隔开,表明墓地有一定的规划,显然存在较为稳定的死亡人口,即墓地成员是长期在附近定居的。定居生活是人们实施农业经济的基础。其次,环境考古的初步研究结果表明,距今4000年至3500年间的小河区域,是一个湖泊较为发育、风沙较弱的时期。[④]气候条件的转好,与罗布泊、孔雀河及小河等提供的水源,为小河文化发展绿洲农业提供了较为适宜的环境。同时,无论是发展绿洲农业,还是种植小麦、黍这类旱作植物,都需要进行灌溉。而灌溉则意味着水资源调配和人力管理,即需要一定的社会组织结构与其相适应。如前文所述,在社会结构上,小河人群从早期较为简单的阶层分化,到晚期逐渐发展到社会权力有了一定程度的集中、可以进行较大规模的工程和劳动生产所需要的合作;男女性别的相对地位也从早期的以女

---

① 颜济、杨俊良:《新疆孔雀河出土小麦与我国普通小麦起源的关系》,收入王炳华编著:《古墓沟》,乌鲁木齐:新疆人民出版社,2014年,第248—253页。

② 李春香:《小河墓地古代生物遗骸的分子遗传学研究》,吉林大学博士学位论文,2010年,第63—64页。

③ 王炳华:《从考古资料看新疆古代的农业生产》,收入氏著:《丝绸之路考古研究》,乌鲁木齐:新疆人民出版社,1993年,第270页。

④ Zhang Yifei et al., "Holocene Environmental Changes around Xiaohe Cemetery and Its Effects on Human Occupation, Xinjiang, China", *Journal of Geographical Sciences*, 2017, 27(6), pp. 752–768.

性为主过渡到晚期的以男性为主。无疑,农业比重的增加可以为社会带来更多的剩余产品,从而养活更多的人口,并进一步推动了社会结构的变化。

小麦起源于西亚,其东传入华的路线是学术界的一个热点问题,小河文化发现的小麦是解决该问题的一个重要节点。这里的小麦无疑不是在本地栽培的,而是随着人群的迁徙被带入罗布泊地区。在年代稍晚的克里雅北方墓地,考古工作者甚至还发现了装在草编篓中的面食,经检测是小麦和黍的颖果经碾磨混合后制作而成的面饼,且经过热处理加工。[①]进行过热处理的面食无疑有利于人的营养和体质的提高。显然,北方墓地的农业经济比例和对农产品的利用效率比小河墓地又有了进一步的提高。根据最新消息,考古工作者在新疆阿勒泰地区吉木乃县通天洞遗址青铜时代和早期铁器时代地层堆积中浮选得到了炭化的小麦,对其进行碳十四测年的结果为距今5000—3500年。这一发现为小河小麦的来源提供了新的线索。[②]

此外,捕鱼、狩猎也是小河文化经济生活中不可缺少的一环。古墓沟人骨微量元素中锌的含量较高、干尸头发中氮同位素很高,都表明了人们存在对鱼类的食用。[③]从墓葬出土遗物判断,人们捕猎很多野生动物,如墓主人毡帽以伶鼬皮和猛禽羽毛为装饰,别连毛线毯的骨锥用马鹿角为材料,大量骨珠以禽骨为料等等,兹不赘述。

四、小河文化的源流及与外界的联系

小河文化最为引人注目之处,在于其主体人群的体貌特征表现出明显的白种人特点,高鼻深目、肤白发黄。韩康信先生对古墓沟墓地出土的18具头骨进行了体质人类学研究,认为古墓沟人群属于原始欧洲人种的古欧

---

① 解思明等:《新疆克里雅北方墓地出土食物遗存的植物微体化石分析》,收入山东大学文化遗产研究院编:《东方考古》第11集,北京:科学出版社,2014年,第394—400页。

② 新疆文物考古研究所、北京大学考古文博学院:《新疆吉木乃县通天洞遗址》,《考古》2018年第7期,第3—14页。

③ 张全超、朱泓、金海燕:《新疆罗布淖尔古墓沟青铜时代人骨微量元素的初步研究》,《考古与文物》2006年第6期,第99—103页;李文瑛:《科技考古在小河文化研究中的应用》,《中国文物报》2013年11月8日第007版。

洲人类型,其中地表有7圈立木围垣的墓葬出土的头骨与南西伯利亚、哈萨克斯坦和中亚地区的安德罗诺沃文化居民头骨比较接近,而地表无环形列木墓葬出土头骨则与阿凡纳羡沃文化居民的头骨比较接近。①李春香、周慧对小河墓地出土的古代人类遗骸进行了线粒体DNA分析,结果表明小河人群的母系遗传构成非常复杂,既包括欧洲和西伯利亚遗传成分,也带有少量的东亚及西南亚遗传成分。其中,早期以欧洲成分和西伯利亚成分为主,并且后者表现出高频率、低多样性的特点;西南亚成分和东亚成分出现的时间相对较晚,主要是对晚期小河人群有一定影响。不过,小河墓地现知年代最早的第五层居民就已经是一个东西方混合人群,也就是说东西方基因的混合可能是在他们迁入小河地区之前就已经发生。②

体质人类学与分子遗传学的研究与我们直观观察得到的印象吻合,即小河文化人群属于白种人,无疑来源于西方,并为探讨小河文化的源流提示了方向,但具体的人群迁徙或文化传播路线仍需要依靠对考古学文化的研究。

在与小河文化大致同时期、在地理分布上处于塔里木盆地周边地区、可能与之发生联系的诸考古学文化中,较多受到研究者注意的有三支,即阿凡纳羡沃文化、切木尔切克文化和安德罗诺沃文化。很多研究者认为,小河文化的主体来自北方的阿凡纳羡沃文化和切木尔切克文化,同时受到来自西方的安德罗诺沃文化的一定影响。③

阿凡纳羡沃文化由苏联考古学家于20世纪20年代发现,主要分布在南西伯利亚叶尼塞河中游的米努辛斯克盆地和阿尔泰地区,另外在图瓦、蒙古西部、哈萨克斯坦东部和中部等地区也存在着类似的遗存。最近在新疆阿勒泰哈巴河县阿伊托汗一号墓群④、伊犁州尼勒克县墩麻扎至那

---

① 韩康信:《新疆孔雀河古墓沟墓地人骨研究》,《考古学报》1986年第3期,第361—384页。

② 李春香、周慧:《小河墓地出土人类遗骸的母系遗传多样性研究》,《西域研究》2016年第1期,第50—55页。

③ 韩建业:《新疆的青铜时代和早期铁器时代文化》,北京:文物出版社,2007年,第101—102页。

④ 新疆文物考古研究所:《哈巴河县阿依托汗一号墓群考古发掘报告》,《新疆文物》2017年第2期,第19—39页。

拉提之间的G218高速公路沿线[①]也发现了阿凡纳羡沃文化遗存。该文化几乎没有发现居址,或仅有一些用于畜牧的季节性临时营地,研究资料主要来自墓葬材料。墓葬地表上一般都有圆形的石围墙,围墙内有封堆,封堆下有一个或多个墓穴,呈方形或菱形,也有的呈椭圆形。墓穴上往往盖有圆木和石板。墓室中以单人葬为主,也有少量的双人葬和多人葬,葬式为侧身屈肢或仰身屈肢,部分墓主人身上撒有赭石粉。墓室和围墙之间还埋有儿童。各个墓葬中看不出明显的贫富差别。随葬品中最重要的是陶器,均为手制,器内用草抹平或用齿形器修平,火候不高,胎呈黑色。器形主要是蛋形罐和圜底罐,也有少量平底器和豆形器。一般器表装饰有短划纹、波折纹、篦纹、杉针纹等纹饰。不同墓地陶器种类的比例存在着差别,早期蛋形陶器比例高,而晚期比例逐渐减小。该文化发现的金属器数量不多,多为红铜器,包括打制耳环、手镯等饰物和针、锥、小刀等用具,也有金、银、陨铁制的饰品。石器仍经常使用,有斧、杵、磨盘、矛、箭镞等,骨角器数量也较多。墓中随葬的动物骨骼包括绵羊、牛、马等家畜,同时还有一定数量的狐狸、狍子、鹿、梭鱼等野生动物,说明当时的经济形态是混合型的,早期畜牧业已得到发展,同时渔猎和采集仍是重要的生计来源。[②]关于这支文化的年代,学术界传统观点认为它是南西伯利亚地区从红铜时代到早期青铜时代最早的考古学文化。[③]结合碳十四数据和对考古学文化的综合分析,最新研究将其绝对年代定在了公元前3300—前2500年。[④]

[①] 特尔巴依尔:《新疆巩乃斯河流域早期遗存的发现与初步研究》,"第七届北京高校研究生考古论坛"发言,北京,2017年11月11日。

[②] 吉谢列夫著:《南西伯利亚古代史》(上册),新疆社会科学院民族研究所,1981年,第12—34页。

[③] David. W. Anthony, *The Horse, the Wheel and Language: How Bronze-Age Riders from the Eurasian Steppes Shaped the Modern World*, Princeton & Oxford: Princeton University Press, 2007, pp. 307-311.

[④] Svetlana V. Svyatko et al., "New Radiocarbon Dates and a Review of the Chronology of Prehistoric Populations from the Minusinsk Basin, Southern Siberia, Russia," *Radiocarbon*, vol. 1(2009), pp. 243-273; David. W. Anthony, "Two IE phylogenies, three PIE migrations, and four kinds of steppe pastoralism", *The Journal of Language Relationship*, vol. 9 (2013), pp. 10-11.

　　小河文化的草编小篓与阿凡纳羡沃文化的尖底陶器在器形上具有一定相似性,这使得研究者将二者联系起来,如俄罗斯学者库兹米娜就将古墓沟墓地归入了阿凡纳羡沃文化中。①但是,学术界早年根据碳十四数据将其年代范围定在了公元前三千纪下半叶到公元前二千纪初,②这是两支文化能够联系起来的年代前提。而随着新材料的发掘和对更可靠的人骨样本进行重新测定之后,阿凡纳羡沃文化的绝对年代已经被大大提前到了公元前三千纪中叶之前。因而,小河文化与阿凡纳羡沃文化在年代上几乎没有重叠的时期。同时,王炳华先生也从考古学文化面貌比较的角度指出,二者除了墓主人都具有古欧罗巴人种特征这一点之外,几乎没有共同之处,难以认为它们属于同一类型或是存在承继关系的考古学文化。③

　　切木尔切克文化是指以新疆切木尔切克乡青铜时代墓葬为代表的一批遗存。该墓地位于阿勒泰市西南约12千米,1961年曾进行了初步的调查,1963年在此发掘了三处墓地,共计32座墓葬。④这批材料发表后不久,就有学者提出了"克尔木齐(地名标准化后更名为切木尔切克)文化"的概念。⑤近年来,考古工作者又先后在阿勒泰、奇台、富蕴、布尔津等地和哈萨克斯坦东部、蒙古国西部等地发现了一大批类似或相关的遗存。通过长期的探索和讨论,研究者对这类遗存的认识趋向统一:切木尔切克墓地1963

① E. E. Kuzmina, *The Prehistory of the Silk Road*, Philadelphia: University of Pennsylvania Press, 2008, pp. 92–98.

② M. P. Gryaznov & E. B. Vadetskaya, "Afanasievskaya kultura", in A. P. Okladnikov & V. I. Shunkov ed., *The History of Siberia from Ancient Times to Present Day*, Vol. 1, Leningrad: Nauka, 1968, p. 159; M. P. Gryaznov, *Afanasievskaya Kultura na Yenisee*, St Petersburg: Dmitriy Bulanin, 1999, p. 45.

③ 王炳华、王路力:《阿凡纳羡沃考古文化与孔雀河青铜时代考古遗存》,《西域研究》2016年第4期,第83—89页。

④ 李征:《阿勒泰地区石人墓调查简报》,《文物》1962年第7—8期,第103—108页;新疆社会科学院考古研究所:《新疆克尔木齐古墓群发掘简报》,《文物》1981年第1期,第23—32页。

⑤ 自治区博物馆、阿克苏文管所、温宿县文化馆:《温宿县包孜东墓葬群的调查和发掘》,《新疆文物》1986年第2期,第12页;王博:《切木尔切克文化初探》,收入西北大学文博学院编:《考古文物研究——纪念西北大学考古专业成立四十周年文集》,西安:三秦出版社,1996年,第274—285页。

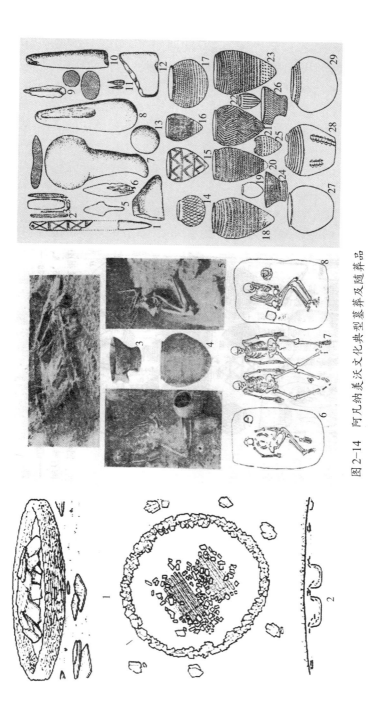

图2-14 阿凡纳美沃文化典型墓葬及随葬品

年发掘所获的材料的年代应分为早晚两期,早期属于青铜时代遗存,晚期则已进入铁器时代,早晚两期之间并非连续发展的关系。"切木尔切克文化"应仅用来命名阿勒泰地区的青铜时代文化,其形成与欧亚草原的颜那亚文化、阿凡纳羡沃文化、奥库涅夫文化等存在密切关系,绝对年代大致在公元前三千纪中叶到前三千纪初,即公元前2500—前2000年。[1]其文化面貌大致可归纳为:

(1)地表多建有用石板围成的矩形坟院,坟院的东侧外立有石人,突出特征是强调表现圆形的面部。

(2)多为石棺墓,有竖穴石棺、石板插入地表围成石棺、石板直接裸露于地表三种情况,石壁内有些有彩绘;也有少量竖穴土坑墓。

(3)葬俗以单人葬为主,也有多人合葬、乱骨葬;葬式多为仰身屈肢或侧身屈肢葬。

(4)随葬品主要有陶器、铜器和石器三大类:铜器有镞、刀、铲等;陶器以圜底的橄榄形罐为代表,也有少量平底筒形罐、豆形器,器表装饰戳印纹和刻划纹;石器有罐(包括双联罐)、钵、把杯、灯、镞和石雕等。陶质和石质的容器均可分为圜底和平底两大类。

林梅村先生最早明确地将小河文化与切木尔切克文化联系起来。[2]除了橄榄形陶罐与草编篓的器形接近,切木尔切克文化的石人与小河文化早期的棺前立木柱在形式上也有一定相似之处。不过,二者的差异仍然很大,切木尔切克文化石人的内涵与象征意义虽然尚不清楚,但小河文化无论是作为地表标志、高达3米的立木柱,还是具有生殖崇拜含义的男根女阴立木,与石人的意义似乎都完全不同。奇台坎儿孜采集到的一件小型石雕人像,似也可以与小河文化墓中随葬小型木雕人像相联系,但石雕人像未能在其他切木尔切克文化墓葬中发现,因此难以作为切木尔切克文化的代表性器物。

---

① 陈晓露:《吐火罗相关考古遗存概述》,收入王炳华主编:《孔雀河青铜时代考古文化与吐火罗》,北京:科学出版社,2017年,第102—106页;丛德新、贾伟明:《切木尔切克墓地及其早期遗存的初步分析》,收入吉林大学边疆考古研究中心编:《庆祝张忠培先生八十岁论文集》,北京:科学出版社,2014年,第275—308页;于建军:《切木尔切克文化的新认识》,《新疆文物》2015年第3—4期,第69—74页。

② 林梅村:《吐火罗人的起源与迁徙》,《西域研究》2003年第3期,第9—23页。

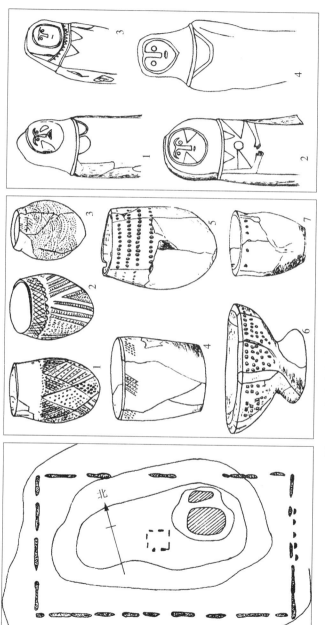

图 2-15 切木尔切克文化典型墓葬、石人及陶器

此外，小河文化的部分文化因素还被认为是通过切木尔切克文化间接来源于阿凡纳羡沃文化的。例如，小河文化的草编篓，与切木尔切克文化的橄榄形罐以及阿凡纳羡沃文化的尖底蛋形罐形制接近；草编篓的编织花纹也接近后两种文化陶器上的装饰纹样；小河文化晚期高等级墓的地表7圈立木围垣，与阿凡纳羡沃文化的地表的圆形围墙、切木尔切克文化的方形坟院在形式上也有些接近。不过，如前所述，随着阿凡纳羡沃文化的年代被提前，三者之间的联系变得很难确定。

整个小河文化所有墓葬都统一采用了仰身直肢、头东脚西的葬式，显著区别于切木尔切克文化的仰身或侧身屈肢葬。同时，二者的经济形态应该也差别很大。小河文化处在罗布泊与孔雀河之间的绿洲地带，水资源较为丰富，能够经营一定的农业，作为经济支柱的则是以牛为中心的畜牧业。切木尔切克文化主要分布在阿尔泰山的山前地带，其经济形态无疑应与草原有着密切联系，应是以畜牧业为主，尽管也发现了小麦，但与小河文化以绿洲为背景的经济形态应该还是相去比较远的。从这些方面看来，小河文化可能受到了阿凡纳羡沃—切木尔齐克文化的部分影响，但并非切木尔切克文化的直接继承者。

安德罗诺沃文化是由原苏联考古学家捷普劳霍夫根据1914年在米奴辛斯克盆地阿钦斯克州附近安德罗诺沃村旁发掘的墓地而定名的。不过，随后考古学者在从中亚到米奴辛斯克盆地的广大范围内都发现了类似的遗存，因此现在学术界多使用"安德罗诺沃文化共同体"这个名称来称这一组相似的青铜时代文化的集合。其分布范围以哈萨克斯坦草原为中心，西起南乌拉尔地区，东抵叶尼塞河中游和新疆，南到土库曼斯坦地区，北达西伯利亚森林南界。这一广大区域的考古学文化在墓葬制度、物质文化和经济形态等方面表现出极大的一致性，如都拥有平底缸形陶器、形制相近的铜器和发达的冶金业、轻便辐条式车轮的马车和大量驯养马匹等相似特点。[1]然而，由于该文化共同体覆盖地域实在过于广阔，长期以来学术界在其起源、地区差异、年代等诸多方面存在着极大争议。特别是近年来新测

---

[1]　Elena E. Kuzmina, *The Origin of the Indo-Iranians*, Leiden/Boston: Brill, 2007；邵会秋：《新疆地区安德罗诺沃文化相关遗存探析》，收入吉林大学边疆考古研究中心编：《边疆考古研究》第8辑，北京：科学出版社，2009年，第81—84页。

定的碳十四数据将早年学术界依据文化面貌确定的年代序列向前提了好几百年，从而引发了人们对早年所认为的该文化共同体是从西向东传播模式的观点的重新思考。该文化共同体各区域表现出来的相似性，是由于相互间的密切联系和频繁交流，而非人群远距离迁徙、文化线性传播的观点正在受到越来越多研究者的赞同。[①]

　　小河文化中的一些因素被认为是受到了安德罗诺沃文化及其相关诸文化的影响。林梅村指出权杖头是辛塔什塔—彼得罗夫卡文化的典型器物，[②]这在小河墓地也曾有多次出土。郭物先生发现古墓沟墓地出土草编篓上的波折纹可能是彼得罗夫卡文化的变形，而小河墓地草编篓上的纹饰与费德罗沃文化器物纹饰比较接近。[③]韩建业先生指出小河墓地发现的大鼻露齿的木雕人面像，与辛塔什塔—彼得罗夫卡文化的石俑面像相似；编织在草篓和刻在箭杆上的三角纹、菱形纹、阶梯纹、折线纹等，也与辛塔什塔—彼得罗夫卡文化有相似性；甚至小河文化流行的仰身直肢葬，可能与伊犁、塔城等地广泛分布的安德罗诺沃文化中一定数量的直肢葬存在实际联系。[④]辛塔什塔—彼得罗夫卡文化与安德罗诺沃文化共同体的形成关系密切，前者曾被认为是后者的前身；而费德罗沃文化则是安德罗诺沃文化共同体最重要的两大亚文化之一。当然，这些类比都仍十分简单而粗率，相似点也比较模糊，很难准确判断来源，如郭物就认为小河墓地随葬的人面像与奥库涅夫文化立石上的人面也非常接近，特别是脸部横缠的线。就目前的材料来看，我们只能说小河文化在安德罗诺沃文化共同体向东扩散过程中确实受到了一定的影响，但其程度远小于来自北方的影响，而且尚无法判断其具体过程。

　　事实上，小河文化中还有两个突出的特征，也应该是来自西方的文化因素。其一是墓葬中出土的木质和石质小雕像。小河墓地出土的木雕人像大致可分为三类：第一类是高度约3米的立柱式人形雕像，下方带有细高的基座，多为地表采集，这类雕像与很多墓葬棺前的高大立木一起，可

① Michael D. Frachetti, "Migration Concepts in Central Eurasian Archaeology", *Annual Review of Anthropology*, 2011, vol. 40, pp. 195-212.
② 林梅村：《吐火罗人的起源与迁徙》，《西域研究》2003年第3期，第20页。
③ 郭物：《新疆史前晚期社会的考古学研究》，上海：上海古籍出版社，2012年，第271页。
④ 韩建业：《新疆的青铜时代和早期铁器时代文化》，北京：文物出版社，2007年，第102页。

能和来自北方的石人传统有关；第二类大约为真人大小，即木棺中的"木尸"，属于墓主人的替代品；第三类高度在50—60厘米，多较明显地刻画出女性的特征，古墓沟墓地还出土了一件石像。陈星灿注意到这类雕像刻意淡化了面部的特征，并认为将其用作随葬，既有作为祈求丰产之巫术道具的用意，也有保护死者和辟邪的作用。[1]郭物指出古墓沟出土的石质人偶与中亚阿尔丁特佩遗址出土石雕像类似，这提示着新疆早期文化与西亚、中亚之间的联系。[2]韩建业进一步认为此类雕像在纳马兹加文化、两河流域文化和印度哈拉帕文化中有着源远流长的传统，尽管中间具体环节仍不清楚，但它们在小河文化的出现无疑是中亚影响新疆东部的结果。[3]

其二则是对麻黄的崇拜。小河文化无论男女老幼，大多数墓葬的裹尸毛毯上都捆扎出一个或多个小囊，内置麻黄碎枝，有些墓主人身上也会放置。杨益民等则在小河墓地出土干尸的头发、骨骼中检测到了麻黄的特征标记物，表明小河居民对麻黄的摄入非常普遍，已经对其药用价值有了一定认识。[4]苏联考古学家萨里安尼蒂曾宣称，在土库曼斯坦哥诺尔遗址一个封闭的房间中发现了三个陶碗，其底部残渣中含有大麻和麻黄。[5]尽管植物学家后来证实陶碗中的植物并不是麻黄，但很多研究者依然认为，古代印度—伊朗文化中崇拜的具有麻醉、兴奋和致幻作用的植物"苏摩"或"豪麻"，最有可能的就是麻黄。[6]小河文化对麻黄的利用，也暗示了与中亚地区的渊源关系。

---

① 陈星灿：《孔雀河古墓沟木雕人像试析》，《华夏考古》1995年第2期，第71—77页。
② 郭物：《通过天山的沟通——从岩画看吉尔吉斯斯坦和中国新疆在早期青铜时代的文化联系》，《西域研究》2011年第3期，第80页；郭物：《新疆史前晚期社会的考古学研究》，上海：上海古籍出版社，2012年，第264—265页。
③ 韩建业：《新疆古墓沟墓地人形雕像源于中亚》，收入王巍、杜金鹏：《三代考古》（六），北京：科学出版社，2016年，第473—478页。
④ 杨益民等：《小河墓地麻黄利用的新证据》，《2015—2016文物考古年报》，新疆维吾尔自治区文物考古研究所内部资料，第126页。
⑤ Victor. I Sarianidi, "New Discoveries at ancient Gonur", *Ancient Civilizations from Scythia to Siberia*, Vol.2, No.3, 1994, pp. 289–310.
⑥ Jan E. M. Houben, "The Soma-Haoma Problem: Introductory Overview and Observations on the Discussion", *Electronic Journal of Vedic Studies*, Vol. 9(2003) Issue 1a (May 4), http://www.ejvs.laurasianacademy.com/ejvs0901a.txt.

随着近年来在阿勒泰地区和博尔塔拉蒙古自治州考古工作的持续开展，人们对新疆地区分布的阿凡纳羡沃文化、切木尔切克文化和安德罗诺沃文化的认识有了极大的推进，对它们与小河文化的关系的认识也正在日益清晰。然而，区别于北来、西来文化因素，更重要的是，小河文化中还包含很多东方因素。韩建业曾指出，小河文化仅见仰身直肢葬而不见屈肢葬，这是区别于当时新疆大部甚至西、北周邻地区的显著特点。小河墓地出土的黍的DNA结构特征与中国的黍完全相同。①遗传学研究还揭示出，小河墓地居民在早期就是东西方谱系共存，并且随着时间的推移，东部欧亚谱系越来越复杂。②

然而，这些东方因素的来源，仍未能得到有力的解释。遗传学研究者曾推测小河文化人群可能与新疆东天山哈密地区有联系，因为后者的遗传学特征也表现出东西方混合的特点，其东亚成分很可能与甘青地区的氐羌人群有关，并且高频存在小河人群也拥有的东亚谱系D。不过，这一推测并未得到考古学文化的支持。哈密天山北路文化尽管与小河文化相距并不遥远，且年代上大体同时，但在文化面貌上却少有共同点。仅第一期文化的双贯耳彩陶罐与草编篓的器形及纹饰有相近之处，但这类器物并非该文化的主体，在后三期中都不见，而且也更多地被与切木尔切克文化联系起来。③

从目前的研究状况来看，小河文化内涵丰富，其来源无疑与欧亚草原有着密切关系。王炳华先生注意到，高加索地区曾发现与小河文化类似的遗物，由此推测小河人群的远祖来源于高加索，并提出了其可能的迁徙路线。④但是，就文化面貌而言，小河文化仍很难与周邻地区的某一支或数支具体的考古学文化直接全面对比。即便是影响最大的切木尔切克文化来

---

① 李春香：《小河墓地古代生物遗骸的分子遗传学研究》，吉林大学博士学位论文，2010年，第63—64页。
② 李春香、周慧：《小河墓地出土人类遗骸的母系遗传多样性研究》，《西域研究》2016年第1期，第50—55页。
③ 李水城：《天山北路墓地一期遗存分析》，收入北京大学考古文博学院、中国国家博物馆编：《俞伟超先生纪念文集》，北京：文物出版社，2009年，第193—202页。
④ 王炳华：《从高加索走向孔雀河——孔雀河青铜时代考古文化探讨之一》，《西域研究》2017年第4期，第1—14页。

源说,也只能是从孤立的某些方面或某些文化因素着眼进行比较,细察之下能够明确证明二者相关的证据也甚少,因此很多研究者仍对该观点持有疑虑。邵会秋先生提出,小河文化居民最初可能是直接到达罗布泊地区,在特殊的封闭的自然环境下发展起来的。[①]然而,不论是考古学还是遗传学、科技考古研究都表明,小河文化人群并未与周边地区相隔离,而是始终与外界保持着联系和交流。小河早期人群的遗传结构多样性较低,到了晚期则随着时间的推移变得越来越复杂,这表明早期人群到达后并未与其他人群隔离,而是发生了基因交流,并且交流的对象十分复杂。前述对小河出土金属的研究也揭示了,尽管小河墓地居民没有直接从事金属的开发或提取活动,但却能够通过贸易交换等其他渠道获得金属材料。1930年贝格曼在小河墓地采集的贝珠,其原料经鉴定是仅产于东亚海岸的面蛤;他发掘的一块裹尸布,羊毛质地十分高级,推测可能来自大夏。[②]这些无疑都证明,小河文化并非孤立于周边世界而存在,而是成为了青铜时代欧亚大陆物质、文化的交换贸易网络中的一部分。

小河文化的直接渊源之所以难以确认,可能是由于罗布泊地区特殊的地理环境。罗布泊地区的基本大环境是沙漠,气候干旱、日照强、蒸发大、不利于植被生长,人们只能在河湖之间的绿洲上生产生活。小河文化时期,气候略有好转,湖泊较为发育,风沙较弱,但可以想见依然不会出现利于畜牧业发展的、类似草原那种大范围覆盖的植被,小河人群对牛羊的畜养应是在湖泊河流附近水草较为丰美的地方小范围的放养或是圈养。研究者曾对小河墓地的牛羊进行食性分析,结果表明它们主要取食于C3类植物,牛粪的分析结果进一步显示画眉草及芦苇等禾本科植物可能是牛的主要食物。[③]小河文化人群经营以牛为中心的畜牧业为主、兼营农业的组合经济的模式,可能很大程度上是为了适应这种环境所采用的生存策略。

[①] 邵会秋:《新疆史前时期文化格局的演进及其与周邻地区文化的关系》,吉林大学博士学位论文,2007年,第258—259页。

[②] Folke Bergman, *Archaeological Researches in Sinkiang*, Stockholm: Bokfoerlags Aktiebolaget Thule, 1939, pp. 75—77.

[③] 李文瑛:《科技考古在小河文化研究中的应用》,《中国文物报》2013年11月8日第007版;Ruiping Yang et al., "Investigation of Cereal Remains at the Xiaohe Cemetery in Xinjiang, China", *Journal of Archaeological Science*, Vol. 49 (2014), pp. 42-47.

而这种环境在整个新疆地区乃至欧亚草原青铜时代诸文化中都是独一无二的。因此，我们推测，小河文化居民进入罗布泊地区前原来的居住地，其环境很可能是与罗布泊地区差别相当大的。他们来到这里之后，迅速调整了生存策略和生活方式，物质文化也相应发生了很大的变化。事实上，这种移民后因环境变化而在物质文化发生重大改变的情况在历史上并不罕见。例如，根据史籍记载，西汉时期原生活在西域的游牧民族大月氏人，被匈奴打败后西迁到中亚阿姆河流域，遂改变了游牧的生活方式，在那里定居下来，并逐步建立了后来的贵霜王朝。贝茨与贾伟明等研究者借用了生物地理学中的"岛屿生物地理学理论"来解释这一问题。他们认为，小河文化人群可能是沿着天山通道进入罗布泊地区，最初的人群规模很小，文化多样性也较低；来到罗布泊地区后，这支人群仿佛来到了一个孤岛，与其迁出地的联系不多，同时为了适应生态环境迅速地调整了经济模式，物质文化也随之转变。在这个过程中，和天山山前地带相比，这里的水资源更加丰富，因此农业的比重一定会有所上升，尽管畜牧仍然在经济中占有支配性地位，但畜养的动物种类也已经从以羊为主变成了以牛为中心。[1]如前所述，克里雅北方墓地曾发现面食，表明农业成分可能在小河文化晚期又有所增加和发展。目前学术界对这一墓地的了解仍非常少，期待着进一步的工作能够为我们揭示更多的材料。

　　小河文化大致在公元前1500年左右走向衰落。罗布泊地区的绿洲环境是小河文化产生和繁荣的背景，在公元前2000—前1500年间，这一地区风沙较弱、水资源丰富、气候较为适宜。而在公元前1500年之后，数据显示环境变得较为恶劣，气候干旱，湖泊不太发育，水资源减少，不利于人类活动。同时，研究者大多认为，小河文化存续期间，人们对当地植物资源的过度使用，可能也一定程度上导致了植被退化和绿洲的沙化，小河文化逐渐衰落，罗布泊地区进入了一个较为沉寂的时期。

　　肖小勇先生曾对目前学术界普遍接受的小河文化年代提出质疑，认为西域地区的碳十四年代数据普遍存在误差大和偏早的现象，小河文化应存

---

[1]　A. Betts, P. Jia & I. Abuduresule, "A New Hypothesis for Early Bronze Age Cultural Diversity in Xinjiang, China," *Archaeological Research in Asia*, v. 17, 2019, pp. 204-213.

续到楼兰国时期,就是楼兰的土著文化。[①]不过,除了碳十四数据外,这一观点既不符合上述环境考古的结论,也与人种学研究成果相悖,更不能解释罗布泊地区缺乏彩陶一类遗存的现象,尚难以被接受。韩康信对1980年楼兰古城东郊墓葬中采集的头骨进行了形态分析,指出这些头骨与孔雀河古墓沟所出头骨在人类学类型上是明显不同的。[②]同时,公元前1500年之后,周边地区普遍进入了较为发达的早期铁器时代,罗布泊北部的哈密盆地有天山北路文化、焉不拉克文化,吐鲁番盆地有洋海文化,罗布泊西部的焉耆盆地有新塔拉文化和察吾呼文化,都先后崛起并十分兴盛。这些周邻地区与罗布泊之间均有自然通道可以联系,且在历史时期也始终保持着密切的交流,但罗布泊地区却始终很少见到彩陶文化,在多次的考古工作中也只是零星地采集到一些彩陶片。这表明罗布泊在这一时期应该是很少存在人类活动的。

直到距今2500年左右,罗布泊地区的气候变得较为凉湿,孔雀河等河流的上游有一定来水,环境条件出现了相当程度的好转,人类活动才再度活跃起来。这一时期的罗布泊地区进入了中国古代史官的关注视野中,在中原史书系统中有了明确的记载,即在历史上的楼兰—鄯善王国时期,相当于中原的汉晋时期。

---

① 肖小勇:《西域考古研究——游牧与定居》,北京:中央民族大学出版社,2015年,第102—106页。

② 韩康信:《新疆楼兰城郊古墓人骨人类学特征的研究》,《人类学学报》1986年第3期,第227—242页。

第三章　罗布泊汉晋时期考古文化

　　环境考古表明,距今约2500年,罗布泊地区的环境和气候条件转好,人类活动再次活跃起来,即历史上的楼兰—鄯善王国,其存续年代大致相当于中原的汉晋时期,并在中原官方史书中有了正式记载。

　　楼兰国具体于何时立国,目前并不清楚。文献中首次出现楼兰的名字,是在《史记·匈奴列传》中,西汉前元四年(前176),汉文帝刘恒收到的匈奴冒顿单于的一封信中提到:"今以小吏之败约故,罚右贤王,使之西求月氏击之,以天之福,吏卒良,马彊力,以夷灭月氏,尽斩杀降下之。定楼兰、乌孙、呼揭及其旁二十六国,皆以为匈奴。诸引弓之民,并为一家。"一般认为,所谓"小吏之败约",指的是文帝三年(前177)匈奴右贤王进入河南地、侵犯上郡、杀掠人民一事;"二十六国"应为"三十六国"之讹误,泛指塔里木盆地绿洲诸国。这段文字经常被各种论著广为引用,以说明西汉时期西域的局势,即原西域的霸主为月氏,塔里木盆地各小国曾一度为其役属。在公元前177年或前176年,匈奴击败月氏并将其逐出西域,控制了塔里木盆地,诸国均转而归附匈奴。这一事件在西域历史上具有划时代的意义。伴随匈奴扩张而来的,是中原王朝对西域长达几个世纪的经营,并最终引发了丝绸之路的出现和兴盛。楼兰作为诸小国的代表,出现在了冒顿这封向汉王朝宣示控制权的信中,应该是由于楼兰地处塔里木盆地最东缘、南北两道交通交汇点这一重要的地理位置之上。此后,西汉昭帝元凤四年(前77),汉使傅介子刺杀楼兰王安归,改立亲汉的尉屠耆为王,楼兰的国名被更改为"鄯善",其历史一直持续到了约公元5世纪末,被北方游牧民族高车所灭。随着对传世史料的全面梳理和对出土文献的深入研究,目前学术界对于楼兰—鄯善王国历史的认识已经日益清晰。汉晋时期是狭义上的"丝绸之路"开辟和初步建立的时期,这个罗布泊西北的西域小王国,作为西出阳关的第一站,既是汉王朝经营的重要大本营,也是丝绸之路交通、中西文化交流的关键节点。

楼兰—鄯善王国的考古学文化面貌和年代框架主要是由墓葬材料确立的。总体上,罗布泊地区的汉晋时期文化遗存,存在着遗址多、墓地少的现象,分布十分不对称。然而,遗址所做工作十分有限,迄今未有一处遗址进行过全面的发掘,年代判断存在较大困难,而墓地尽管数量相对较少,但很多墓葬出土器物的绝对使用年代可以进行大体有效的断定,因而成为了建立编年序列的主要途径。需要指出的是,从东汉早期开始,鄯善逐渐坐大,兼并了周边的小宛、精绝、戎卢、且末等小国。尽管后者诸国在东汉对西域恢复经营后曾一度复立,但到了魏晋时期中原陷入内乱无力管理西域时,就再次"并属鄯善"。因此鄯善对这些小国应有着较为持续的影响力,全盛时期鄯善王国的地理疆域远远超过了罗布泊地区,覆盖了西域南道东半段的大部分地区,而且从佉卢文文书来看鄯善王朝对这些地区实施了有效的管理。民丰县的尼雅遗址、且末县的扎滚鲁克墓地和托盖曲根一号墓地,以及且末县的古大奇墓地,被认为是分别属于精绝、且末和小宛国的遗存。尽管地理条件差异较大,但由于同处于一个政权控制之下,这些材料均在某些方面表现出与罗布泊地区物质文化一定程度的一致性。同时,坐落于库鲁克塔格山南麓、孔雀河中游的营盘遗址,一般被认为是汉晋时期的墨山国遗存,由于地理位置邻近,亦表现出与罗布泊地区文化面貌极大的相似性。因此,在探讨鄯善王国时期的考古学文化面貌时,这些材料也作为参考被纳入研究范围,以弥补罗布泊地区墓葬发现较少的缺陷。

一、罗布泊汉晋墓葬的发现与分布

汉晋时期墓葬在罗布泊地区目前所知全部墓葬材料中所占比例是最高的。根据全国第三次文物普查的数据,已经编号的汉晋时期墓地已经达75处,其中属于若羌县境内的有57处,尉犁县有18处。此后罗布泊科考和新的调查又新发现了一些。在这些材料中,经过清理发掘的主要包括以下几批:

1. 斯坦因1914年清理的楼兰汉晋时期墓地

斯坦因是罗布泊汉晋时期遗址最重要的发掘者。他一生中四次到新疆进行考古探险,清理了很多重要遗址,并首次进行了科学编号和记录。在1913—1916年的第三次中亚考察期间,斯坦因在罗布泊15个地点做了工作,其中有3处墓地包含汉晋时期遗存,即LC、LF和LH墓地。[1]这3处墓地出土了极其丰富的遗物,特别是LC墓地发现的大量纺织品,十分精美。遗憾的是,斯坦因对纺织品以外的墓葬形制等方面留意不够,未能提供更多的信息。所幸1980年楼兰考古队对LC墓地又重新进行了清理。

LF汉晋时期墓地:东北距楼兰保护站西南3.9千米,位于一处高大的雅丹台地上。台地东北部是一处戍堡建筑,中部为青铜时代墓地,西南部为汉晋时期墓葬。汉晋时期墓葬是两座洞室墓,东西相距7米。斯坦因发掘了东侧的一座,为带斜坡墓道的洞室墓,前后双室,墓室内散落着彩绘穿璧、流云以及蟾蜍的残棺板。西侧的一座于2003年被发现,亦为墓道式的洞室墓,在墓道口近墓室的部位被盗墓者挖了一个竖井式的盗洞,墓室也是前后室,均为覆斗顶,前室还有左右耳室。墓室壁上隐约见墨线痕迹。前室内残存一具箱式木棺,棺内有一具残骨架,骨架上黏附着残织物。[2]

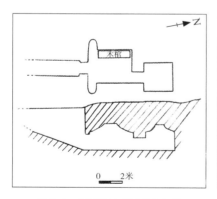

图3-1　LF墓地西侧洞室墓

图3-2　LH墓地地表暴露的木棺

---

[1]　M. A. Stein, *Innermost Asia: Report of Exploration in Central Asia Kan-su and Eastern Iran*, 4 vols., Oxford: Clarendon Press, 1928, pp. 225-259; 275-277.

[2]　新疆维吾尔自治区文物局编:《不可移动的文物:巴音郭楞蒙古自治州卷(2)》,乌鲁木齐:新疆美术摄影出版社,2015年,第244—246页。

LH墓地 位于孔雀河北岸缓坡戈壁的一个低洼处,地面仍立着一根胡杨柱,人字形柱顶上仍然支撑着一根横梁,说明原来曾有棚盖。自北至南紧排着一列棺木,共四口,半露出地面。最南端的是一具大块胡杨木板拼合而成的长方形箱式木棺,由于风沙的侵蚀已完全破坏,遗物散乱于地。另一具是胡杨树干凿成的独木船棺,棺盖已无存。

箱式木棺全长2.7米,墓主人用各种丝绸和毛织物残片紧紧包裹,随葬有椭圆形木盘和一件狮形盘足,这种盘足在罗布泊地区十分常见,贝格曼、黄文弼发掘的墓葬中均有出土。另一具棺内也随葬有带狮形盘足的圆形木盘,此外还发现2件木杯和5支木箭,箭杆上有羽毛、无箭头,显非实用器。第3具棺木内发现一件粗毛裹尸布和一只制作精致的羊毛织鞋,装饰有猛狮、飞鸟、几何纹等图案。

此外,斯坦因在离LH墓地东南2英里处还曾发现一座带棚盖的竖穴土坑墓,大小约6米见方,墓向朝东,墓顶有胡杨木粗制的双椽,上面覆盖着密集的小胡杨枝,顶上铺席、盖麦草和黏土。墓室深1.2—1.5米,内置三口棺木,为胡杨粗挖成的独木船棺,两头封以木板固定,其中一口棺木里发现了朽蚀的人骨和大团碎布片,其中许多是衣服的丝绸残片。[①]

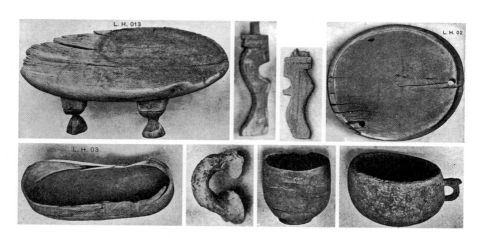

图3-3 楼兰LH墓地出土器物

[①] M. A. Stein, *Innermost Asia: Report of Exploration in Central Asia Kan-su and Eastern Iran*, vol. 1, Oxford: Clarendon Press, 1928, pp. 275–277.

2. 20世纪30年代中瑞西北考察团的工作

1927年，中国学术团体协会与斯文·赫定共同组建的"中瑞西北科学考察团"成立。其中，贝格曼于1928、1934年两次考察了楼兰地区，在小河地区发现了一系列古代墓地，除了著名的小河5号墓地为青铜时代外，其余的4、6、7号墓地均属汉晋时期，此外还调查了营盘遗址、发掘了米兰的几座墓葬。[①]2002—2007年，新疆文物考古研究所在对小河五号墓地进行发掘的过程中，对周边地区也进行了田野调查，共发现古遗存点19处，其中7处墓地应为汉晋时期，编号为XHM1-7号。[②]而且，从位置和遗迹判断，XHM6、XHM7就是贝格曼发掘的小河6、7号墓地。

小河4号墓地　位于5号墓地西北方、小河西侧8千米，已被完全毁坏，仅地面存4或6具毁坏的棺木，分独木舟式棺和四足箱式棺两种。

小河6号墓地　位于小河之西、5号墓地西南6千米，有长方形围墙遗迹，尺寸为6米×7.5米，墙壁由直立的木柱构成，墙内出土4个木杯，不能肯定是墓葬还是小房子。这处墓地主要发掘了三座墓葬。Grave 6A为船形独木棺葬，棺木尺寸2.1米×0.65米，端板近橄榄形，一或两块长板构成棺盖，上面覆盖灌木枝。棺木摆放方向为南偏西80度—北偏东80度，头位于东端。单人葬，女性，披一种短披风，随葬品有铁镜及镜袋、铁剪、木纺轮、项链等，其中有一件残栉袋，上面织有汉字，与尼雅发现同类物品形制一致。Grave 6B使用箱式木棺，棺内有白毡衬，骸骨所剩无几，出土了丝、棉、毛织物，其中有带汉文的织锦，以及骨柄铁刀和木箭杆，说明墓主人为男性。Grave 6C为船形独木棺墓，墓向南偏西70度—北偏东70度，有毡衬，墓主人头东脚西，随葬品很少。

小河7号墓地　位于5号墓地西南7.5千米，6号墓地西南1.8千米，包括3或4座墓葬。Grave 7A地表立有木杆作为墓葬标识，使用船形独木棺为葬具，有棺盖，用两块长木板做成，盖上铺一层小树枝，其中发现羊颅骨一块，棺底还有4条粗腿，棺内部空间长2米，曾衬薄毡，单人葬，为一老年

---

①　F. Bergman, *Archaeological Researches in Sinkiang, Especially the Lop-Nor Region*, Stockholm: Bokförlags Aktiebolaget Thule, 1939, pp. 51-117; 180-182; 223-227.

②　新疆文物考古研究所：《罗布泊地区小河流域的考古调查》，收入吉林大学边疆考古研究中心：《边疆考古研究》第7辑，北京：科学出版社，2008年，第371-378页。

男性。鼻孔用一对外缠红丝绸的木塞子塞着,身穿丝绸制的衣服,腰部所系丝绸带上有蜡染小菱形纹,衣领用7块4色花纹丝绸缝合。根据西尔万的研究,从纺织技术看,其中有两块补丁是西方的,有两块是中国造。在风格上,有翼四足兽图案属近东艺术范畴中的怪兽。属于中国产品的那一块织有一行"昌"字。Grave 7B葬具已半毁,墓向西北,棺盖上也覆盖一层灌木枝,墓主人鼻孔也用包裹红色丝绸的塞子塞住。Grave 7C地表立有标

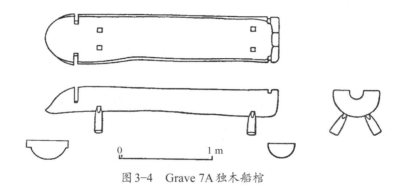

图3-4　Grave 7A独木船棺

图3-5　小河考古队调查的汉晋时期木棺

识,采用箱式木棺作葬具,棺长2.25米,端板40厘米×26厘米,角柱50厘米×14厘米×13厘米,棺木摆放方向为南偏西70度—北偏东70度。

XHM1–7号墓地　这7处墓地均使用独木船形棺和箱式木棺两种葬具。在其中的5处墓地,考古工作者采集到了丝绸和服饰残件,其中有锦、绮等显花织物,其技法、图案是典型的汉式特点,这些丝织品无疑是来自中原。此外,XHM6号墓地发现的服饰、随葬品及墓主人用丝绸鼻塞的做法,在营盘墓地和楼兰LE壁画墓中都有发现。

米兰墓地　位于米兰戍堡北—北东2.5千米,紧靠一座烽火台废墟。烽火台位于斯坦因标号为XII和XIV的废墟之间,距废墟XII西—北西近800米。墓葬无地面标志,共发现4座墓葬。Gave 1棺木用半块掏空的杨树干做成,盖着一具保存完好的人骨架,仰身直肢,头向东北,左耳处有一素面青铜环,棺中段的上方发现一束很粗的深棕色头发和半个汉式马蹄形木梳。Grave 2中没有棺木,只有一根水平放置的原木和一块斜放着的木板,人骨架保存完好,仰身直肢,周围散布丝绸残片,曾被盗。Grave 3的棺木是一段中空的树干,人骨架放于其中,上部已被扰乱,树干两端敞开,无随葬品。Grave 4与Grave 1结构相同,人骨架不在原位,脊柱断裂,无随葬品。四具骨架的头向分别是北偏东25度、南偏西60度、北偏东40度和南偏西45度。

中瑞西北考察团中方队员黄文弼于1930在孔雀河沿岸发掘了一些墓葬和烽燧遗址,发现了著名的土垠遗址。1934年,他又重新发掘了土垠,并调查了土垠之西的古道、居址、石器遗址、墓葬、水渠等遗迹。在这些遗址中,有3处属于汉晋时期,即L彐、L匚、L囗墓地。[①]同年,斯文·赫定一行乘独木舟从库尔勒出发到罗布淖尔考察,沿途调查了一些遗迹,在孔雀河三角洲地区清理了几处墓葬,编号为Grave 34—39,其中36、37属于青铜时代,39仅采集到一些玻璃珠,其余3座墓葬或多或少均发现了汉式文物。这几座墓葬均采用船形独木棺作为葬具,葬俗有多人丛葬和单人葬两种。[②]此外,陈宗器在楼兰地区采集到铜镜、铜钱、石器等遗物。霍涅尔也在罗布

①　黄文弼:《罗布淖尔考古记》,北平:国立北京大学出版部,1948年,第91—103页。
②　S. A. Hedin, *History of the Expedition in Asia 1927–1935*, vol. 1, Stockholm: Elandes Bortryckeri Aktiebolag Goteborg, 1943, pp. 165–170.

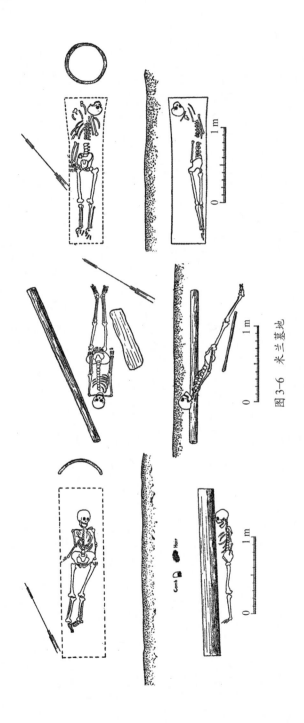

图 3-6　米兰墓地

泊北岸附近地区发现过三处古代墓葬。①中瑞西北科学考察团中斯文赫定、贝格曼等人在孔雀河流域发现的文物,在1950年代归还中国,现藏于中国国家博物馆。②

L３墓地　位于一土丘上。在一处长30余米、宽3米多、深3米余的凹陷沟渠内发现一座墓葬,位于沙土层中,上架以未经修整的木料,覆以苇草,构成棚架。墓主为一女性,身穿丝织衣物,约有五袭,衫、禅、袄、矿俱备,袖口宽30余厘米,指骨外露,右手第四指戴戒指,上刻五环圈图案,状如梅花,衣服中藏一铁刀,柄已碎裂。墓主人头旁置带把木杯2个,羊骨2根,以木板承之。旁边另有一墓,出土带把木杯、木几各1件。距墓地西南约4千米处地表有陶片发现,似为居址。

L匚墓地　位于L３墓地以东约5千米处的一处土丘上,仅1座墓,墓口部盖胡杨树干,竖穴土坑,无葬具,共4具尸体,分层而葬,衣服腐朽,随葬品有漆木桶状杯、带把木杯、圆形木盘、铜镜残片、耳饰等。黄文弼从铜镜的边缘判断,该墓当属汉代。土台附近地表采集有铜三棱镞、石矢镞、陶片等。

L口墓地　黄文弼1934年发掘,仅1座墓葬,墓主人为一小孩,年龄约七八岁,头发呈金黄色,着丝绸衣服,头枕四方形枕头,出一长方形手帕,一端有带子。

三处墓地墓主人均身穿丝绸衣服,随葬汉代铜镜,出土带把木杯、木盘及盘足等器物与LH墓地相近,年代也应相当。

孔雀河三角洲Grave 34　位于三角洲一座巨大的雅丹上,长方形竖穴土坑墓,墓向东北,与雅丹的方向一致,墓室边缘立几根木桩,上面用木板搭顶,使用何种葬具不太清楚,但斯文赫定发现了一条毁坏得十分严重的独木舟,应是其中一具棺木,这表明该地区亦使用船形独木棺。墓室内存15个人头骨和一些散乱的其他人骨,与各种织物碎片、木器等混杂在一起,没有完整的人骨架或干尸。随葬品中包括两个三角状唇部的汉式轮制陶罐,还有马蹄形木梳、木纺轮、狮形器足、上漆的竹发卡以及绢、锦、刺绣和毛织物等。其中一块原色丝绸,一面用墨写着佉卢文,科诺教授将其释为

---

①　F. Bergman, *Archaeological Researches in Sinkiang, Especially the Lop-Nor Region*, Stockholm: Bokförlags Aktiebolaget Thule, 1939, pp. 148–154.

②　许新江:《中瑞西北科学考察档案史料》,乌鲁木齐:新疆美术摄影出版社,2006年。

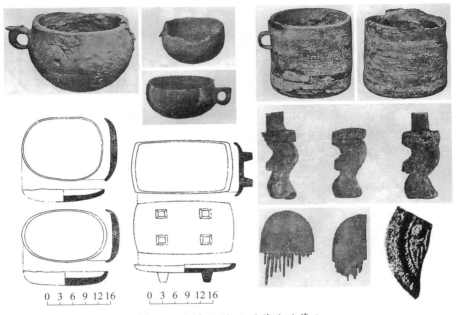

图3-7　L彡、L匚、L曰墓地随葬品

"印度法师之锦,价值40",并认为其书写年代为公元2世纪末,另一面有两个汉字"锦十"。另一块锦上织有"仁绣"二字,应与斯坦因在楼兰LC墓地发现的"韩仁绣文宏者子孙无极"锦为同样织料。此外还发现了与尼雅"元和元年"锦囊形制相似的锦袋。

孔雀河三角洲Grave 35　位于Grave 34东面的一个小平台上,墓葬南立一根红柳木杆,墓坑呈长方形,墓向东北。棺木为独木船形棺,两端有半圆形挡板,上覆两块木板拼合成的棺盖。墓主人为一年轻女性,已成干尸,上盖毡,头上缠丝锦头巾,身着丝绸、麻布衣物,其中一件有纹样的黄色绸缎,织有双菱形的几何形图案,是典型的中国风格。墓主人胸部发现一块方形刺绣品,纹样见于尼雅墓地同类刺绣。[①]墓主人脚穿一双做工精致的丝绸鞋,形制与LH墓地、LB遗址发现的鞋类似,鞋上织有复杂的纹样,鞋

① 李青昕:《战国秦汉出土丝织品纹样研究》,北京大学考古文博学院2006年硕士论文,第58页。

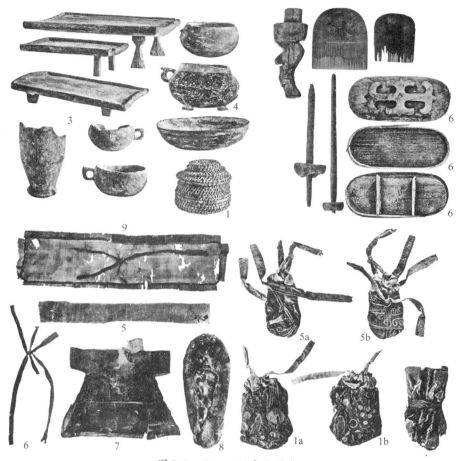

图 3-8 Grave 34 出土器物

口有一道深红色边饰,内织一排向右行的龙纹。木棺头端外侧放置一只涂有红黑两色的木杯、一只四足盘、一具羊骨架和一些麻黄枝,此外还发现一件锦袋,其上面织有"宜"和"无极"的字样,另外一些织锦残片装饰有云纹和"仁绣"字样。

孔雀河三角洲 Grave 38 位于青铜时代LF墓地东几百米,土墩上有东南至西北走向的栅栏,长3.9米,两排木杆相距0.8—1.0米。栅栏附近有四座墓,其中的一座被发掘。墓中有8个人头骨和另外一些人骨。出土一

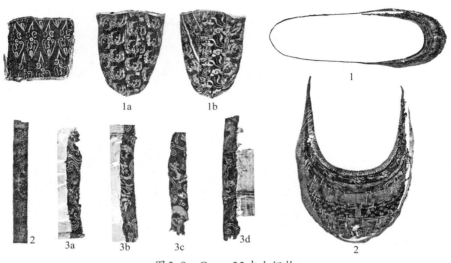

图 3-9　Grave 35 出土织物

件红棕色的平纹丝绸头巾和一块印花丝绸。随葬器主要有 1 件单耳陶杯、2 件木盘、1 件圆筒形漆器以及 2 件马蹄形木梳。

3. 1980 年楼兰考古队清理的墓葬

1979—1980 年，新疆社科院考古研究所配合中央电视台拍摄“丝绸之路”电视片，三次组织力量进入楼兰地区，调查和发掘了楼兰古城及其东北角的佛塔、西北角的烽燧、北郊的古建筑，清理了平台墓地、孤台墓地、老开屏汉墓以及孔雀河畔的古墓沟墓地。①

平台墓地　位于楼兰 LA 古城东北，直线距离约 4.8 千米，共发掘了 7 座墓葬，其中编号为 MA1、2、6、7 的 4 座墓为长方形竖穴土坑墓，墓室较深者墓口大于墓底，较浅者墓口与墓底大小相近。墓中不见葬具，仅 MA1 的西南部直立一排木桩，桩上横编苇草。可能是安葬时用来挡土或作葬具的，东北部墓室被扰乱，不见木桩。另一端被扰，不见木桩。MA1、2、6 为单人葬，均为仰身直肢，头东脚西。MA7 为 7 人丛葬墓，头向均东北，除 1 人俯身葬、1 人不见肢骨外，其余均为仰身直肢，2 人为中年男性，2 人为中年女性，3 人为儿童。MA2 打破了 MA6，年代应晚于后者。MA3 为单墓道竖穴土

---

① 新疆楼兰考古队：《新疆城郊古墓群发掘简报》，《文物》1988 年第 7 期，第 23—39 页。

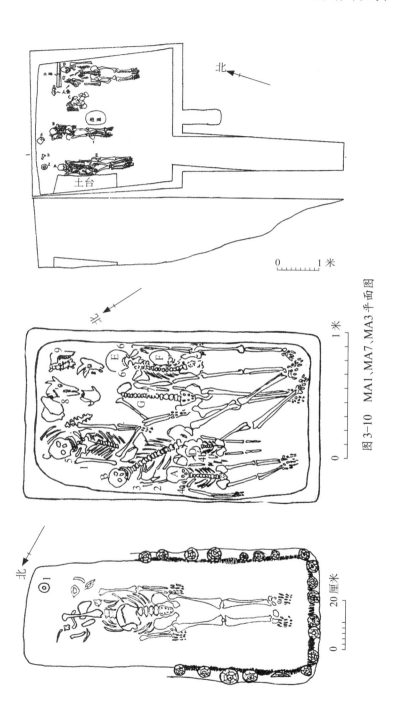

图 3-10　MA1、MA7、MA3 平面图

坑棚架墓,平面方形,墓室口长宽均为3.6米,墓底长3.32米、宽3.26米、深1.72米。西壁北端下有一土台,长1.5米、宽0.44米、高0.2米。南壁两端接斜坡墓道,墓道上口长3.8米、下口长4.1米,宽0.7—0.9米。南壁中间上部有一竖立长方形柱槽。墓室中部有一柱洞,洞中有朽木和木炭。墓坑里有散乱的木材料16根和散乱的苇席。从迹象推测,墓室原来可能栽有木柱,用来支撑墓顶横梁。墓中丛葬人骨架5具,完整的有2具,2名中年男性、1名中年女性,均头北脚南,仰身直肢,其余2具骨架散乱,性别不明。

　　随葬器物有陶杯、陶罐、木案、铁镞、耳饰、石杯等。MA7出土了2枚西汉五铢钱和2件残铜镜,原报告认为是"家常富贵"和星云纹镜,年代在西汉中晚期。MA2中出土一件铜镜残片,半球形钮,钮旁为四瓣柿蒂纹,瓣尖篆书铭文残存"子孙"二字,外圈为内向连弧纹,应为"长宜子孙"镜,年代在东汉时期。MA1、6、7出土的陶器形态均较为原始,多为夹砂红陶或灰陶,其中MA7:2红陶杯饰有连弧纹。MA3随葬品包括一件三角状唇部的小口束颈陶罐,为敦煌祁家湾西晋时期典型器物。此外MA3还出土了4件弧形器,据研究者考证应为弓弭。[①]

　　孤台墓地　位于楼兰古城东北一柳叶形的高岗上,顺风势呈东北—西南走向。1914年斯坦因曾在此发掘过,编号为LC墓地,但他除了在台地边缘因除土方便挖出几个长方形墓坑外,台地中的墓葬都是在墓中心掏坑,人骨架与随葬器物均被扰乱,且报告中只介绍了墓地的情况,对每座墓葬既没有单独的文字记述,又没有绘制平剖面图,墓葬形制和随葬器物部位均不清楚。1980年楼兰考古队又对这一墓地重新进行了调查,并对墓地中心一座未被斯坦因发掘过的大型丛葬墓进行了发掘,编号为MB1,同时又对斯坦因发掘过的LC.iii号墓进行了重新清理,编号为MB2。[②]

　　整个台地上的墓葬分布很不规则,一部分沿台地的纵向边缘分布,其余的则分布于台地中心,疏密不匀。墓坑平面略呈长方形,竖穴土坑,大小从12到21平方米不等,墓向东北或西北。

---

① 于志勇:《汉长安城未央宫遗址出土骨签之名物考》,《考古与文物》2007年第2期,第48—62页。

② M. A. Stein, *Innermost Asia: Report of Exploration in Central Asia Kan-su and Eastern Iran*, vol. 1, Oxford: Clarendon Press, 1928, pp. 225-229; 新疆楼兰考古队:《新疆城郊古墓群发掘简报》,《文物》1988年第7期,第28—39页。

MA1∶4 陶杯

MA6∶3 陶罐

MA7∶1带流单耳陶杯

MA7∶2 陶杯

MA7∶7星云纹镜

MA2∶4"长宜子孙"镜

MA7∶4西汉五铢

图 3-11　平台墓地出土器物

1. 弓弭　2. 灰陶罐　3. 豆形陶灯　4. 双耳陶罐

　　MB1带有棚盖，于距墓口50厘米深度处横向覆盖圆木26根，其上盖苇席。墓坑的北角立两根支撑横梁的木柱。墓室长约2.39米、宽约1.4米、深约1.88米。葬具为粗苇秆编成的尸床，竖向放置，长2米、宽1.2米，床下横架四根圆木，有的已朽，床上置人骨架8具，均仰身直肢，分三层叠放，每层人骨架并排放置。最上层2具，左为中年男性，皮肤上贴附有丝织品，右为青年女性，身着蓝色丝绸衣服。第二层3具，左为壮年男性，身着黄绢丝绵衣，中间为中年男性，右臂折断，下肢弯曲，身着绢衣，右为中年女性，身上也有朽烂的丝绢。底层3具，左为青年女性，中为中年女性，右为中年男性，身上均附有丝绢痕迹。

　　MB2是一长方形墓，但因斯坦因发掘扰乱，形制已不清。两座墓葬

69

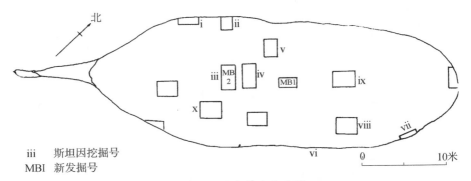

iii　斯坦因挖掘号
MBl　新发掘号

图 3-12　孤台墓地平面图

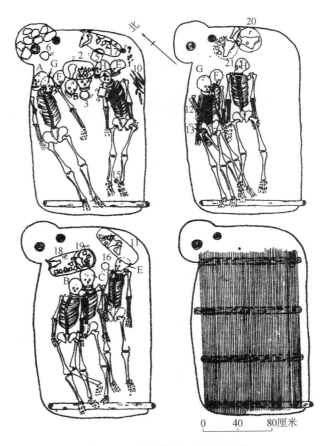

图 3-13　孤台墓地MB1平面图

出土器物近170件，包括陶、木、漆、骨、皮、金器，以及五铢钱和大量精美的丝、毛、棉织品。木器包括圆盘、杯、梳篦和弓箭。其中MB2：5为带把杯，把手处有指垫，与尼雅同类器物形制相同。梳篦均为马蹄形汉式风格。MB1：5漆杯，呈圆筒状，木胎，直口，腹一侧有一桥形小耳，平底，器面棕色作地，上下两边有对称黄色条纹带，条带中间饰红点，中间部位绘红色云纹和草叶纹，叶上有须蔓，杯内髹红漆。MB1：3彩绘漆盖盖顶呈弧状，外髹红地绘黑彩，内髹红漆，盖身饰三圈黑色条纹带，顶面绘四组变体流云纹和四叶蒂形纹。

楼兰考古队和斯坦因均在孤台墓地发掘了大量丝、棉、毛织品，其中不少织锦有隶书文字，如"延年益寿大宜子孙""长乐明光""望四海贵富寿为国庆""永昌""登高贵富""登高明望四海""韩仁绣文宏者子孙无极"等，其中许多都可见于尼雅墓地，应为东汉织物。斯坦因还曾在MB2获得一件表现希腊商业之神赫尔墨斯形象的毛织挂毯。[①]

斯坦因还曾经在孤台墓地发现过两面完整的铜镜。其中一面为简化博局纹镜，年代在东汉—魏晋时期；另外一面为日光镜，宽平沿，沿内侧为一周栉齿纹带，其内是铭文"见日之光天下大明"，每个字之间用小涡纹或菱格纹间隔开，铭文带与半球形钮之间是一宽一窄两道凸弦纹，年代约为西汉中晚期。

4. 楼兰彩棺墓、壁画墓及带斜坡墓道的洞室墓

在历年打击盗墓的活动中，罗布泊地区多次发现带有彩绘的木棺，有些出自竖穴土坑墓，有些则出自洞室墓，其中尤以1998年发现的彩棺墓和2003年发现的壁画墓最具盛名。在全国第三次文物普查中，新疆考古工作者在楼兰LE古城以北发现了数十处带斜坡墓道的洞室墓，其中很多出土了箱式木棺，应均为汉晋时期墓葬。洞室墓一般是在雅丹的一侧掏挖而成，墓室多长方形，有单室、双室、三室三种，有的墓室中部修出中心柱。墓室顶有平顶、拱顶和覆斗顶三种。墓室壁有的以草泥抹平，并涂白灰粉，有的还施以彩绘。[②]

---

① 林梅村：《汉代西域艺术中的希腊文化因素》，《九州学林》2003年一卷二期，第21—23页。
② 新疆维吾尔自治区文物局编：《不可移动的文物：巴音郭楞蒙古自治州卷（2）》，乌鲁木齐：新疆美术摄影出版社，2015年，第247—274页。

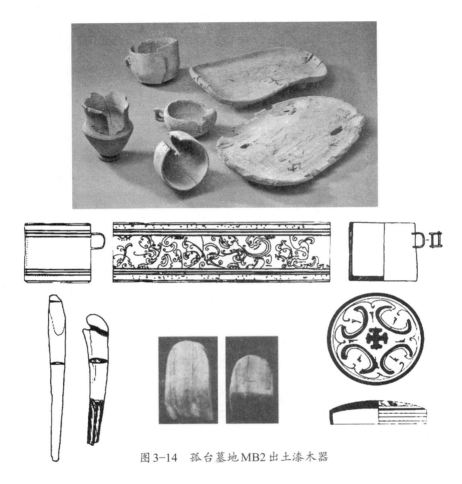

图3-14　孤台墓地MB2出土漆木器

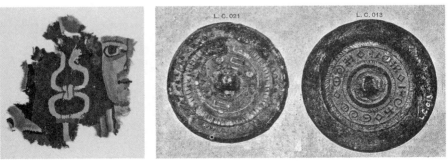

图3-15　孤台墓地出土毛织挂毯与铜镜

彩棺墓　1998年，在对一起盗墓案的追捕中，考古工作者在LE古城西北约4.8千米、楼兰古城东北23千米的一处台地上发现一座"彩棺墓"，2009年文物普查时编号为09LE14M2。墓口下纵横搭盖圆木棍，墓室外散布少量木构。墓室为长方形竖穴，朝向正东西，东西长2.3米、南北宽1米、深1.8米，南北壁距墓口1米处有腰线，宽25—30厘米、进深25厘米。墓室内置一彩色木棺，棺底铺一件狮纹毛毯，棺头外置二件漆器，一盘一杯，杯在盘上。类似的漆杯在孤台墓地MB2、黄文弼发掘的L亡墓中也可见到。彩棺长2.01米、棺头宽0.59米、尾宽0.5米、高0.29米，四足高13.8厘米。棺五面绘彩，棺体上绘束带穿璧纹样和云气纹，两头挡板上分别绘有日、月，内有金乌和蟾蜍。墓主人为一中老年男性，经鉴定为蒙古人种，面部盖有两块浅黄色覆面，头下枕锁针绣枕，为平纹褐色包布，绣有蔓草纹样，身着白色棉布绢里单袍、白色棉布单裤及单袜，保存得十分完好。①

壁画墓　2003年春，一支独立的探险队又在LE城东北4千米处的一座雅丹台地上发现了一座被盗的壁画墓，随后新疆考古研究所立即组织力量进入罗布泊地区对这座墓葬进行了清理，确认是一座带墓道的前后双室土洞墓。②墓室内壁满绘壁画。墓道前窄后宽、长达10米；前室长4米、宽3.5米、高1.7米，平顶，中部竖立一直径0.5米、下有方形基座的中心柱，柱身满绘轮形图案，上部残毁；后室比前室略小，边长2.8米，也为平顶；墓室四壁装饰有大量壁画，但被严重毁坏。墓室中清理出木棺板多件，均属箱式木棺，除一口棺盖呈人字坡顶的棺完整外，余均被拆散。棺板表面有彩绘束带穿璧纹和云气纹。有的棺板上还残存旌幡棉布画残片，系用小铁钉钉在棺上。墓室中清理出大量破碎的棉、丝、毛织物残片，既有彩色毛毯，也有绢画残片，以及云纹、植物纹刺绣和菱形格纹织锦，还有木杯、彩绘箭

① 新疆维吾尔自治区文物事业管理局等：《新疆文物古迹大观》，乌鲁木齐：新疆美术摄影出版社，1999年，第33页；张玉忠、再帕尔：《新疆抢救清理楼兰古墓有新发现》，《中国文物报》2000年1月9日；张玉忠：《近年新疆考古新收获》，《西域研究》2001年第3期，第109页。

② 李文儒：《被惊扰的楼兰》，《文物天地》2003年第4期；张玉忠：《楼兰地区发现彩棺壁画墓葬》，《中国考古学年鉴》(2004)，北京：文物出版社，2005年，第410-412页。

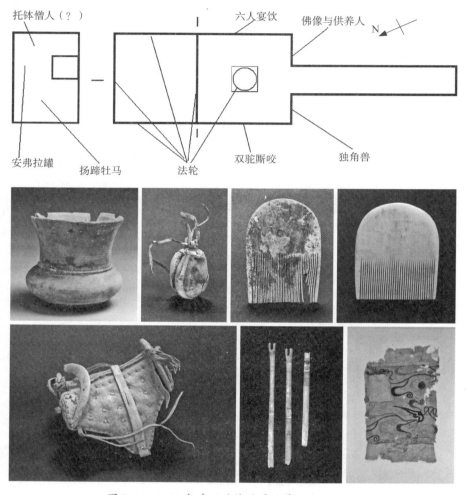

图 3-16　2003 年清理的楼兰壁画墓及出土器物

杆、皮囊、马鞍冥器、象牙篦、木梳等。

　　09LE3M1　距 09LE1 号墓地高台 200 余米,为一带墓道的单室土洞墓,墓道长约 4 米,墓室长方形,平顶,进深 3.8 米、宽 4.1 米,墓室正中有直径 0.8 米的圆形土柱,直顶洞顶,顶端修出略大于柱身的方形柱头,墓室正壁开一个浅龛,进深 0.4 米、宽约 0.6 米。墓室内散落着散架的箱式木棺的棺板。

09LE14M1　带斜坡墓道的双室洞室墓，墓向南偏东15度，前后室均为不规则的长方形。前室长4.7米、宽2.5—3.35米、高约2.7米；后室长2.4—2.9米、宽2.1米、高约1.65米。前室带中心柱，下部残损，直径约60厘米。墓室壁用草泥抹平，泥皮厚1厘米左右，再饰白石灰粉，但未见任何壁画。墓门保存完好，木质，四块木板合制，连接处有木钉，高1.1米、宽0.86米、厚0.12米，门外堆积有苇草束。前室见头骨2个，完整骨架1具，散乱棺板大小约20余块。后室内有至少2个箱式棺。

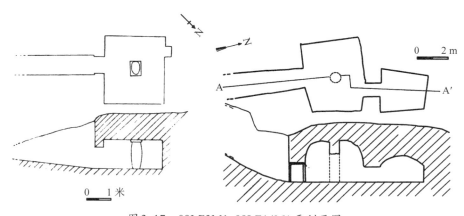

图3-17　09LE3M1、09LE14M1平剖面图

5. 2014—2016年罗布泊综合考察中清理的墓葬

2014—2016年，中科院地理所等单位启动了"罗布泊地区自然与文化遗产综合科学考察"项目。其中新疆考古工作者于2015年9月在楼兰古城东南新发现2处墓地，编号为15楼兰1号和2号墓地。1号墓地西北距楼兰古城8千米，墓葬分布在几座雅丹台地上，均被彻底盗扰过，地表散布大量的人骨和遗物。最东边一座雅丹台地面积比较大，墓葬分布比较密集，共有墓葬7座，其中4座进行了详细调查。从清理情况来看，这几座墓大体情况一致：地表有无标志已不清楚；形制均为竖穴土坑墓；墓向均为正南北向；墓室平面呈圆角长方形，长2—3米，宽1—2米，深1米左右；墓壁较直，填土为灰褐色黄土，土质疏松；墓室内有残断木柱发现，应为棚架式结构；多人合葬，最多的一座达到17具个体，有的使用木质尸床作为葬具；发现

随葬盛放有羊头的木盘,其他出土物还包括马蹄形木梳、单耳陶杯、单耳红陶罐、铜镜残片、弓附件等。2号墓地西北距楼兰古城约7.7千米,墓葬也分布在几座雅丹台地上,被严重风蚀破坏,地表见少量箱式木棺的棺板和1具独木树棺。①

此外,如前所述,尉犁县的营盘墓地,且末县扎滚鲁克墓地、托盖曲根一号墓地和古大奇墓地,以及民丰县尼雅遗址中的数处墓地,均可为分析罗布泊汉晋时期墓葬提供颇具价值的参考信息,因此一并纳入研究范围。

营盘墓地 东距楼兰古城约200千米,是整个营盘聚落遗址的一个重要组成部分。营盘聚落遗址地处孔雀河北岸的洪积戈壁台地上,由古城址、佛寺、烽火台及墓葬群等组成,最早由俄国人科兹洛夫发现,斯文赫定、斯坦因、贝格曼等西方探险家先后在此进行过考察和简单的清理。②1989年,新疆文物普查办公室发现营盘墓地被盗,首次对部分墓葬进行了抢救性发掘。③此后,1995年和1999年,由于屡遭盗掘,新疆文物考古研究所又两次对营盘墓地进行了抢救性发掘,出土了大批具有重要研究价值的文物。④

扎滚鲁克墓地与托盖曲根一号墓地 1985年,新疆博物馆考古队及巴音郭楞蒙古自治州文管所在且末扎滚鲁克墓地发掘了5座墓葬,出土了织物、木器等文物。⑤1989年,巴州文管所的何德修又主持发掘了扎滚鲁克

---

① 新疆文物考古研究所:《2015年度新疆古楼兰交通与古代人类村落遗迹调查报告》,《新疆文物》2016年第2期,第30—35页。

② M. A. Stein, *Innermost Asia: Report of Exploration in Central Asia Kansu and Eastern Iran*, vol. 2, Oxford: Clarendon Press, 1928, pp. 749–785.

③ 新疆文物考古研究所:《新疆尉犁县因半古墓调查》,《文物》1994年第10期,第19—30页。

④ 新疆文物考古研究所:《新疆尉犁县营盘墓地1995年发掘简报》,《文物》2002年第6期,第4—45页;新疆文物考古研究所:《尉犁县营盘15号墓发掘简报》,《文物》1999年第1期,第4—16页;新疆文物考古研究所:《新疆尉犁县营盘墓地1999年发掘简报》,《考古》2002年第6期,第58—74页。

⑤ 新疆博物馆文物队:《且末县扎滚鲁克五座墓葬发掘报告》,《新疆文物》1998年第3期,第2—18页;穆舜英、张平:《楼兰文化研究论集》,乌鲁木齐:新疆人民出版社,1995年,第170—174页。

墓地的两座墓葬。^①1996年，由王博和覃大海主持，新疆博物馆与巴州文管所、且末县文物管理所联合对扎滚鲁克墓地进行抢救性发掘，清理了墓葬102座，出土了大量文物。^②1998年，新疆博物馆等又在扎滚鲁克墓地发掘了58座墓葬。^③1994年，中国社科院考古所在且末县托乎拉克勒克乡新发现加瓦艾日克墓地，次年进行了抢救性发掘，共清理墓葬12座。^④2013年，新疆文物考古研究所在且末县托盖曲根一号墓地抢救性发掘了32座墓葬。^⑤这批材料被认为属于且末国的遗存，在被鄯善兼并后受到了鄯善国文化的影响。

古大奇墓地　2010年和2013年，新疆博物馆和新疆文物考古研究所两次对且末县古大奇墓地进行了抢救性发掘，共清理墓葬20座。发掘者认为，这批墓葬可能属于小宛国的文化遗存。^⑥

尼雅遗址　1959年2月，新疆少数民族社会历史调查组对尼雅遗址进行了调查，收集了一部分文物。^⑦同年10月，新疆博物馆又在尼雅遗址清理了10处房址和2座墓葬。^⑧1980年，新疆博物馆与和田地区文物保管所

---

① 巴音郭楞蒙古自治州文管所：《且末县扎洪鲁克墓葬1989年清理简报》，《新疆文物》1992年第2期，第1—14页。

② 新疆博物馆、巴州文管所、且末县文管所：《且末扎滚鲁克二号墓地发掘简报》，《新疆文物》，2002年第1—2期，第1—21页；新疆维吾尔自治区博物馆、巴音郭楞蒙古自治州文物管理所、且末县文物管理所：《新疆且末扎滚鲁克一号墓地发掘报告》，《考古学报》2003年第1期，第89—136页。

③ 何德修：《缤纷楼兰》，乌鲁木齐：新疆大学出版社，2004年，第124—131页；新疆维吾尔自治区博物馆、巴音郭楞蒙古自治州文物管理所、且末县文物管理所：《1998年扎滚鲁克第三期文化墓葬发掘简报》，《新疆文物》2003年第1期，第1—19页。

④ 中国社会科学院考古研究所新疆队、新疆巴音郭楞蒙古自治州文管所：《新疆且末县加瓦艾日克墓地的发掘》，《考古》1997年第9期，第21—32页。

⑤ 新疆文物考古研究所：《且末县托盖曲根一号墓地考古发掘报告》，《新疆文物》2013年3—4期，第51—66页。

⑥ 新疆文物考古研究所：《且末县古大奇墓地考古发掘报告》，《新疆文物》2013年第3—4期，第67—74页。

⑦ 史树青：《新疆文物调查随笔》，《文物》1960年第6期，第25—27页。

⑧ 新疆博物馆：《新疆民丰县北大沙漠中古遗址墓葬区东汉合葬墓清理简报》，《文物》1960年第6期，第9—12页；收入韩翔、王炳华、张临华：《尼雅考古资料》，新疆社会科学院内部刊物，乌鲁木齐，1988年，第6—43页。

组织联合考察队,再次进入尼雅遗址,发现了20余件佉卢文木简。[①]1988年,由新疆文物考古研究所、文化厅文物处及日本僧侣小岛康誉等组建中日共同尼雅遗迹预备考察队,第一次调查了尼雅遗址。[②]此后,从1990年到1997年,中日日中共同尼雅遗迹学术考察队前后八次对尼雅遗址进行了全面勘察和大规模的发掘,确认尼雅遗址中各类遗迹百处以上,发掘了大批汉晋时期墓葬、青铜时代遗址、佛寺遗址等,收获大量文物,再次引起了学界的关注。[③]一般认为,尼雅遗址即汉晋时期的精绝国所在地。

二、罗布泊汉晋时期考古文化的变迁

经过不断的深入研究,目前这一时期罗布泊地区考古学文化演进的线索和脉络已经基本清楚,大致可分为三个阶段:

楼兰王国时期(公元前2世纪—前1世纪)

这一时期是西域进入中原史书记载之初,三十六国并立时期,匈奴代替月氏控制了塔里木盆地,同时西汉王朝也逐渐开始向西域渗透并进行初步经营。《汉书·西域传》的记录反映了楼兰王国的基本交通和经济情况:"最在东垂,近汉,当白龙堆,乏水草,常主发导,负水儋粮,送迎汉使。""地沙卤,少田,寄田仰谷旁国。国出玉,多葭苇、柽柳、胡桐、白草。民随畜牧逐水草,有驴马,多橐它。"楼兰是西出阳关后的第一站,距离西汉当时最西部的据点敦煌最近,与汉交通最为便宜,在经济上应存在一定的绿洲农业,但规模很小,主要依靠逐水草养殖驴马骆驼的畜牧业。因此,可以推测楼兰王国土著居民的经济流动性是相对较大的。罗布泊地区这一时期的墓葬材料较少,可能与此有关。

能够明确判定属于楼兰王国时期的墓葬数量并不多。平台墓地M1、M6、M7三座墓葬出土的陶器形态相对较为原始,为夹砂红陶或灰陶,并发

---

① 沙比提·阿合买提、阿合买提·热西提:《沙漠中的古城——尼雅遗址(尼雅古遗址调查报告)》,《新疆大学学报》维文版,1985年第2期(收入《中日日中共同尼雅遗迹学术调查报告书》第一卷,第218—221页)。

② 盛春寿:《民丰县尼雅遗址考察纪实》,《新疆文物》1989年第2期,第49—54页。

③ 中日日中共同尼雅遗迹学术考察队:《中日日中共同尼雅遗迹学术调查报告书》三卷本,乌鲁木齐/京都:中日日中共同尼雅遗迹学术考察队,1996、1999、2007年。

现有五铢钱和西汉中晚期铜镜,可能属于这一时期。尤其是MA7∶2红陶杯装饰有连弧纹,与交河沟西墓地96TYGXM16出土的一件陶杯M16∶3①几乎一模一样。交河沟西墓地一般认为是车师人的遗存,西汉时期使用竖穴土坑、竖穴偏室两种墓葬形制,流行素面红陶。车师本名姑师,原位于罗布泊沿岸,公元前108年赵破奴破姑师,后迁至吐鲁番盆地,改名车师。②因此,平台墓地这三座墓可能与车师文化有着密切关系,年代在西汉中晚期,或为车师北迁之后流落楼兰的姑师人墓葬。

在葬俗上,平台墓地MA1和MA6为单人葬,而MA7为7人丛葬,且成年男女和儿童埋在一起,值得关注。从其他地区的情况来看,多人丛葬是塔里木盆地早期土著文化的特色,在且末的扎滚鲁克墓地早期墓葬中十分流行,南道再往西的洛浦县山普拉墓地也能够见到。多人丛葬墓在墓葬形制上非常有特点,平面呈现为刀形,即墓室长方形或近方形,而在墓口的长边一侧或拐角处开墓道。墓道的存在正是为了反复多次葬入死者而设置。例如扎滚鲁克二号墓地的96QZIIM1,墓室为长方形竖穴,墓道位于墓口的东角,与东北部墓口边形成一条直线,构成了直柄的刀形墓。墓道为长条槽形,圆端,平底。墓口有二层台,上铺有苇子杆、蒲草和柳编席制成的棚盖,下有多根Y字形立柱支撑。墓室中有28人丛葬,包括成年男女和儿童,沿墓室四壁排列,头向四个方向都有。墓中出土陶器以圜底为主,还有大量的木器,表现出强烈的且末土著文化气息。尤其是陶器中的带流罐,这是焉耆盆地早期铁器时代十分强大的察吾呼文化的典型器物,一般认为且末应是受到了后者的影响。

总体上看来,位于后来所谓丝绸之路南道上的诸小国,其土著考古文化存在着相当大的一致性。这无疑是由于它们均处于沙漠边缘绿洲这一相似的地理环境和经济条件。《汉书·西域传》载:"且末以往皆种五谷,土地草木,畜产作兵",暗示了塔里木盆地南缘诸国的经济中绿洲农业均占有较大比重。鄯善尽管以畜牧业为主,但还能够为邻近完全"不田作"的婼羌提供粮谷,说明农业也是比较重要的。

---

① 新疆文物考古研究所:《交河沟西——1994—1996年度考古发掘报告》,乌鲁木齐:新疆人民出版社,2001年,第29—30页,在原报告中称为"陶罐"。
② 余太山:《塞种史研究》,北京:中国社会科学出版社,1992年,第216—217页。

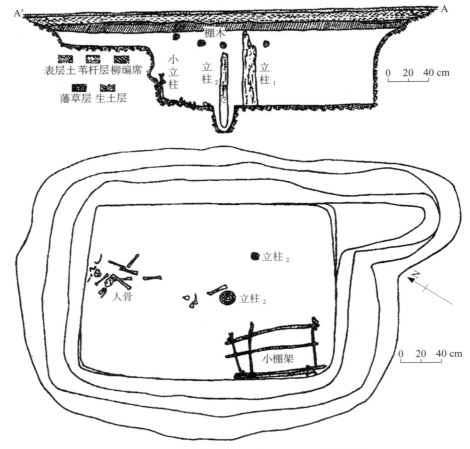

图 3-18　扎滚鲁克二号墓地 96QZIIM1 平剖面图

　　使用立柱和棚盖也是大型丛葬墓的特色，这一点亦见于罗布泊这一时期的丛葬墓中。1979 年新疆楼兰考古队在孔雀河下游北岸第三台地，当地俗名为"老开屏"之处发现并清理了一座墓葬，编号为 79LQM1。该墓葬为单墓道长方形竖穴墓，长 2.4 米、宽 1.8 米，南面见小的斜坡墓道。墓内填黄土、沙土和淤泥，墓口铺盖圆木 27 根，其上铺芦苇，地表盖块石。墓室北部曾用木材、块石支撑，底部架木、铺芦苇，尸体置芦苇上。以出土头骨计，墓内葬 12 人，除墓底 5 具骨架较完整外，其余皆散乱，完整者为仰身直肢，头北脚南，身着绢、锦衣服。墓室西侧上部有一块长 1.2 米、宽 0.6 米的木板，

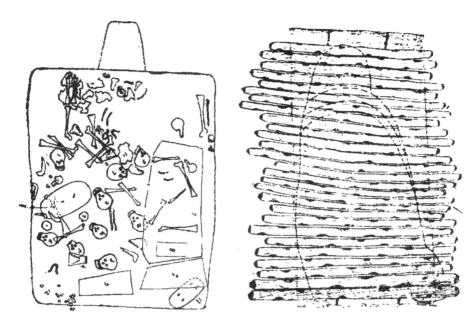

图3-19　老开屏墓地79LQM1平面图

板上见人骨,墓室中部有一块黄色绢包,内有小孩骨骸,发掘者由此推断这是一座二次迁葬墓,认为其年代为东汉时期。[①]不过,这个结论主要是从墓主人身穿绢锦衣物得出来的。从其单墓道的墓葬形制、随葬品匮乏、多人丛葬并使用棚盖葬俗来看,不排除该墓的年代早到楼兰王国时期的可能。墓主人使用的木质尸床无疑也是具有本地特色的葬具。当然,从孤台墓地、咸水泉地区诸墓地来看,单墓道、多人丛葬的土著葬俗延续使用到了鄯善王国时期。由于反复多次葬入,此类墓葬本身的使用年代跨度就较大。只是由于罗布泊地区风蚀和人为破坏都十分严重,目前仍难以准确区分这类墓葬的始建年代和使用年代。

　　单人葬、竖穴土坑墓也应是这一时期罗布泊地区基本的墓葬形制之一。平台墓地MA1的墓室外部还栽立木桩用以挡土。从其他地区来看,

① 吐尔逊·艾沙:《罗布淖尔地区东汉墓发掘及初步研究》,《新疆社会科学》1983年第1期,第128—134页。

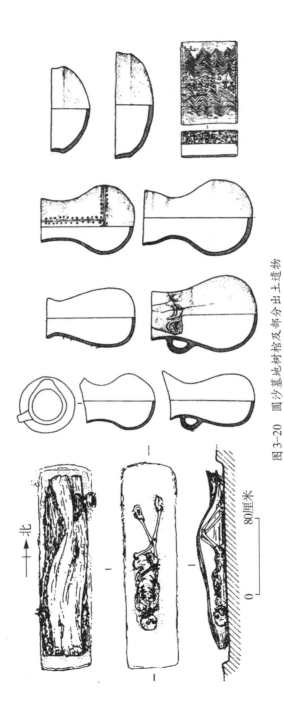

图3-20　圆沙墓地树棺及部分出土遗物

塔里木盆地早期墓葬流行使用一种独木棺或称树棺的葬具,即将大木料截去两端、中部挖空后,葬入死者。如1996年中法克里雅河考古队在克里雅河下游古河道西岸清理的圆沙墓地,就流行使用这种独木树棺,出土器物多为夹砂灰褐陶和黑陶,形制接近扎滚鲁克墓葬同类器物,年代应在西汉时期或稍早。[①] 如是,则米兰墓地、小河墓地中部分使用独木棺的墓葬,年代也可能可以早到楼兰王国时期。2002—2007年,新疆文物考古研究所对小河流域进行踏查,在小河五号墓地周边发现一批遗址,其中许多遗址如XHY1、XHY4、XHY5等均发现了夹砂红陶或灰陶片,属于西汉时期。[②] 这些遗迹与小河西北古城及使用独木棺的墓葬,或均为楼兰王国时期的共存物。

汉文化在这个时期亦开始进入楼兰地区。很多墓葬中出土了丝织品,无疑是来自中原地区。但是,总体来说,这一时期楼兰地区发现的中原物品仍是零星的,汉文化影响程度较为有限。

张骞凿空之后,汉朝开始了对西域地区的经营。从出土简牍来看,汉文化很快受到了西域上层人士的追捧。尼雅N.XIV遗址出土了一组西汉简牍,记述了精绝王公贵族相互送礼问候的贺词。从内容来看,精绝王妃被称为"且末夫人",似表明精绝与且末之间有联姻。由此可知,西汉时期汉文已经成为了西域上层人士之间通行的文字。[③] 不过,这种影响仍是局限在社会上层。而在楼兰地区,中原王朝的经营则相较于其他地区力度更进一步,汉文化的影响也从上层逐渐扩散到了普通民众阶层。

西汉对楼兰的经营主要表现为四种方式:一是派遣使者,"使者相望于道,一岁中多至十余辈";二是发动军事行动,如讨伐大宛、车师等;三是赐婚,包括出嫁乌孙的细君公主、解忧公主和赐鄯善王尉屠耆"以宫女为夫人";四是屯田,在轮台、渠犁、伊循、车师等地。就楼兰来说,其历史上第一个重要转折点是西汉昭帝元凤四年(前77年),《汉书·西域传》记载:"乃立尉屠耆为王,更名其国为鄯善,为刻印章,赐以宫女为夫人,备车骑辎重,丞相〔将军〕率百官送至横门外,祖而遣之。"通过这一系列的仪式,汉朝确

---

① 中法克里雅河考古队:《新疆克里雅河流域考古调查概述》,《考古》1998年第12期,第33—37页。

② 新疆文物考古研究所:《罗布泊地区小河流域的考古调查》,收入吉林大学边疆考古研究中心编:《边疆考古研究》第7辑,北京:科学出版社,2008年,第371—407页。

③ 林梅村:《楼兰尼雅出土文书》,北京:文物出版社,1985年,第88页。

立了对鄯善的宗主国地位。这意味着汉文化开始以官方形式进入楼兰地区。除了统治阶层明确了与汉朝的关系,更重要的是,赐宫女、车骑辎重等都导致了大批汉人移民和生活方式的到来、并可由上而下地直接对当地政治制度和文化习俗产生影响,这与以往的贸易、军戍等所带来的汉文化在规模和程度上都是不可同日而语的。考虑到政治事件对于文化风俗的改变有一定的时间差,我们可把罗布泊地区汉晋时期墓葬前两期的分界点大致放在两汉之间。这一做法主要是出于方便的考虑,固然不甚精确,但误差应在可接受范围之内。

鄯善王国前期(公元1世纪—3世纪上半叶)

鄯善的建立和君主国名的更替是在汉王朝直接干预和支持下完成的,因而这一时期鄯善王国的文化面貌不可避免地表现出了浓厚的汉文化色彩。如前所述,大量中原的物品必定伴随着自上而下的赏赐、赐婚等政治手段来到鄯善,尉屠耆返回鄯善不仅携带着大量扈从人员,而且一力促成伊循屯田的设立。《汉书·西域传》载:"王自请天子曰:'身在汉久,今归,单弱,而前王有子在,恐为所杀。国中有伊循城,其地肥美,愿汉遣〔一〕将屯田积谷,令臣得依其威重。'于是汉遣司马一人,吏士四十人,田伊循以镇抚之。其后更置都尉。伊循官置始此矣。"这些屯田守军和尉屠耆返回时从中原带来的随从都常驻鄯善,也有利于中原生活方式的传播。因此,通过中原王朝的持续经营,汉文化的影响在这一时期开始明显表现出来,如随葬品中的铜镜、马蹄形木梳等,许多为中原汉式物品,特别是汉式的箱式木棺成为普遍流行的葬具,这表明鄯善开始接受部分汉式丧葬制度,相较于物品的传播是更高层次的文化影响。

楼兰孤台墓地是这一时期的代表性墓地。综合考虑各类出土文物,该墓地的主要使用年代应大致在东汉时期。平台墓地MA2打破了楼兰王国时期的MA6,并出土有"长宜子孙"铜镜,也应是这一时期的墓葬。小河流域的4、6、7号墓地,LH墓地,黄文弼清理的L크、L匚、L囗,孔雀河三角洲Grave 34、35、38等,从出土物来看,与孤台墓地十分相似,可能主体年代也在东汉时期,部分大型多人丛葬墓因长期连续使用,下限可能延续使用到了魏晋时期。如孔雀河三角洲Grave 34,出土有15具头骨,除东汉器物外,还出土有典型的魏晋时期汉式轮制陶罐,应该就是这种长期使用的情况。

葬俗分为多人丛葬和单人葬两大类。多人丛葬无疑是延续了前一期

图 3-21　2015 年在楼兰古城东南新发现的多人丛葬墓

的土著葬俗,对应的墓葬形制为大型长方形竖穴土坑墓,平面长 2—3 米、宽 1—2 米,很多一侧带有墓道,但不再设在墓口一侧延长线上或一角,而是多位于与墓口一侧垂直的中间位置,且墓道往往非常短。上一期刀形墓中在墓口覆盖棚架、其下在墓室中部竖立 Y 字形木柱支撑、使用木质尸床等依然保留了下来,以孤台墓地 MB1 为典型墓葬。罗布泊综合科考队 2015 年在楼兰古城东南新发现的 15 楼兰 1 号墓地 M4,特征与 MB1 几乎完全相同。第三次全国文物普查中,考古工作者在罗布泊西北、尉犁县东南的咸水泉附近也记录了大量此类墓葬。①

　　单人葬很多使用木质棺具,分为独木棺和箱式木棺两大类:前者是本地的葬具,楼兰王国时期就普遍流行;后者一般认为是受到了汉式木棺的影响,同时也表现出区别于汉地的西域特色,即以粗木柱构筑四足、侧板插于木柱上。这类箱式木棺在汉晋时期西域地区广泛流行,到鄯善王国后期

---

① 新疆维吾尔自治区文物局编:《不可移动的文物:巴音郭楞蒙古自治州卷(2)》,乌鲁木齐:新疆美术摄影出版社,2015 年,第 497—524 页。

时更出现了彩绘木棺，汉文化色彩更趋浓厚，我们将在下一节集中讨论这种木棺。

随葬品中，大量木器和汉式器物是最大宗的两类出土物。前者应是罗布泊居民生活中常用的器物，四足特别是兽形足的木盘和旋制而成的带把杯等容器极具本地特点，很多木盘中盛放着羊头骨，也是西域特有的土著习俗。后者包括马蹄形木梳、漆盒漆杯、藤奁、汉式铜镜以及大量带有各种吉祥语的丝织品。

遗憾的是，罗布泊地区的墓葬保存状况都较差，墓葬又大多被盗扰，具有完整组合的器物群很少见。不过，尼雅遗址发现了多处墓地，在葬俗、葬具和随葬品方面都表现出与罗布泊地区惊人的一致，为我们了解鄯善王国前期的墓葬提供了绝佳实例。如尼雅95MN1墓地，共发掘8座墓葬，均为长方形竖穴沙室墓，使用箱式木棺和船形独木棺两种葬具：箱式木棺为高等级墓葬，多夫妇合葬；独木棺为一般平民，单人葬较多。两种木棺所出随葬品在种类上没有差异，皆为墓主人生前日常用品，置于棺内尸身两侧或腿部空当处，只是数量上能区分等级。[1]陶器有双系罐、带流罐、无耳罐，手制红褐陶，泥质夹细砂，平底，有的表面饰黄色陶衣，其中箱式木棺墓95MN1M8所出带流罐器表还有墨书"王"字，规格非常高，表明墓主人身份非凡，有研究者推断墓主就是精绝国王。[2]木器为圆木掏挖刮削而成的各种容器，包括盘、盆、钵、碗、杯等，木盘内盛放羊头，部分碗和杯带把，把手处有指垫，亚腰形的木器座也十分有特色。女性墓主随葬木纺轮、纺轮盒、奁具、梳篦与梳袋、铜镜与镜袋、香囊及绕线轴等女红用品，男性墓主则随葬弓矢、箭箙、刀与刀鞘等武器。墓中还出土一种尖状木杈，用以悬挂男女墓主各自物品，据考证即《礼记》中所记载礼仪用具——"楎椸"，按古礼规定，男女各一，不可彼此混用，其上女性悬裙，男性悬锦衣、皮腰带（带

---

① 中日日中共同尼雅遗迹学术考察队：《中日日中共同尼雅遗迹学术调查报告书》第二卷，乌鲁木齐/京都：中日日中共同尼雅遗迹学术考察队，1999年，第88—132页；第三卷，2007年，第29—43页。1997年，考古工作者在95MN1号墓地西侧发现大量棺木、遗物等暴露，随即进行了紧急调查，编号为97MN1号墓地，实为95MN1墓地的一部分。

② 俞伟超：《尼雅95MN1号墓地M3与M8墓主身份试探》，《西域研究》2000年第3期，第40—41页。

上附箭鞘、匕首鞘)、皮囊等随身用物,为主人生前用物,死后入殓。[①]另外墓中成套出土的"一弓四矢",也被认为与中原地区的"礼射"文化存在联系。[②]这些都表明了精绝丧葬制度受到了汉代礼制的影响,体现了西域上层人物对于中原文化的深层次认同。97MN1M1号墓还出土了一件解注瓶,通高11.5厘米,器表阴刻界格,格内有朱书文字,瓶内残存粟类食物。这种陶瓶多见于中原东汉至西晋时期墓葬中,与两汉以降盛行的早期道教思想有着密切关系。尼雅所出解注瓶从形制判断应为东汉后期之物,它出现在精绝高等级墓葬中,更凸显出当地汉化程度之深。最令人瞩目的是,该墓地出土了大量保存十分完好的带有各种吉语文字的中原织锦,尤以95MN1M3出土的"王侯合昏千秋万岁宜子孙"织锦和95MN1M8出土的"五星出东方利中国讨南羌"最负盛名。[③]这类织锦工艺复杂,应该出自宫廷作坊。祈语文字带有政治色彩,表明这些织锦只能是提供给特殊人群使用的,从墓主所受汉文化程度之深来看,甚至不排除是曾在汉为质子的可能。显然这些织锦并非通过普通贸易渠道流通而来,而应是中原王朝赠赐之物,是中原经营西域的见证。也有一些纺织物上面标有长度和价格,意味着它们是贸易流通的商品。尼雅佉卢文残卷中曾发现有以丝绸作价购买女奴的记载,一个奴隶的身价等于41卷丝绸,显然丝绸已经为西域经济生活中的重要物品。无疑,这也得益于东汉王朝公元70年到170年这一段时间里重设西域都护府,对西域实施着有力的控制,丝绸之路的南道上交通畅通,中原的丝绸和铜镜等货物商品源源不断地流入西域。[④]

据贾丛江先生研究,从传世文献和出土简牍的记录来看,两汉时期进入西域的汉人应在少数,包括流落西域的使者和军卒、汉公主随从、自由

---

① 王炳华:《楎椸考——兼论汉代礼制在西域》,《西域研究》1999年第3期,第50—58页。
② 张弛:《尼雅95MN1M8随葬弓矢研究——兼论东汉丧葬礼仪对古代尼雅的影响》,《西域研究》2014年第3期,第7—12页。
③ 于志勇:《楼兰—尼雅地区出土汉晋文字织锦初探》,《中国历史文物》2003年第6期,第38—48页。
④ 中日日中共同尼雅遗迹学术考察队:《中日日中共同尼雅遗迹学术调查报告书》第二卷,乌鲁木齐/京都:中日日中共同尼雅遗迹学术考察队,1999年,第110页;韩翔、王炳华、张临华:《尼雅考古资料》,新疆社会科学院内部刊物,乌鲁木齐,1988年,第38页。

迁入西域的平民、屯戍人员及其家属等几大类。[①]然而,就目前材料而言,罗布泊乃至西域地区仍无法确认这一时期墓主为汉人的墓葬。在上述几类在西域生活的汉人中,最主要的部分应属执行屯戍任务的军吏及其家属。一般而言,尽管西域生活着大量屯戍人员,但汉代军队是执行更代制度的,按例西域军吏更罢应是返回北军的,在出土汉简中也屡见记载。尽管在现实中,不乏吏卒长期服役甚至定居西域的情况,但按照汉文化叶落归根的传统观念,埋骨异乡是人们十分不愿意、尽量避免的情况,如为东汉重开西域立下汗马功劳的班超,在西域戎马一生,晚年时也是告老还乡、回归故里,这应是西域汉人的典型做法。被迫埋葬在西域恐怕仅限于那些身份级别较低的兵吏和底层平民。不难推测,这一群体的墓葬缺乏明显身份标志,在实际考古工作中也尚未找到辨认其汉文化特征的有效手段。可识别的社会中上层移民群体在下一个时期,即魏晋时期才真正出现。

另一方面,公元2世纪末,东汉王朝在西域战略收缩,贵霜王朝的势力开始向塔里木盆地渗透。大量佉卢文书的发现证明贵霜文化对西域有着一定程度上的影响。这一时期的墓葬中也发现了反映贵霜文化影响的器物。1914年斯坦因在孤台墓地发现的表现商业之神赫尔墨斯形象的毛织品残片,以及尼雅59MN001号墓出土的一幅棉布画,其主体图像表现西方古典艺术中阿里玛斯帕大战格里芬或希腊英雄赫拉克勒斯斗狮的故事、左下角是希腊丰收女神的形象,应该都是深受希腊化影响的贵霜文化的产物。[②]此外,这一时期墓葬中发现的蜻蜓眼料珠、男墓主佩戴的造型特殊的刀鞘、女墓主佩饰的金属耳饰及珍珠等物,无疑也是来自西方的奢侈品。其中,研究者指出尼雅59MNM001号墓和孤台墓地曾发现过的罗马搅胎玻璃珠,应即东汉诗人辛延年的《羽林郎》中提到的"大秦珠"。[③]

鄯善王国后期(公元3世纪下半叶—4世纪上半叶)

经过汉末的混乱之后,曹魏虽然再度与西域建立了联系,但已无力控制西域。《三国志·魏书》记录的西域诸国朝魏仅有寥寥几次,且明确记载

---

① 贾丛江:《关于西汉时期西域汉人的几个问题》,《西域研究》2004年第4期,第1—8页。

② 林梅村:《汉代西域艺术中的希腊文化因素》,《九州学林》2003年一卷二期,第2—35页。

③ 林梅村:《丝绸之路考古十五讲》,北京:北京大学出版社,2006年,第130—131页。

图 3-22　尼雅东汉墓葬出土贵霜文化纺织物

西域"不能尽至",来朝贡的只是龟兹、于阗、鄯善等大国。事实上,这些大国来朝贡并非意味着对魏的臣服,而是欲假汉魏之号行称霸之实。据《魏略·西戎传》载:"南道西行,且志国、小宛国、精绝国、楼兰国皆并属鄯善也。"西域长史虽驻楼兰,但对于鄯善兼并之举也无可奈何,因此这一时期鄯善才真正统一了塔里木盆地南道东半部的诸小国。

　　余太山先生指出,在西汉经营之前,塔里木盆地南北道不少绿洲大国已各有势力范围,这些大国役使其近旁小国,有时亦与其他大国对抗。出现这种局面的重要原因之一在于西域地理条件的不平衡性,各国之间既有竞争对抗的一面,在经济上也有互相补充依赖的一面。如《汉书·西域传》载:鄯善国"地沙卤,少田,寄田仰谷旁国";山国"寄田籴谷于焉耆、危须";蒲犁国"寄田莎车";依耐国"少谷,寄田疏勒、莎车"。这种大国称霸的情况在匈奴控制西域期间,并未受到影响,甚至可能还得到其默许和支持。①然而,一旦汉王朝经营得力,对西域有着较强控制力的时候,中原政权却绝不

_____

① 余太山:《两汉魏晋南北朝时期西域的绿洲大国称霸现象》,《西北史地》1995年第4
　期,第1—7页。

允许大国称霸出现。最典型的事件就是贰师将军李广利伐大宛得胜回朝途中，发现扜弥太子赖丹为质于龟兹，曾严责龟兹"外国皆臣属于汉，龟兹何以得受扜弥质？"即将赖丹入质京师。后来，昭帝授赖丹为校尉将军至轮台，却被龟兹王所杀，当时汉虽然因故"未能征"，但最终还是在宣帝年间攻击龟兹，斩其王而还，主要目的就是打击龟兹的霸权主义势头。显然，西域不断出现大国称霸与小国并立的局面，正与中原王朝的经营力度有着直接联系。到东汉晚期退出西域之后，西域还出现了新的外来群体参与其中，即西方贵霜人的渗透，特别是对鄯善的政治管理影响尤多，尼雅大量佉卢文文书的发现揭示了这一史实。尽管目前研究者多已认为，贵霜人并非以统治者面貌出现，而很可能是以难民身份来到塔里木盆地，但他们承担了主要的文书记录和运转的工作，也能够对鄯善的统治形成强有力的影响。[①] 鄯善采用佉卢文作为官方文字，这本身就表明了贵霜文化对西域的深刻影响。可以推知，在外来势力的介入、大国称霸与小国并立交替出现的过程中，西域各国的政治形态和社会结构都无疑较匈奴控制时期有了一定发展，更加复杂化。

这种变化反映在考古学上，就是这一时期罗布泊地区的文化面貌变得十分复杂，社会构成多元化，多种文化因素共存。在罗布泊地区，这一期墓葬主要是平台墓地MA3以及楼兰LE以北墓葬群。此外斯文赫定发掘的孔雀河三角洲Grave 34主体虽在东汉中晚期，但也延续使用到了西晋时期。墓葬形制可见长方形竖穴土坑墓、带墓道的土洞墓和竖穴偏洞室墓三种。平台墓地MA3是一座带墓道的大型竖穴土坑墓，这是刀形墓的晚期形态。它和孔雀河三角洲Grave 34，应该都是本地多人丛葬葬俗的余绪。同时，外来移民群体也真正出现了，包括汉人移民集团和贵霜移民集团，他们的文化因素在墓葬中不仅各自有充分体现，而且表现出交叉影响的局面。

这一时期的葬具有本地传统的木尸床和汉式的箱式木棺两种。表面装饰彩绘的箱式木棺，有些绘有流云纹、束带穿璧纹等，体现出的汉文化色

① 佉卢文书中所见的鄯善国王名字多来自当地语言，而书吏的名字则出自犍陀罗语，并且文书中有鄯善国王要求地方接收难民并向其分发土地、房屋、种子的记录，表明贵霜人并非以统治者的身份进入楼兰。参见 Valerie Hansen, "Religious Life in a Silk Road Community: Niya During the Third and Fourth Centuries", in: John Lagerwey ed., *Religion and Chinese Society*, vol. Ⅰ, Hong Kong: The Chinese University Press, 2004, pp. 290–291.

彩尤其浓郁。而且，这种彩绘木棺当为罗布泊地区高等级墓葬普遍采用的葬具，如营盘M15号墓和楼兰壁画墓，墓主人身份可能分别是当地贵族和贵霜移民上层，都使用了彩绘木棺。而汉人移民的葬具上也出现了贵霜文化因素，如尉犁县咸水泉8号墓地出土的彩绘木棺，表面装饰有贵霜的对马、双驼互搏等图案。

随葬品方面，陶器普遍出现典型的汉式轮制泥质灰陶，特别是陶罐的口沿以三角状唇部为特征，显示了汉文化的影响进一步加深，且突出地表现出与河西地区十分紧密的联系。楼兰壁画墓中的斗驼图本为贵霜题材，但在墓葬壁画中这类表现墓主人日常生活内容的做法却应是来自河西地区，与后者魏晋时期壁画中常见的表现生产生活内容的壁画同属一类。而三角状唇部陶器中有一种弦纹陶罐，斜平沿、尖圆唇、颈部、肩部、腹部可明显见到轮旋修整时有意留下的弦纹，十分规整，有些下腹部还垂直刮削出多个棱面。这是敦煌祁家湾西晋时期墓葬的典型器物，有些器体较为瘦高的被称为"鸡腿瓶"，特征十分鲜明。平台墓地MA3、孔雀河三角洲Grave 34均有出土。此外，贝格曼在且末也采集到了一件弦纹罐，[①] 库车友谊路M14[②]、吐鲁番台藏塔所压早期墓葬[③]中也均有出土，反映了魏晋时期河西汉人移民的轨迹。韦正先生曾对库车友谊路墓葬进行过分析，指出其年代范围可缩小至前凉早期，墓主应是来自河西的汉人"殖民者"，是一种政治行为的产物，具有偶发性和异常性，河西豪族汉人向西域大批移民的迁入地最终选在了汉文化基础更深厚的吐鲁番地区。[④]惟其如此，更说明这类弦纹罐的确是标志汉人移民身份的器物。台藏塔弦纹罐与其他地点所出陶罐相比，形制发生了一定变化，口部不见突出的斜沿，唇部变为方唇，年代或稍晚，可能是汉人移民在本地制作之物。

①　F. Bergman, *Archaeological Researches in Sinkiang, Especially the Lop-Nor Region*, Stockholm: Bokförlags Aktiebolaget Thule, 1939, Pl. 21; 35.

②　新疆文物考古研究所：《库车县友谊路魏晋十六国墓葬2010年度考古发掘简报》，《新疆文物》2013年第3—4期，第45页。

③　新疆文物考古研究所：《新疆吐鲁番市台藏塔遗址发掘简报》，《考古》2012年第9期，第42页。

④　韦正：《试谈库车友谊路古墓群的年代和墓主身份》，收入吉林大学边疆考古研究中心：《边疆考古研究》第12辑，北京：科学出版社，2014年，第275—282页。

孔雀河三角洲 Grave 34　　　　　　　　敦煌祁家湾

平台 MA3：2　　　　且末采集　　　　友谊路 M14：43　　台藏塔 M2：12

图 3-23　各地出土汉式灰陶弦纹罐

　　带斜坡墓道的土洞墓是中原地区的典型墓葬形制,从东汉中后期开始在河西地区得以流行,楼兰以东的青海、甘肃有大量发现,新疆地区主要集中在吐鲁番阿斯塔那、哈拉和卓墓地。学术界一般认为,这种汉式墓葬形制在河西、新疆地区的出现,是汉晋时期汉文化在西北地区传播的结果。[①]罗布泊地区的此类墓葬应该属于来自河西地区的移民。特别是,09LE3M1、09LE14M1 等墓葬均带有一中心柱。墓室中立中心柱是中原汉式墓葬的传统做法,东汉时期的崖洞墓、石室墓中尤为流行,表现为仿木构的八角柱,上施斗栱,下承以础石。[②]罗布泊地区土洞墓中的中心柱均为圆

---

① 黄晓芬:《汉墓的考古学研究》,长沙:岳麓书社,2003 年,第 150—153 页;张小舟:《北方地区魏晋十六国墓葬的分区与分期》,《考古学报》1987 年第 1 期,第 19—44 页;郑岩:《魏晋南北朝壁画墓研究》,北京:文物出版社,2002 年,第 58—59 页。
② 南京博物院:《四川彭山汉代崖墓》,北京:文物出版社,1991 年,第 11 页;梁思成:《梁思成全集》第八卷,北京:中国建筑工业出版社,2001 年,第 40 页。

图3-24　09LE3M1、09LE14M1、楼兰壁画墓及地埂坡M1、M3前室中心柱

形土柱,柱身粗矮,顶端修出略大于柱身的方形柱头,下承方形柱础,更接
近甘肃高台地埂坡晋墓①中的仿木立柱,只是形制更为简单,没有柱上的仿
木构架。楼兰壁画墓前室也有中心柱,表面满绘轮形图案,应该是营墓者

_____

① 甘肃省文物考古研究所、高台县博物馆:《甘肃高台地埂坡晋墓发掘简报》,《文物》
2008年第9期,第29—39页;吴荭:《甘肃高台地埂坡魏晋墓》,收入国家文物局编:
《2007年中国重要考古发现》,北京:文物出版社,2008年,第87页。

借用中心柱的形式来表现佛教中的"法轮柱",这也反映出墓主应与崇信佛教的贵霜有关。

据研究者分析,自东汉顺帝永和二年(137)之后,西域长史已不再有直接上奏中央的权力,而是归于敦煌太守治下。在经过汉末的混乱之后,魏晋时期延续了顺帝的旧制,以敦煌太守来节制西域长史。[①]如《三国志·魏书》载,仓慈任敦煌太守时,保护西域商路畅通,"西域杂胡欲来贡献……慈皆劳之"。仓慈去世后,"西域诸胡闻慈死,悉共会聚于戊己校尉及长史治下发哀"。西域长史治所自永和二年以后一直设在楼兰,楼兰、尼雅遗址出土了大量西域长史与敦煌太守之间的官方文书,如楼兰出土林编第296号文书"长史白书一封诣敦煌府薄书十六封具,泰始六年三月十五日楼兰从掾位"、尼雅出土林编第706号木简"泰始五年十月戊午朔廿日丁丑敦煌太守都"等。因此,这一时期罗布泊地区墓葬表现出受到了河西文化的强烈影响。楼兰应是汉人向西移民的主要选择之一(详见下节的讨论)。

竖穴偏洞室墓在罗布泊地区亦不少见,惜大多未经科学清理。仅楼兰LE古城东北的09LE31M1,根据三普记录可知出土有箱式木棺、夹砂红陶罐等,随葬品表现出游牧文化特征。[②]不过,位于孔雀河中游的营盘墓地和且末扎滚鲁克墓地各集中发掘了一批竖穴偏室墓,为我们提供了参考材料。

营盘墓地位于营盘古城东北1千米的库鲁克塔格山南路山前台地上,1999年新疆文物考古研究所在这里清理了28座竖穴偏室墓。这批偏室墓均分布于台地之下,偏室依靠台地沙壁向内掏挖形成,口用木柱、柳条栅栏、芦苇草、门板等封堵,其内无木质葬具。墓葬多为单人葬,仰身直肢为主,随葬三角形唇部陶罐、漆奁、木盘、木杯、弓箭等。[③]

营盘 M59 墓室营建在山坡底部坚硬的黄土层中,墓口东高西低,四壁因黄土成块脱落而不规则。墓葬形制为长方形竖穴二层台偏室,方向

① 苏治光:《东汉后期至北魏对西域的管辖》,《中国史研究》1984年第2期,第31—38页。

② 新疆维吾尔自治区文物局编:《不可移动的文物:巴音郭楞蒙古自治州卷(2)》,乌鲁木齐:新疆美术摄影出版社,2015年,第314页。

③ 新疆文物考古研究所:《新疆尉犁县营盘墓地1999年发掘简报》,《考古》2002年第6期,第58—74页。

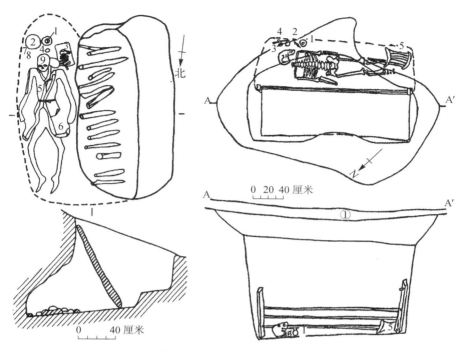

图3-25 营盘M59、扎滚鲁克98QZIM133平剖面图

127度。墓道底部正中纵向形成生土二层台。偏室开口于东壁下部,平底,弧顶,口部并排竖立14根木柱,较粗大,部分木柱头露出地表,木柱外平铺一层横放的芦苇草将偏室口封闭。偏室内葬一成年女性,无葬具,仰身、双膝外屈,头枕绢枕、额上系带,下颌束勒口带,面覆面衣,身穿绢质衣物。头侧随葬木板(上放羊骨)、漆奁、木纺轮、铁剪刀、铜镊子、三角状唇部陶罐、圆木盘等。

扎滚鲁克一号墓地位于且末县托格拉克勒克乡扎滚鲁克村西2千米的高堆积戈壁阶地上,墓葬分布呈南北两大区。竖穴偏室墓集中分布在南大区的中央位置,发掘者将其归为第三期,共清理了12座,方向多在48—63度,大体上是东北向,多为单洞室,有1座双洞室墓。单洞室绝大多数在竖井墓道的偏东北方向位置。7座墓保存了葬具,其中6座使用梯架式木尸床,另有1座使用箱式木棺。葬式多为仰身直肢葬,有殉牲习俗,主要是羊。随葬品主要是马具,有马鞍和鞍桥、木鞭杆、马络和马镳、马肚带及马饰件上的木扣等,表现出游牧文化的特征。部分墓葬也出土了一些汉式器物,如三角形唇部陶罐、铜镜、马蹄形木梳、漆木奁等。[①]其中陶罐与漆奁的形制与营盘M59所出几乎完全相同,二者的年代应该同时。

扎滚鲁克98QZIM133 单洞室墓,由墓道和墓室组成,墓道与墓室之间用木栅栏相隔,墓向北偏东56度,墓道口为圆角长方形。由于偏洞室塌方严重,盗掘未及洞室,因此墓室保存得较完整。洞室顶部原外高内低,墓室底部有人骨架一副,女性,仰身直肢葬,头向与墓向相同。随葬品保存完好,头和脚的左侧置有夹砂红陶罐、汉式铜镜、漆木盒、木纺轮和马鞍等。

偏洞室墓一般被认为与游牧民族有关。楼兰地区的经济形态为绿洲农业,这批带有游牧特征的偏洞室墓无疑属于外来文化,意味着有一支外来人群到达了鄯善。营盘M59出土了一封佉卢文书信,字体明显表现出晚于鄯善王童格罗迦时代的特征。[②]发掘者认为,营盘的偏洞室墓不排除与月氏人有关的可能性。[③]事实上,墓葬中的这一现象并不是孤立的,它与这一时期佉卢文字的流行和小乘佛教的兴盛都是有关系的。我们认为,鄯善偏洞室墓的使用者正是贵霜大月氏人。这批大月氏人显然并非西迁途中留在天山绿洲盆地或河西"小众不能去者、保南山羌"的所谓"小月氏",而是公元3世纪时流亡塔里木盆地的贵霜大月氏人。公元2世纪,贵霜帝国发生内乱,大月氏人在内乱中失利,流亡到塔里木盆地,他们使用的文字和信奉的小乘佛教也随之到来,直接推动了鄯善王国佉卢文的流行和佛教的兴盛。使用偏洞室、随葬马鞍等做法保留了大月氏作为游牧民族本族的文化;而使用佉卢文、信仰佛教以及一些随葬器物则表现出了贵霜本土犍陀罗文化对大月氏文化的影响。这些大月氏人来到塔里木盆地后,又受到了来自敦煌的汉文化的影响,如使用箱式木棺作为葬具,随葬漆奁、铜镜、陶罐等汉式器物。楼兰壁画墓墓主人作为月氏移民上层,所受汉文化影响更

---

① 新疆维吾尔自治区博物馆、巴音郭楞蒙古自治州文物管理所、且末县文物管理所:《1998年扎滚鲁克第三期文化墓葬发掘简报》,《新疆文物》2003年第1期,第1—19页。

② 林梅村:《新疆营盘古墓出土的一封佉卢文书信》,《西域研究》2001年第3期,第44—45页。

③ 李文瑛:《新疆尉犁营盘墓地考古新发现及初步研究》,收入巫鸿主编:《汉唐之间的视觉文化与物质文化》,北京:文物出版社,2003年,第314—315页。

多，随葬刺绣手套等汉式器物，更使用了带斜坡墓道的形制和绘有云气穿璧纹的彩绘木棺。

　　整个罗布泊地区较少发现公元4世纪中叶以后的墓葬。与此相对应的是，公元4—5世纪这里的佛教遗存却十分丰富，佛寺规模宏伟、盛饰浮图。公元3世纪中叶，中原高僧朱士行在于阗去世，"依西方法阇维之，薪尽火灭，尸犹能全……因敛骨起塔焉"。北魏高僧宋云西行求法途中访问于阗，在游记中说：于阗人"死者以火焚烧，收骨葬之，上起浮图……唯王死不烧，置之棺中，远葬于野，立庙祭祀，以时思之"。罗布泊地区在这一时期佛教兴盛，可能亦如于阗，人们已普遍采用火葬制度。公元401年，法显西行经过于阗，看到"家家门前皆起小塔"，这些小佛塔应为墓上建筑，地下埋墓葬。

　　公元5世纪中叶以后，鄯善不断遭受外族入侵，逐渐亡国。《北史·西域传》载："真君三年（442），鄯善王比龙避沮渠安周之难，率国人之半奔且末。"《南齐书·芮芮虏传》又载：公元5世纪末（约491—492），"鄯善为丁零所破，人民散尽。"学术界一般认为，鄯善的历史到此终结，其国民陆续移居伊吾、高昌以及中原。20世纪30年代，洛阳地区曾出土有鄯乾、鄯月光的墓志，这些洛阳的鄯姓人无疑即鄯善灭国后迁居中原的遗民。[①]

三、西域箱式木棺与文化交流

　　西域地区汉晋时期的箱式木棺，一般被认为是典型的汉文化葬具，木棺所在墓葬中也往往同时发现铜镜、丝绸等典型的汉文化器物，因此它在西域的流行也多被认为是丝绸之路开通、中原对西域经营的直接反映。这些观点无疑是正确的，但存在简单化的倾向。我们认为，仍有必要对这些木棺进行更详细的考察。它们包含多种文化因素，更多反映的应是一种混杂融合多种外来因素后形成的西域本地特色的文化，其中汉文化因素也主要反映了魏晋时期西域与河西地区的往来互动，而不是与遥远的中原地区

①　林梅村：《楼兰——一个世纪之谜的解析》，北京：中央党校出版社，1999年，第186—199页；刁淑琴、朱郑慧：《北魏鄯乾、鄯月光、于仙姬墓志及其相关问题》，《河南科技大学学报（社会科学版）》2008年第6期，第13—16页。

的关系。

1. 发现情况

迄今为止，西域地区发现的汉晋时期箱式木棺已经积累了一定的数量，集中分布在丝绸之路南北两道，罗布泊地区是其中一个集中点，此外扎滚鲁克墓地、山普拉墓地、尼雅墓地、营盘墓地、察吾呼三号墓地、吐鲁番阿斯塔纳墓地、库车昭怙厘塔墓等地点均有发现，其中又以山普拉、尼雅和营盘三处墓地发现的数量最多、保存也最好，年代被笼统地认为在东汉到魏晋时期。其他地点的发现则大多以这三处墓地的年代判断作为依据。

（1）罗布泊地区

贝格曼在小河6、7号墓地发掘了两座箱式木棺墓和3座独木船棺墓葬，出土许多文字织锦。[①]斯坦因在孔雀河北岸缓坡戈壁发现的LH墓地，墓葬原有棚架，内置四口木棺，既有箱式棺，也有独木船棺，出土有这一地区常见的丝毛织物、狮足木盘等器物。[②]

第三次全国文物普查中，考古工作者在罗布泊西北荒漠中的若羌县楼兰LE古城北部和尉犁县孔雀河干河床北岸的咸水泉地区，发现多处汉晋时期墓地，形制有斜坡墓道洞室墓、竖穴土坑墓，出土多具箱式木棺，大多同出木盘、漆器、丝绸等典型汉晋时期遗物。部分墓葬带有中心柱、绘有壁画，并出土彩绘木棺，等级较高。[③]

（2）和田山普拉墓地

共8座长方形竖穴土坑墓出土了箱式木棺，原报告认为年代在公元前3世纪中期至公元4世纪末。随葬品较少，以本地传统的陶器和木器为主，墓葬主体是古于阗国居民。[④]不过，研究者通过对出土物更细致地分析，对

---

① F. Bergman, *Archaeological Researches in Sinkiang, Especially the Lop-Nor Region*, Stockholm: Bokförlags Aktiebolaget Thule, 1939, pp. 102-117; 新疆文物考古研究所:《罗布泊地区小河流域的考古调查》, 收入吉林大学边疆考古研究中心编:《边疆考古研究》第7辑, 北京: 科学出版社, 2008年, 第371—378页。

② M. A. Stein, *Innermost Asia: Report of Exploration in Central Asia Kansu and Eastern Iran*, vol. 1, Oxford: Clarendon Press, 1928, pp.275-277.

③ 新疆维吾尔自治区文物局编:《不可移动的文物: 巴音郭楞蒙古自治州卷(2)》, 乌鲁木齐: 新疆美术摄影出版社, 2015年, 第244—352、493—508页。

④ 新疆维吾尔自治区博物馆、新疆文物考古研究所编著:《中国新疆山普拉——古代于阗文明的揭示与研究》, 乌鲁木齐: 新疆人民出版社, 2001年。

其年代进行了重新判断,认为应在公元2世纪末至3世纪初。[①]

（3）和田比孜里墓地

东北距山普拉墓地约16千米,其中6座长方形竖穴土坑墓中出土了箱式木棺,均为四足式,其中2座为盖板与棺体分离、4座为翻盖式。棺内葬1至3人不等,面部多蒙盖覆面、下有护颌罩。随葬品包括单耳罐、双耳壶、圜底罐、木杯、木纺轮等。

该墓地中不同类型墓葬交错分布,包括刀形墓和长方形竖穴土坑墓,后者又可分为无木棺墓、箱式木棺墓和独木棺墓三种。不同墓葬之间存在多组叠压打破关系,为探讨墓葬形制演变提供了较好的地层学信息。发掘者根据墓葬叠压关系初步判断,四足式不翻盖箱式木棺的年代相对最早。[②]

（4）且末扎滚鲁克墓地

共有9座出土了箱式木棺葬具,其中除一座墓为竖穴洞室墓外,其余均为竖穴土坑墓。发掘者将整个墓地分为三期,箱式木棺墓均属于第三期,年代为公元3—6世纪。墓葬随葬品以木器和陶器为主,其族属为古且末国人。部分墓葬中出土了织锦、漆器、纸文书等典型汉文化物品。[③]

（5）民丰尼雅墓地

该墓地发掘了多处墓地,已经刊布的材料中以95MN1墓地为代表,葬具分为箱式木棺与船形独木棺两种,使用箱式木棺的为高等级墓葬,多为男女合葬,随葬墓主人生前生活用品,种类较为丰富,出土大量文字织锦、铜镜、斗瓶等具有汉文化特征的器物,年代在东汉晚期,约公元2世纪末—3世纪初。[④]

---

① 戴维:《鄯善地区汉晋墓葬与丝绸之路》,北京大学考古文博学院硕士论文,2005年,第1—8页。

② 新疆文物考古研究所:《洛浦县比孜里墓地考古新发现》,《新疆文物》2017年第1期,第55—62页。

③ 新疆维吾尔自治区博物馆、巴音郭楞蒙古自治州文物管理所、且末县文物管理所:《新疆且末扎滚鲁克一号墓地发掘报告》,《考古学报》2003年第1期,第126—136页;新疆维吾尔自治区博物馆、巴音郭楞蒙古自治州文物管理所、且末县文物管理所:《1998年扎滚鲁克第三期文化墓葬发掘简报》,《新疆文物》2003年第1期,第1—19页。

④ 中日日中共同尼雅遗迹学术考察队:《中日日中共同尼雅遗迹学术调查报告书》第2卷,乌鲁木齐/京都:中日日中共同尼雅遗迹学术考察队,1999年,第88—132页;陈晓露:《楼兰考古》,兰州:兰州大学出版社,2014年,第49—64页。

（6）尉犁营盘墓地

位于库鲁克塔格山的山前台地上，地表多立胡杨木桩为标志，墓葬形制分为长方形竖穴土坑、竖穴土坑二层台和竖穴偏室墓三种，前两种中多见木质葬具：最常见的是胡杨木槽形棺，倒扣于墓主人身上；其次为四足箱式木棺，部分棺外壁（除底板外）饰有彩绘。有些墓中使用了双层棺，即下面是箱式棺，上面是槽形棺。很多木棺上覆盖纺织品。葬俗以单人葬为主，合葬墓较少，且多为男女双人合葬；葬式以仰身直肢为主，头向东或东北。随葬品一般放置在墓主人头周围，多为日常生活用品，如木几、盘、杯、碗、陶罐、杯以及草编器、漆器等。[①]

（7）察吾呼三号墓地

有8座墓葬中发现有长条形木棺葬具，包括木板拼合的箱式木棺和将大树一半掏空挖成的船形棺两种。其中M7所出箱式木棺头端宽末端窄，用铁钉钉合，同时出土一枚规矩禽兽纹铜镜。发掘者认为该墓地年代在东汉前期，墓葬主体可能与匈奴有关。[②]

（8）和静察汗乌苏墓地与小山口墓地

察汗乌苏墓地共发掘160余座墓葬，木棺墓见于Ⅰ号墓地C区。墓葬排列较密，地表有石围、石堆，标志不明显，中间凹陷，表面凌乱放置少许石头；墓口积石，墓室为圆角长方形竖穴土坑，较深；木棺有矩形箱式棺和船形棺两种，多放在墓室北侧，南侧放置陶器、铁器、马头、马蹄及羊骨等随葬品；棺内多双人男女合葬，单人葬较少，三人葬墓仅一座；多一次葬，二次葬较少；葬式以仰身直肢葬为主，侧身直肢葬次之。[③]

小山口水电站墓群B区、D区可见木棺墓，特征与察汗乌苏同类墓葬十分相似：地面有石围、石堆标志，圆角长方形竖穴土坑墓室，墓室较深，有的侧壁近墓底处修有小龛，龛内放置陶器和羊骨；墓室内多置木棺，按形制可

[①] 新疆文物考古研究所：《新疆尉犁县营盘墓地1995年发掘简报》，《文物》2002年第6期，第4—45页；新疆文物考古研究所：《新疆尉犁县营盘墓地1999年发掘简报》，《考古》2002年第6期，第58—74页。

[②] 中国社会科学院考古研究所新疆队、新疆巴音郭楞蒙古族自治州文管所：《新疆和静县察吾乎沟口三号墓地发掘简报》，《考古》1990年第10期，第882—889页。

[③] 新疆文物考古研究所：《和静县察汗乌苏古墓群考古发掘新收获》，《新疆文物》2004年第4期，第40—42页。

分为矩形箱式棺、船形棺和槽形棺,以船形棺为主;葬式均仰身直肢,以单人葬为主,也有男女合葬,三人以上者极少见;死者戴覆面,上有贴金装饰,身着绢绮等丝绸服饰;随葬品较少,陶器多为夹砂灰陶,手制,器形有无耳罐、单耳罐、单耳壶、钵、纺轮等,还有铜、铁、木、石、骨、银器等。[①]

（9）库车昭怙厘塔墓

位于库车昭怙厘西寺佛塔之下,是一座高等级洞室墓。墓内用圆木、土坯搭建椁室,中间有榫卯结构的方木棺床,上置头端高、脚端低的彩绘木棺。出土单耳红陶罐、木雕龙头、绢袋和铁刀等少量随葬品,从陶器看年代在魏晋时期。墓主人为一年轻女性,衣着饰有金粉,应是龟兹高等级贵族。[②]

（10）莎车县喀群彩棺墓

共清理3座长方形竖穴土坑墓,均为单人葬,各葬一成年男性。出土了形制相似的木棺,呈长方形四直腿箱式,棺盖为关扇式。随葬品较少,主要是一些棉、毛织物。其中1、2号墓木棺有彩绘,1号墓木棺彩绘脱落殆尽;2号墓彩绘保存较好,约在盛唐时期。3号墓被2号墓打破。发掘者推测该墓地的年代可能早至魏晋时期。[③]

（11）塔什库尔干下坂地墓地AIM10

该墓地清理汉唐时期墓葬27座,其中AIM10出土有长方形简易箱式木棺。地表有大卵石石围,墓室圆角长方形,墓口盖两层棚木,墓室内置木棺:棺盖由两块木板拼成;侧板、挡板的拼缝处钻孔并用树枝条拧成的绳索固定;底部用五根横撑与侧板榫孔连接。棺内葬一成年女性,随葬一夹砂红陶罐。[④]

（12）交河沟西墓地J Ⅵ 12区M4

竖穴偏洞室墓,墓道与墓室之间用土块封堵,墓道填土和墓室中共葬

① 新疆文物考古研究所:《和静县小山口水电站墓群考古发掘新收获》,《新疆文物》2007年第3期,第25—28页;新疆文物考古研究所:《和静县小山口二、三号墓地考古发掘新收获》,《新疆文物》2010年第1期,第59—62页。
② 新疆博物馆、库车文管所:《新疆库车昭怙厘西大寺塔墓清理简报》,《新疆文物》1987年第1期,第10—12页。
③ 新疆博物馆、喀什地区文管所、莎车县文管所:《莎车县喀群彩棺墓发掘简报》,《新疆文物》1999年第2期,第45—51页。
④ 新疆文物考古研究所:《新疆下坂地墓地》,北京:文物出版社,2012年,第106—108页。

有4具人骨,其中墓底的成年个体下铺芦苇席,残存榫卯箱式木棺,不见棺底垫板。随葬一轮制灰陶罐,器型与吐鲁番斜坡墓道洞室基出土的陶器相似,时代约在魏晋时期。[①]

此外,交河故城沟北一号台地墓地M15和M31发现有棺板,板厚约2厘米,有的上面还残留有木钉孔。该墓地的年代大致为汉,属于吐鲁番盆地土著文化。[②]

(13) 阿斯塔纳和哈拉和卓墓地

该墓地晋至十六国时期的墓葬中,很多使用箱式木棺为葬具,如66TAM62[③]、65TAM39[④]、06TAM603和06TAM605[⑤]等。这些墓葬的形制主要有斜坡墓道洞室墓和竖井墓道土洞墓两类,随葬品亦表现出强烈的汉文化特征,与河西地区同时期墓葬十分相似。箱式木棺棺板以木榫、木楔连接,前后挡板多呈梯形,有些头挡绘有七个圆黑点表示北斗,有些棺盖呈人字形或尖顶形。

2. 类型与年代

根据棺底和棺盖形制,我们大体上可以将这些箱式木棺分为四个类型。总体上,不同类型之间有一定的早晚差别,也存在着从素面到表面施有彩绘的发展趋势,但并非绝对,二者也可能反映等级上的不同。目前发现的材料也还没有积累到能够进行分期研究的程度,因此我们仍是采用了"汉晋时期"这个模糊的说法。具体到每一具木棺上,并不是有彩绘的Ⅱ式就一定比素面的Ⅰ式晚。

A型 平顶平底型。 整体成长方体形,棺盖平、无足;棺板直接拼合而成,或用铁钉钉合,或以榫卯结构连接。发现较少且零散,情况复杂。

---

① 新疆文物考古研究所:《1996年新疆吐鲁番交河故城沟西汉晋墓葬发掘简报》,《考古》1997年第9期,第46—54页。
② 联合国教科文组织驻中国代表处等:《交河故城——1993、1994年度考古发掘报告》,北京:东方出版社,1998年,第36页。
③ 新疆维吾尔自治区博物馆:《吐鲁番县阿斯塔那—哈拉和卓古墓群清理简报》,《文物》1972年第1期,第9—11页。
④ 新疆维吾尔自治区博物馆:《吐鲁番县阿斯塔那—哈拉和卓古墓群发掘简报(1963—1965)》,《文物》1973年第10期,第8—9页。
⑤ 新疆维吾尔自治区博物馆考古部、吐鲁番地区文物局阿斯塔那文物管理所:《新疆吐鲁番阿斯塔那古墓群西区考古发掘报告》,《考古与文物》2016年第5期,第38—50页。

Ⅰ式：素面。

墓例1　察吾呼三号墓地M7：地表有圆石堆，竖穴土坑墓，墓内葬一长方形木棺，长280厘米、宽94—120厘米、高62—86厘米，棺板厚8—10厘米，无榫卯结构，用铁钉钉合而成，头端低宽、末端高窄，盖板保持水平，似是直接在墓内组装而成，棺板有变形。棺内为夫妇合葬，均头东脚西，仰身直肢；随葬2件灰陶罐及金饰片、铜饰、骨镰、羊头骨等。研究者指出，该墓地应为东汉前期匈奴人墓葬，木棺是匈奴流行使用的葬具。

墓例2　什库尔干下坂地AIM10：地表有大卵石石围，墓室圆角长方形，墓口盖两层棚木，墓室内置简易木棺：整体呈头宽足窄的长方形；棺盖由两块木板拼成；侧板、挡板的拼缝处钻孔并用树枝条拧成的绳索固定；底部用五根横撑与侧板榫孔连接；棺内葬一成年女性，仰身直肢，身穿套头长布袍，随葬一手制夹砂红陶罐。发掘者推测其年代与尼雅95MN1号墓地接近，属于汉晋时期墓葬。[①]

墓例3　和静县小山口ⅢM52：地表有土石封堆，长方形竖穴墓室；墓内放置箱式木棺一具，已残朽，长190、宽50、高40厘米，木板厚4厘米，各棺板之间未发现有榫卯等结构，只是互相平搭而成，侧板和挡板各一块木板，底板和盖板由两块木板拼成；棺内葬一成年男性，仰身直肢一次葬，头向东，上包裹一层织物；

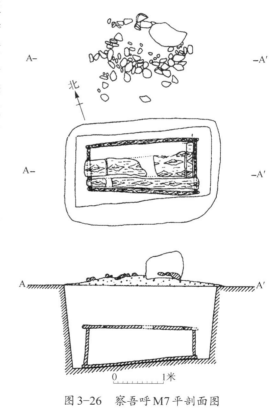

图3-26　察吾呼M7平剖面图

---

① 新疆文物考古研究所：《新疆下坂地墓地》，北京：文物出版社，2012年，第106—108、157页。

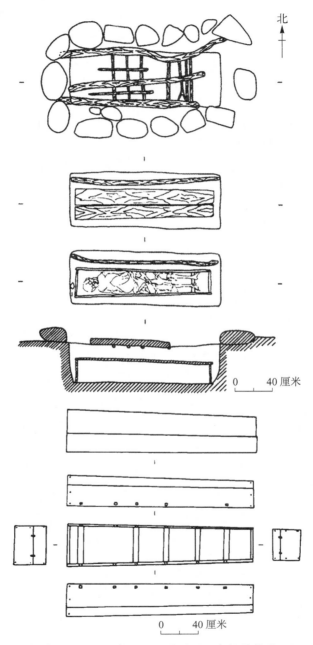

图3-27　下坂地AIM10平剖面及木棺结构图

头端挡板外侧随葬刻划纹陶罐1件。^①

Ⅱ式：棺表施彩绘。

墓例1　木垒县彩绘狩猎纹棺墓：用三个"Ⅱ"形木框作底和盖，木框上凿有凹槽，六面拼镶棺板组成木棺，长约2米；棺板外用红色绘制着各种动物、人物、建筑、咒符等图案；棺内底部有六根方衬，平铺一层手指粗细的木棍，上葬一老年男性，随葬品包括弓箭、镖、木碗、陶碗、铜、石饰件以及丝织品、皮靴、铁、木凳残器物件共20余件。发现者推测其年代为魏晋时期，可能与匈奴族的后裔有关。^②

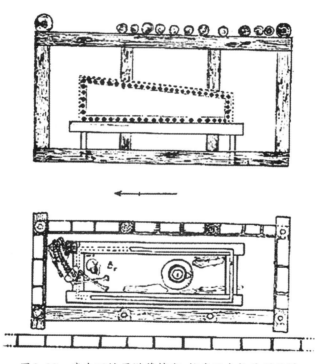

图3-28　库车昭怙厘塔墓椁室、棺床及木棺平剖面图

---

① 新疆文物考古研究所：《和静县小山口二、三号墓地考古发掘新收获》，《新疆文物》2010年第1期，第59—62页。

② 黄小江：《木垒县彩绘狩猎纹棺墓》，收入新疆社会科学院考古研究所编：《新疆考古三十年》，乌鲁木齐：新疆人民出版社，1983年，第124—125页。

　　墓例2　库车昭怙厘塔墓：单室土洞墓，墓内用圆木、土坯搭建椁室，内有榫卯结构的方木棺床，其上置头端高、脚端低的彩绘木棺；出土单耳红陶罐、木雕龙头、绢袋和铁刀等少量随葬品，从陶器看年代在魏晋时期。

　　B型　平顶四足型。　四足为角柱，即四角以方形木柱为支架，多以榫卯方式与侧板、挡板、底板拼接，棺板之间亦用暗木榫卯合，有的用木钉加固；有些棺上口和底部还加装横撑木以支撑；大多与树干型木棺共存于一个墓地。

　　Ⅰ式：素面。

　　墓例1　小河六号墓地6B：由贝格曼1934年在小河附近清理。该墓地共发现3具棺木，其中6B为平顶四足型箱式木棺，棺盖上堆放灌木枝，棺板上粘贴有白毡衬，墓主人为男性，身穿有棉内衬的丝绸外套和粗毛斗篷，随葬骨柄铁刀、木箭杆等。6A、6C相距不远，均为中部掏空的胡杨木树干型棺，棺上也堆放有灌木枝。6A保存较好，墓主人为女性，身着较为精致的丝绸服装，但服装样式并非汉式，随葬有镜袋、铁镜、锦囊、铁剪、纺轮等。墓葬周围有方形围墙遗迹，方向与棺木一致，出土4件单耳木杯，贝格曼推测三具木棺原来可能放置在房屋之中。该墓地出土的木棺与文字织锦、木杯等器物，形制均与尼雅95MN1号墓地所出十分相似，年代也理应接近。

　　墓例2　尼雅95MN1M8：椭圆形竖穴沙室墓，西侧有一长木棍斜向伸出地面，或为标识；墓棺上覆盖有一层麦秸草，墓圹与棺体之间也填塞有大量干芦苇；棺盖由五块木板暗榫卯合拼成，抹泥封严，上铺整块织有彩色几何纹图案的毛毯；棺内葬男女各一人，仰身直肢，盖被单，头向北，覆面衣，男尸还用毛毯包裹，衣衾华贵，多见"五星出东方利中国""延年益寿长葆子孙"等文字织锦；随葬品多为墓主人生前日常用品，包括陶器、木器等，其中一件带流陶罐颈部有墨书"王"字；从其中的铜镜、丝绸等带有汉文化特征的器物来看，其年代当在东汉晚期，约公元2世纪末3世纪初这个范围内。[①]

[①]　新疆文物考古研究所：《新疆民丰县尼雅遗址95MN1号墓地M8发掘简报》，《文物》2000年第1期，第4—40页。

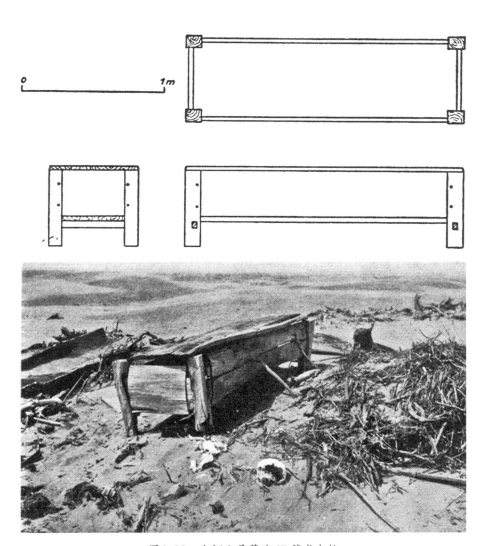

图3-29　小河六号墓地6B箱式木棺

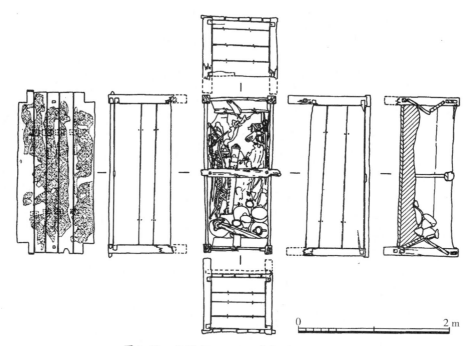

图3-30　尼雅95MN1M8木棺俯视、侧视图

Ⅱ式：棺表施彩绘。

墓例1　营盘墓地M15：长方形竖穴土坑二层台墓，二层台上依次平铺有胡杨木棍、芦苇席和柴草层；葬具为四足箱式棺，头端高宽、尾端低狭，棺木的顶板、底板、侧板分别用束腰嵌榫法和子母铆销法拼合，棺外覆盖狮纹栽绒毯，棺体四面及棺盖满绘圆圈卷草、花卉图案；棺内葬一男性，头向东北，仰身直肢，头枕鸡鸣枕，身盖素绢衾，面覆麻质人形面具，身着红地对人兽树纹双面罽袍、贴金内袍、毛绣长裤、贴金毡靴等，服饰极其华贵，织绣图案精美富丽，规格很高。①

墓例2　楼兰彩棺墓：三普编号为09LE14M2，竖穴土坑墓，墓向正东，墓外散布少量木构件，墓口下纵横搭盖圆木棍，南北壁距墓口一米处有腰

---

① 新疆文物考古研究所：《新疆尉犁县营盘墓地15号墓发掘简报》，《文物》1999年第1期，第4—16页。

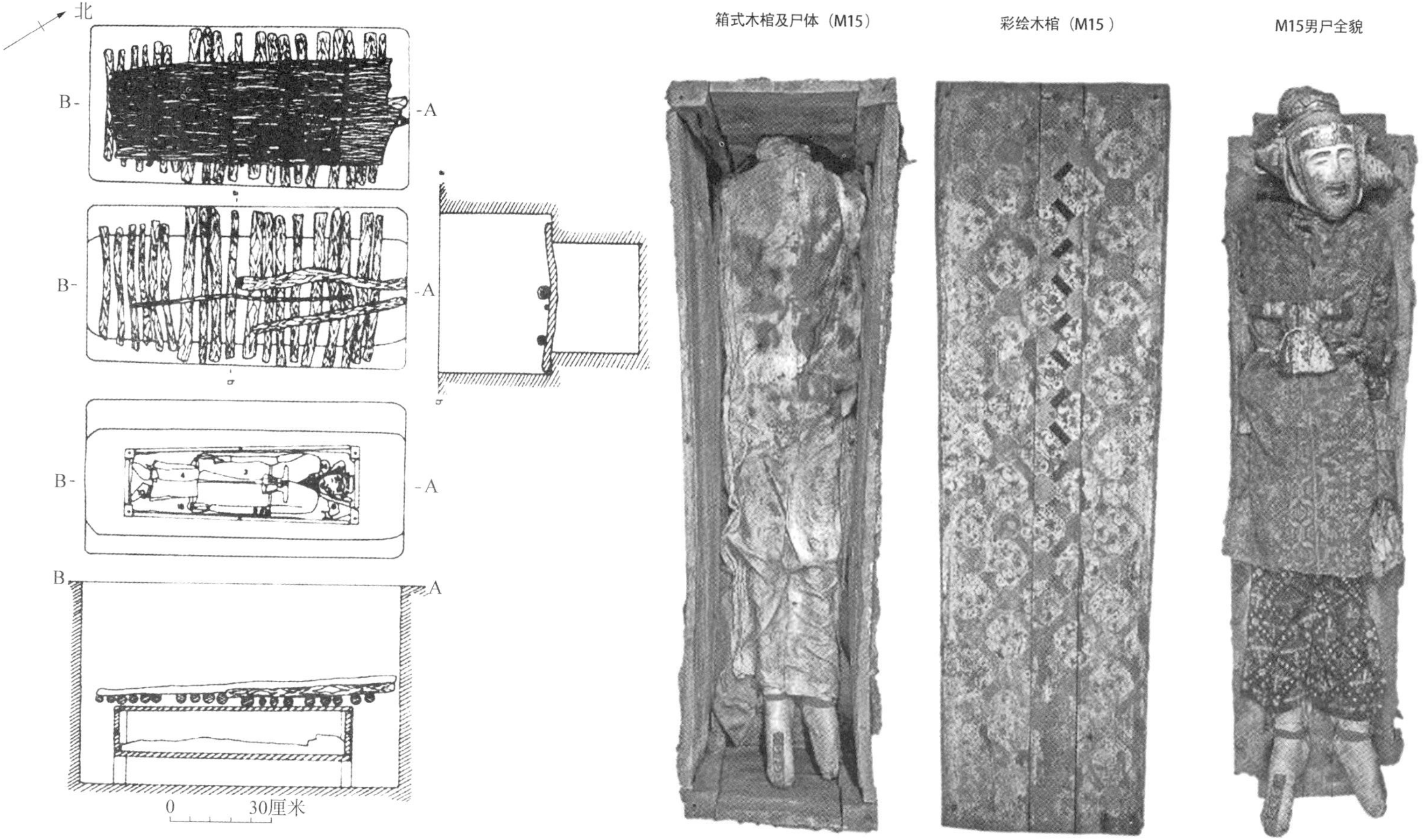

M15男尸全貌

彩绘木棺 (M15)

箱式木棺及尸体 (M15)

北

0　30厘米

图 3-31　营盘墓地 M15

图 3-32　楼兰彩棺墓

线；墓室内置一彩色木棺，棺底铺一件狮纹毛毯，棺头外置2件漆器，一盘一杯，杯在盘上；木棺略呈梯形，尾端比头端略窄，与M15略有差异，是在长方形木棺之下另以榫卯单独加装四足，实为A、B型的混合体；棺体彩绘束带穿璧纹和云气纹，两头挡板上分别绘日、月与金乌、蟾蜍；墓主人为一老年男性，面部盖有两块浅黄色覆面，头下枕锁针绣枕，身着棉布衣裤，保存完好。

C型：凸顶平底型。平底；棺盖或隆起成圆弧形、或带尖顶、或呈两面坡式，盖板多超出棺体；不少棺体表面带有彩绘。尤具特色的是，棺板拼接处多使用细腰木榫连接。

墓例1　吐鲁番66TAM53：斜坡墓道土洞墓，主墓室四壁较规整，顶作四角攒尖形，附一耳室；随葬陶碗、陶盘、陶灯、木盘、木梳、木勺等生活用具及木俑、木马等。此外还出土了著名的泰始九年木简，简文内容为："泰始九年二月九日，大女翟姜女从男子栾奴买棺一口、贾练廿匹。练即毕，棺即过。若有名棺者，约当召栾奴共了。旁人马男，共知本约。"[①]"买棺一口"说

────────────────

① 新疆维吾尔自治区博物馆：《吐鲁番县阿斯塔那——哈拉和卓古墓群清理简报》，《文物》1972年第1期，第9—11页。

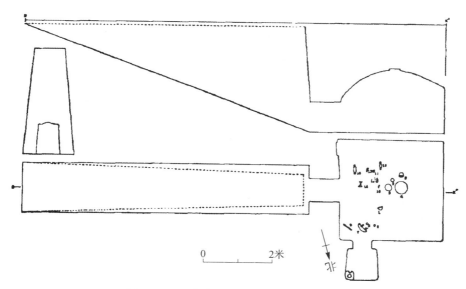

图3-33 吐鲁番66TAM53墓室平剖面图

明木棺在当时已经成为了一种商品。

墓例2 若羌县博物馆藏木棺：在罗布泊西北荒漠中采集所得，共2具，形制一致，棺盖中部隆起、前端呈半圆弧状凸出，前后均超出挡板，长方形棺体，棺板较厚，用多个蝴蝶榫连接。

墓例3 尉犁县咸水泉8号墓地彩棺墓：带斜坡墓道的前后双洞室墓，墓门有木制门框，出土多块棺板，包括侧板、挡板和盖板，应属于多座箱式木棺。经修复，巴州博物馆复原了其中一座，盖板起脊，以蝴蝶榫连接，断面呈人字坡形，棺盖和侧板、挡板彩绘穿璧纹、云气纹、莲花、双驼互咬、对马、有翼兽等图案，十分精美。[1] 木棺表面彩绘的双驼互咬、对马、莲花等图案与楼兰壁画墓十分接近，年代应在魏晋时期，约公元4世纪前后。后者亦为斜坡墓道双洞室墓，出土了多具箱式木棺，其中一具棺盖也呈人字坡形。[2]

---

[1] 新疆维吾尔自治区文物局编：《不可移动的文物：巴音郭楞蒙古自治州卷（2）》，乌鲁木齐：新疆美术摄影出版社，2015年，第512—513页。

[2] 张玉忠：《楼兰地区魏晋墓葬》，收入中国考古学会编：《中国考古学年鉴2004》，北京：文物出版社，2005年，第410—412页。

图 3-34　若羌县博物馆藏木棺（作者摄影）

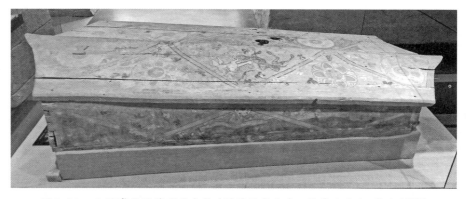

图 3-35　巴州博物馆藏彩绘木棺（尉犁县咸水泉 8 号墓地出土，作者摄影）

D 型　平顶无底型，仅见三例。

墓例 1　察吾乎三号墓地 M3：石堆竖穴土坑墓，木棺为一榫卯结构拼合的长方形木框，无底板，上口则用三块木板封盖，盖板上再压两根木棍。木棺北侧有羊头，棺内葬一中年男子，仰身直肢。该墓地的整体年代被发掘者定为东汉前期。①

墓例2 交河沟西墓地JⅥ12区M4：竖穴偏室墓，墓道与墓室之间用土块封堵，墓道填土与墓室内共葬入4具尸骨。其中墓底的成年个体下铺芦苇席，残存箱式木棺，是用圆木构制成榫卯结构的长方形框架，四周嵌木板制成，可能存在棺盖，不见棺底垫板。随葬一轮制灰陶罐，器型与吐鲁番斜坡墓道洞室墓出土的陶器相似，时代约在魏晋时期。②

墓例3 营盘墓地M8：不规则圆角长方形竖穴土坑墓，四壁立胡杨木柱16根，部分木柱露出地表；箱式木棺上覆盖一层芦苇草，中间横向捆扎一条草绳，棺盖上铺一条本色毛毯；木棺由胡杨木制成，四角有支柱，盖板比棺箱长但较窄，无棺底；棺内底部铺芦苇、毛毡，上置成年男女各一，女左男右，女尸右肩、胳膊压在男尸上，均仰身直肢、头向东南，用丝绵、绢等包裹头部，额部束绢带、戴素绢覆面，系绢下颌托带，有鼻塞；随葬夹砂红陶罐、盛放有食物的木盘、木杯、木奁、木纺轮、铜剪刀、银耳环、铜戒指、铁镞等。③

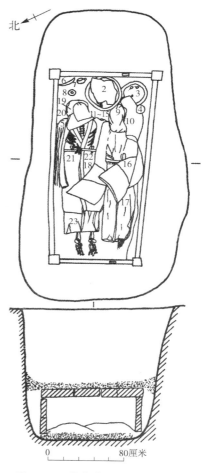

图3-36 营盘墓地M8平剖面图

① 新疆文物考古研究所编著：《新疆察吾呼——大型氏族墓地发掘报告》，北京：东方出版社，1999年，第254页。
② 新疆文物考古研究所：《1996年新疆吐鲁番交河故城沟西汉晋墓葬发掘简报》，《考古》1997年第9期，第46—54页。
③ 新疆文物考古研究所：《新疆尉犁县营盘墓地1999年发掘简报》，《考古》2002年第6期，第65—67页。

3. 箱式木棺的文化性质

大多数学者认为,使用箱式木棺是中原文化的传统,箱式木棺也常被笼统地称为"汉式木棺"。的确,中原地区从商周时期就已形成了一套复杂的棺椁使用程序,是丧葬礼制中的重要部分,其影响也十分深远。不过,西域的箱式木棺未必都直接来源于中原地区。从分布来看,汉晋时期箱式木棺已经在西域南北两道被普遍采用,并且各个类型之间也存在着一定差异。

A型:受月氏、匈奴等草原文化影响

这一型箱式木棺结构较为简单,墓葬形制多为地表有土石封堆的竖穴土坑墓,随葬品较少,难以看到汉文化的影响,这一类型应该是受草原文化葬俗影响。其中,察吾呼三号墓地M7的年代被定在大约东汉前期,是目前所知西域最早的,并且被认为与匈奴文化有关。匈奴葬俗中,箱式木棺是其最主要的葬具之一。如诺颜山苏珠克图M24,表面还有彩色髹漆。

阿富汗西北黄金之丘墓地(Tillya-Tepe)亦发现使用箱式木棺作为葬具。这处墓地由苏联考古队于20世纪70年代发掘,墓主人被认为是贵霜翕侯或塞人首领,年代在公元1世纪。已清理的6座墓均为竖穴土坑单棺墓,其中有5座使用了箱式木棺、用铁钉和铁箍固定、上无棺盖、覆盖皮革,另外1座为树干型木棺。[①]阿尔泰的巴泽雷克文化中,也有发现用铁钉将木板简单钉合制成的木棺。[②]

当然,这些草原人群使用木棺的习俗,最初也来自汉文化。西汉早期匈奴墓葬就已经有了使用汉式木棺的习俗,如苏珠克图M1木棺底板还残余凤鸟纹漆皮,显然是出自汉工匠之手。东周时期中国北方的草原部落与汉地交流频繁,汉式木棺在山戎、白狄部落中都曾流行,匈奴可能由这些部落中了解到汉式木棺并流行开来。[③]

---

① Victor Sarianidi, *Bactrian Gold from the Excavations of the Tillya-Tepe Necropolis in Northern Afghanistan*, Leningrad: Aurora Art, 1985.

② 马健:《草原霸主——欧亚草原早期游牧民族的兴衰史》,北京:商务印书馆,2014年,第164页。

③ 马健:《匈奴葬仪的考古学探索——兼论欧亚草原东部文化交流》,兰州:兰州大学出版社,2011年,第237—241页。

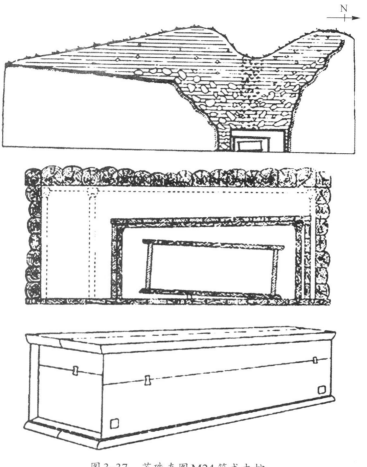

图 3-37　苏珠克图 M24 箱式木棺

在汉文化进入之前,西域主要受塞人、月氏、匈奴等游牧民族的影响,简易箱式木棺作为草原文化传统的葬具之一被沿袭了下来。目前,西域箱式木棺的年代大多被笼统地认为属于东汉—魏晋时期。然而,这个判断主要是基于山普拉、尼雅 95MN1、营盘三处墓地的发掘,而这三处墓地所见箱式木棺主要是 B 型。我们认为,A 型木棺的年代可能会更早一些,只是目前发现的材料太少,仍难以准确判定。交河沟北一号墓地中的残木棺,也应是这种形制。

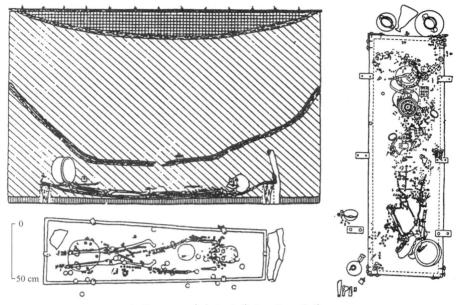

图 3-38　黄金之丘墓地2号、3号墓

B型：西域特有形制，融合了西方与汉文化因素

B型是西域主流的箱式木棺，出土数量最多，特征十分突出，其年代被笼统地认为大约属于东汉至魏晋时期，这主要是基于尼雅95MN1墓地、山普拉墓地和营盘墓地的发掘。三处墓地的特征十分接近：多为竖穴土坑墓；使用箱式木棺和槽形木棺两种葬具；很多墓主人脸上盖着覆面、戴有护颌罩，并用丝绵包头；随葬品主要是陶器、木器等日常用品，并可见铜镜、丝绸、马蹄形木梳、奁盒等具有汉文化特征的器物。

在葬俗上，三处墓地略有差别。山普拉墓地的葬俗仍有多人合葬的情况，如84LSIM24和84LSIM49分别葬入了8人和16人，这似乎是早期传统的遗留。战国至西汉时期，西域本地流行多人丛葬，墓葬形制多为大型竖穴土坑墓，常见墓葬一角带有一条墓道，平面呈现刀把形状。营盘墓地则多为单人葬、夫妇合葬，少量三人合葬，应为同一家庭的成员。尼雅95MN1墓地也是家庭成员合葬，尤盛夫妇合葬，且从95MN1M3的发掘情况来看，合葬的女尸似为被动殉葬。

高等级箱式木棺的墓主人应为西域本地的贵族，如尼雅95MN1墓地M3、M8出土有"王侯合昏千秋万岁宜子孙"等文字织锦，墓主人甚至被认为可能是两代精绝王。[①] 小河六号墓地6A墓主人身穿丝绸衣物，随葬锦囊、铁镜、铁剪等汉式器物，但服装并非汉地样式，[②] 墓主人无疑身份特殊，才能够用从汉地进口来的丝绸制作本地服装。

根据和田比孜里墓地提供的地层学信息，B型木棺相对于其他类型年代是最早的。[③] 从数量上来看，这一类型也超出了其他类型。有研究者提出，四直腿木棺是西域本地独有的形制。[④] 我们赞同这一提法。使用木棺是汉文化丧葬传统，但将棺板镶嵌于四角支柱腿上的拼装方法却不见于汉地木棺。[⑤] 且末扎滚鲁克一号墓地、吐鲁番洋海墓地和加依墓地也都曾出土四足木床作为葬具，与木棺制作方法十分接近，四角以木腿为支撑，以榫卯连接床框，其上再铺排细木棍或柳树条构置而成。[⑥] 除木棺外，我们也能在西域木家具中看到这种做法，如尼雅、楼兰遗址曾出土一些四足木柜、木椅，即拼装而成。[⑦]

---

① 俞伟超：《两代精绝王——尼雅一号墓地主人身份考》，收入赵丰、于志勇主编：《沙漠王子遗宝：丝绸之路尼雅遗址出土文物》，香港：艺纱堂，2000年，第18—21页。

② F. Bergman, *Archaeological Researches in Sinkiang, Especially the Lop-Nor Region*, Stockholm: Bokförlags Aktiebolaget Thule, 1939, p. 110.

③ 胡兴军、阿里甫：《新疆洛浦县比孜里墓地考古新收获》，《西域研究》2017年第1期，第144—146页。

④ 新疆博物馆、喀什地区文管所、莎车县文管所：《莎车县喀群彩棺墓发掘简报》，《新疆文物》1999年第2期，第50—51页。

⑤ 值得一提的是，早期鲜卑墓葬部分梯形棺的制法与此相似，如扎赉诺尔墓群、叭沟村M1等，一般是将四角木柱插入墓底生土中，棺板与立柱榫卯连接。二者之间是否存在联系尚无法确定。

⑥ 新疆维吾尔自治区博物馆、巴音郭楞蒙古自治州文物管理所、且末县文物管理所：《1998年扎滚鲁克第三期文化墓葬发掘简报》，《新疆文物》2003年第1期，第9页；吐鲁番学研究院、新疆文物考古研究所：《吐鲁番加依墓地发掘简报》，《吐鲁番学研究》2014年第1期，第2—4页。

⑦ M. A. Stein, *Ancient Khotan: Detailed Report of Archaeological Explorations in Chinese Turkestan*, vol. 2, Oxford: Clarendon Press, 1907, pl. Ⅷ, Ⅸ, LXⅧ; M. A. Stein, *Serindia: Detailed Report of Explorations in Central Asia and Westernmost China Carried out and Described under the Orders of H. M. India Government*, vol. 4, Oxford: Clarendon Press, 1921, pl. XLⅦ; M. A. Stein, *Innermost Asia: Report of Exploration in Central Asia Kansu and Eastern Iran*, vol. 3, Oxford: Clarendon Press, 1928, pl. ⅩⅤ. 吕红亮认为尼雅所出木柜与尼泊尔穆斯塘米拜尔出土木棺形制相似，推断前者也是一件木棺。然而这些木柜多出自遗址之中，应该并非丧葬用具。参见吕红亮：《西喜马拉雅地区早期墓葬研究》，《考古学报》2015年第1期，第14页。

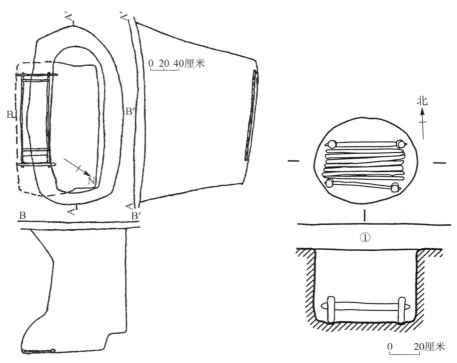

图3-39 扎滚鲁克一号墓地M157、吐鲁番加依墓地M10出土四足木尸床

图3-40 楼兰、尼雅遗址出土四足木家具

值得注意的是，B型木棺常与另一种将大树干中部掏空制成的独木棺共存于一个墓地。后者根据外部形态又被称为"原木棺""槽形棺"或"船形棺"，刘文锁将其统称为"树干型木棺"，^①是西域地区使用最多、最早的木质葬具。它们的细部形制略有差异，有的前后两端单置挡板，有的上加盖板，有的外裹兽皮。用法有两种，一是将尸体葬于其中，二是倒扣于尸体之上。这种树干型木棺为就地取材简单加工制成，是草原民族中最常见的丧葬用具，在欧亚草原诸多考古学文化如夏家店上层文化、阿尔泰巴泽雷克文化等中均可见到。在西域地区，树干型木棺在战国至西汉时期广泛分布于新疆北部，如乌鲁木齐萨恩萨伊墓地^②、阿勒泰市克孜加尔墓地^③、沙湾县大鹿角湾^④等均有发现，当是西域从早期延续下来的传统葬具形制。

图3-41　乌鲁木齐萨恩萨伊M51、沙湾大鹿角湾M17出土树干型木棺

在随葬品方面，箱式木棺与树干型独木棺在种类上并无区别，只是在丰富程度上有所不同。汉式器物也并不仅见于箱式木棺中，而是两类墓葬都有。尼雅95MN1墓地的发掘者认为二者的年代一致，只是适用人群存在等级差异，箱式木棺中所见汉式器物更多、等级更高。不过，相较于尼雅，

① 刘文锁：《新疆发现木棺的形制与类型》，收入氏著：《丝绸之路——内陆欧亚考古与历史》，兰州：兰州大学出版社，2010年，第312—318页。
② 新疆文物考古研究所：《新疆萨恩萨伊墓地》，北京：文物出版社，2013年，第60—61页。
③ 新疆文物考古研究所：《阿勒泰市克孜加尔墓地发掘简报》，收入新疆文物考古研究所编：《新疆阿勒泰地区考古与历史文集》，北京：文物出版社，2015年，第107—118页。
④ 张杰、白雪怀：《新疆沙湾县大鹿角湾墓群的考古收获》，《西域研究》2016年第3期，第136—139页。

图3-42　咸水泉13、14号墓地出土箱式木棺

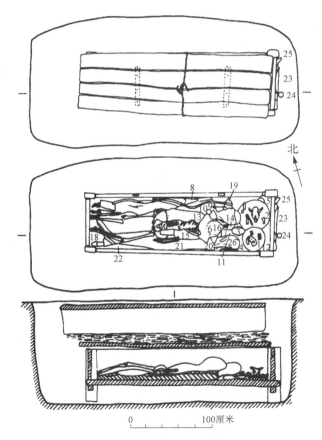

图3-43　营盘墓地M7平剖面图

山普拉、营盘墓地中二者的差别并不大。营盘墓地M7甚至同时使用了两种木棺，下面是箱式棺，上面是槽形棺，箱式棺中为夫妇合葬，槽形棺内葬一人，倒扣于箱式棺上，为二次葬入。

　　因此，B型木棺很可能是槽形棺受到汉文化影响后的一种升级版本。罗布泊咸水泉13、14号墓地曾发现有用一整根大原木直接掏挖后加工成的箱式长方体木棺，[①]小河7号墓地Grave 7A则是在船形独木棺底部加装四足，[②]可视为二者之间的过渡形态。B型木棺所在墓葬也延续了很多早期的葬俗：如山普拉、楼兰LH很多墓葬的墓口处有棚架，为战国至西汉时期刀形平面的大型竖穴土坑墓所习见；尼雅95MN1、营盘墓地中不少墓葬在地表有立木标志，很多木棺在棺盖扣合处用泥密封、棺身以绳索捆扎，棺盖上还会覆盖一层树枝、杂草等，有些还在棺盖上覆盖毛毡、或棺底铺栽绒毯等纺织品，这些做法与阿富汗黄金之丘在木棺上包裹兽皮、用铁钉铁箍固定的葬俗存在有相似之处。值得一提的是，汉代葬俗中也有在棺上使用覆盖物的做法，有用织物贴裱的"里棺"和用皮革包被的"革棺"之差别。李如森推测，这种差别可能与各自起源时期所存在的墓主身份或所处地域之别有关。[③]棺外包以牛皮无疑是一种古老原始的埋葬风俗，中原用织物贴棺（文献中称为"铭旌"）中和西域覆盖毛毯应均为这种古老风俗的演化形式。

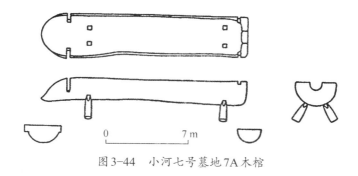

图3-44　小河七号墓地7A木棺

①　新疆维吾尔自治区文物局编：《不可移动的文物：巴音郭楞蒙古自治州卷（2）》，乌鲁木齐：新疆美术摄影出版社，2015年，第522、524页。

②　F. Bergman, *Archaeological Researches in Sinkiang, Especially the Lop-Nor Region*, Stockholm: Bokförlags Aktiebolaget Thule, 1939, p.102, fig. 19.

③　李如森：《汉代丧葬礼俗》，沈阳：沈阳出版社，2003年，第78页。

B型木棺在棺板扣合处所用的木榫尤具特色，这是典型的汉文化器物，中原先秦文献中称之为"衽"，汉晋时期称小腰或细腰。据《礼记·檀弓上》载："天子之棺……棺束，缩二，衡三，衽，每束一。"郑玄注："衽，今小腰。"孔颖达疏："棺束者，古棺木无钉，故用皮束合之。……衽每束一者，衽，小要也。其形两头广，中央小也。既不用钉棺，但先凿棺边及两头合际处，作坎形，则以小要连之，令固棺，并相对每束之处以一行之衽连之。"郑玄、孔颖达描述的无疑是两头大、中间小的蝴蝶榫、燕尾榫。从考古出土实物来看，汉代的小腰最初为长方形，如西汉初期江陵凤凰山167汉墓，用竖长方形小木块来扣合棺口。[①] 后来，小腰才逐渐变为束腰形，西汉中期山西浑源毕村西汉墓[②]、西汉晚期的大葆台汉墓[③]都已采用束腰形木榫来拼合棺板了。B型木棺所用小腰，多为早期的长方形形制。而同时期汉地所见小腰，已均为束腰形制。如河西武威磨嘴子汉墓群，发现了大量西汉末—东汉时期的木棺，都是用束腰形蝴蝶榫拼合棺板。[④] 由此我们推测，B型木棺的小腰可能不是直接来自汉地，而是从其他文化中间接所知，所以仍采用了比较原始的形式。

同样的，很多墓葬存在用纺织物包裹墓主人、使用覆面和鼻塞等习俗，与汉代做法相似但又不完全相同，而且这些现象也同时见于箱式木棺墓和树干型木棺墓，这可能是间接受到汉文化影响的结果。

B型Ⅱ式为彩绘木棺，汉文化色彩更加浓厚。彩绘木棺原是汉代高等级木质葬具所特有，被称为"朱棺""画棺"，由于耗费较大，在文献中常被

---

① 吉林大学历史系考古专业七三级工农兵学员：《凤凰山一六七号墓所见汉初地主阶级丧葬礼俗》，《文物》1976年第10期，第48—49页。

② 山西省文物工作委员会：《山西浑源毕村西汉木椁墓》，《文物》1980年第6期，第43—44页。

③ 大葆台汉墓发掘组、中国社会科学院考古研究所：《北京大葆台汉墓》，北京：文物出版社，1989年，第30页。

④ 武威市文物考古研究所：《甘肃武威磨嘴子汉墓发掘简报》，《文物》2011年第6期，第4—11页；甘肃省文物考古研究所、日本秋田县埋藏文化财中心、甘肃省博物馆：《2003年甘肃武威磨咀子墓地发掘简报》，《考古与文物》2012年第5期，第28—38页；甘肃省博物馆：《甘肃武威磨咀子6号汉墓》，《考古》1960年第5期，第10—12页；甘肃省博物馆：《武威磨咀子三座汉墓发掘简报》，《文物》1972年第12期，第9—21页。

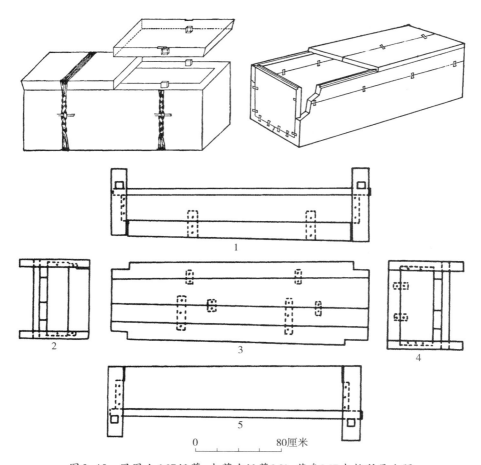

图 3-45 凤凰山 167 汉墓、大葆台汉墓 M1、营盘 M7 木棺所见小腰

当做逾制或优赐而被提及。到了魏晋时期，这种彩绘木棺不再与身份等级有关，在中原地区也并不流行，而是作为一种奢侈品，为河西地区的地主豪强所喜爱，尤其在酒泉郡及其附近地区流行。[①]

营盘墓地 M15 和楼兰彩棺的棺体表面满绘菱格与圆圈纹，被认为正是《后汉书·舆服志》中所记载的"组连璧交络四角"，象征着捆扎棺木的穿

---

① 孙彦：《河西魏晋十六国壁画墓研究》，北京：文物出版社，2011 年，第 85—88 页。

璧束带。^①云气纹、日月以及金乌、蟾蜍也无疑是典型的汉式纹样,均屡见于河西魏晋彩棺上。

不过,细查可知,正如研究者所注意到的,营盘墓地M15彩棺并非纯粹的汉式葬具,其表面所绘穿璧纹较之传统形式已经有所变化,^②菱格相交处的圆圈排列十分规整,用细线描出轮廓、中间平涂填色,已经脱离了"璧"的外观,楼兰彩棺上的"璧"纹亦非圆环状,显然绘画者并不了解这种图案的来源和内涵;而菱格内所填绘的花卉、蔓草、花瓶、树叶纹以及前后挡板装饰的石榴纹样也并非汉文化所有,而应是来自西方。从营盘墓地的整体情况来看,其中包含的文化因素比较复杂,我们更倾向于认为该墓地属于当地土著文化,而M15的墓主人则是其中一位首领或贵族。当然,木棺及其所在墓葬所表现出的汉文化特征是如此鲜明,说明这一时期汉文化对西域有着强烈的、直接的影响,这一影响的源头应与C型木棺相同,来自河西地区。

值得一提的是,B型木棺在西藏也有所发现。阿里地区的故如甲木墓地和曲踏墓地均发现了方形四足箱式木棺,同时出土带有"王侯"铭文的丝绸残片、马蹄形木梳以及长方形木案、木奁、草编器等遗物。^③从其木棺形制、出土遗物与西域地区相似程度来看,当时西藏与西域的联系相当密切。当然,这种联系仍限于高等级墓葬中,二者出土的汉式器物则表明了当地上层对于汉文化的认同。

---

① 于志勇、覃大海:《营盘墓地M15的性质及罗布泊地区彩棺墓葬初探》,收入西北大学考古学系、西北大学文化遗产与考古学研究中心编:《西部考古》第一辑,西安:三秦出版社,2006年,第401—427页。经考证,这种纹饰由"交龙穿璧"图案抽象转化而来,在汉代画像石中最为盛行,亦见于秦、西汉时期的地面建筑,文献中称为"璅"纹。参见李祥仁:《穿璧纹的缘起、发展与嬗变》,《长江文化论丛》2005年第1期,第116—124页;王瑗:《"青琐"及"青琐窗"的建筑史解析——从汉画像石纹饰说起》,《同济大学学报(社会科学版)》2006年第6期,第88—95页。

② 林圣智:《中国中古时期墓葬中的天界表象》,收入巫鸿、郑岩主编:《古代墓葬美术研究》第一辑,北京:文物出版社,2011年,第143页。

③ 中国社会科学院考古研究所、西藏自治区文物保护研究所:《西藏阿里地区噶尔县故如甲木墓地2012年发掘报告》,《考古学报》2014年第4期,第563—583页;中国社会科学院考古研究所、西藏自治区文物保护研究所、阿里地区文物局、札达县文物局:《西藏阿里地区故如甲木墓地和曲踏墓地》,《考古》2015年第7期,第29—50页。

图3-46　营盘墓地M15木棺盖板与侧板纹样

C型：汉人移民葬具

C型木棺板材较厚、质料良好、制作精良，用不同的长条形木板，以两头大、中间小的木榫分别连接拼装成盖板、侧板、底板，侧板与底板再相互套合组装成棺体、并用铁钉钉合加固，盖板呈尖顶状或圆弧状隆起，并超出侧板。

这一类型木棺是典型的汉人葬具，在河西地区十分流行，发现数量很多，主要集中在魏晋时期的酒泉郡地区。如玉门官庄2003GYGM1，为穹隆顶单

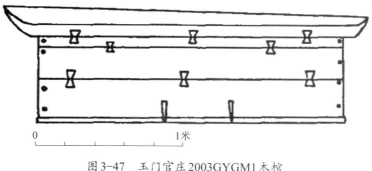

图3-47　玉门官庄2003GYGM1木棺

室土洞墓,由斜坡式墓道、墓门、甬道、单墓室及双壁龛组成,年代被定在西晋晚期至十六国时期的4世纪中叶。墓内为夫妇合葬,头向均朝东,仰身直肢。其中女墓主的葬具为木棺,前端高宽、后端低窄,盖板呈拱形,上置麻质铭旌,右侧板还贴有一幅车马出行图纸画。全部棺板均以蝴蝶榫扣锁固定。[①]

敦煌佛爷庙湾M37所出木棺,与此基本一致,略有差异。该墓葬为带斜坡墓道的方形单室画像砖墓,夫妇合葬,墓室内两侧壁下分设青砖修筑的棺床,上置木棺。木棺的组装方法与若羌县博物馆藏木棺完全一样,惟箱体剖面上窄下宽、略成梯形,头挡板上分别绘有梳篦V形双线等图案,男墓主木棺上还搭铺帛画即“铭旌”。从随葬品来看,发掘者判断该墓的年代是西晋早期,早于公元290年,墓主人为当地豪族地主。[②]

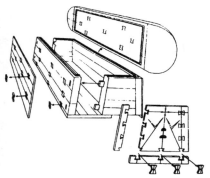

图 3-48　敦煌佛爷庙湾 M37 木棺

在吐鲁番地区,这种形制的木棺在公元3—6世纪一直流行,如64TAM39[③](4世纪)、66TAM62[④](5世纪),整体形制如出一辙;64TAM39、

---

① 甘肃省文物考古研究所:《甘肃玉门官庄魏晋墓葬发掘简报》,《考古与文物》2005年第6期,第8—13页。

② 甘肃省文物考古研究所:《敦煌佛爷庙湾:西晋画像砖墓》,北京:文物出版社,1998年,第11—22页。

③ 新疆维吾尔自治区博物馆:《吐鲁番县阿斯塔那—哈拉和卓古墓群发掘简报(1963—1965)》,《文物》1973年第10期,第8—9页。

④ 新疆维吾尔自治区博物馆:《吐鲁番县阿斯塔那—哈拉和卓古墓群清理简报》,《文物》1972年第1期,第9—11页。

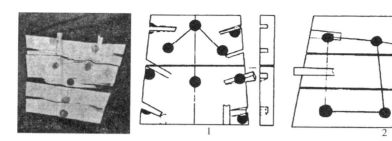

图3-49　吐鲁番64TAM39、06TAM605木棺前后挡板

06TAM605所出土棺挡与佛爷庙湾M37也十分相似。[1]这些墓葬的主人无疑是河西迁徙过去的豪族地主。

韦正指出,此前学术界将吐鲁番地区汉人墓葬的年代判断得过于宽泛,经过细致的器物对比,他辨认出以阿斯塔纳TA66M53为代表的一批墓葬,年代可以缩小集中在魏晋、十六国早期这个范围内,即公元4世纪之前。这是吐鲁番有规模地出现汉式墓葬的开始,在吐鲁番历史上具有划时代的意义,即汉人逐渐开始掌控这一地区,其历史背景是汉魏之际的河西动乱所引发的人口向西部新疆地区的移动。[2]

若羌博物馆所藏木棺的整体形制与上述吐鲁番木棺几乎完全一致,墓主人无疑是汉族,这说明在这一从河西向吐鲁番的移民浪潮中,亦有一些汉人迁徙到了楼兰地区。而咸水泉8号墓地彩棺表面所绘对马纹、双驼互咬、莲花等图像也见于楼兰壁画墓,反映出强烈的贵霜文化特征,后者墓壁发现有佉卢文题记,显然墓主人是一位贵霜上层移民,[3]前者的身份也大抵若是。同时,两座墓葬也都表现出一些汉文化因素,均采用斜坡墓道洞室墓的墓葬形制和汉式箱式木棺。楼兰壁画墓前室西壁描绘出独角兽的形象,显然是来自汉文化,随葬木质独角兽是河西汉墓的特有葬俗;咸水泉8号墓地彩棺的表面还描绘出红色大菱格穿璧纹,与B型Ⅱ式的楼兰

① 新疆维吾尔自治区博物馆考古部、吐鲁番地区文物局阿斯塔那文物管理所:《新疆吐鲁番阿斯塔那古墓群西区考古发掘报告》,《考古与文物》2016年第5期,第48页。

② 韦正:《试谈吐鲁番几座魏晋、十六国早期墓葬的年代和相关问题》,《考古》2012年第9期,第60—68页。

③ 陈晓露:《楼兰壁画墓所见贵霜文化因素》,《考古与文物》2012年第2期,第79—88页。

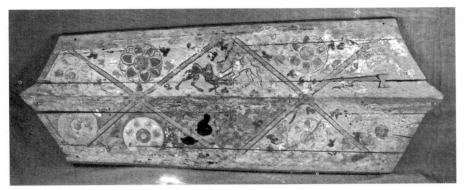

图 3-50　咸水泉 8 号墓地彩棺棺盖及线图

09LE14M2 和营盘墓地 M15 彩棺的图案十分相似,是典型的汉文化风格。这些都说明河西汉文化的影响也波及到了楼兰的贵霜移民群体。

　　楼兰与吐鲁番的比较十分耐人寻味。这两地均一直是中原王朝经营西域的重要据点。从玉门关到西域,楼兰是第一站和必经之处,也是中原政权最初着手和用力最多之处,这从楼兰所出汉式器物数量居于西域之首上即可见一斑;高昌则是对抗北方草原游牧势力的前哨,其战略位置尤其重要。不过,汉代对西域的经营主要局限于军事和政治控制,并未像在河西那样实行设置郡县、移民实边的政策,在西域活动的汉人仅限于屯田官吏、戍卒、使者等特殊身份人群,并非常驻居民。汉人真正向西域移民实际上到魏晋时期才开始,来自河西地区。中原的战乱使得汉人从中原移居河西,而河西虽相对中原略为太平,但也一直存在军事割据、动乱频仍的问

图 3-51　楼兰壁画墓出土彩棺及双驼互咬、对马纹壁画

题,因此移民又继续向西流动进入西域。经过汉代的经营之后,楼兰和高昌都已经有了一定的汉文化基础,相较之下楼兰又更胜一筹,且距离河西更为便利。然而,河西大族引领的汉人移民群体却并未选择最邻近的楼兰,而是到了稍远的吐鲁番。

　　从考古发现来看,河西汉人做出这种选择的原因可能在于,楼兰地区土著居民和西来贵霜移民的文化均较为强大,他们的存在可能会成为汉族移民的发展阻力。从楼兰出土有纯粹汉式木棺来看,河西大族一开始并非没有考虑楼兰。然而,作为东西交通的重要连接点,楼兰在政治和文化上也同时受到来自东西两个方向的影响。汉人在楼兰的经营策略主要注重军事屯戍,未能或很少直接参与行政管理事务,[①]移民非常少,文化上的影响十分有限;与此同时,从公元3世纪起,西方的贵霜人却不断地迁入楼兰地区。楼兰、尼雅遗址出土的佉卢文文书、这一时期墓葬中表现出来的贵霜文化因素以及大量的佛教遗存都表明贵霜移民群体的规模不小。[②]尽管这些贵霜人可能是以难民身份到来的,但他们的书写文字和佛教信仰,很

---

① 胡平生指出,从魏晋楼兰出土文书来看,西域长史只是一种军事建制,当地的民政事务仍由土著国王负责,胡人则由“胡王”管理。参见胡平生:《魏末晋初楼兰文书编年系联(下)》,《西北民族研究》1991年第2期,第15页。

② 陈晓露:《塔里木盆地的贵霜大月氏人》,收入吉林大学边疆考古研究中心编:《边疆考古研究》第19辑,北京:科学出版社,2016年,第207—221页。

大程度上影响了楼兰的政治和文化格局。而当河西汉人群体向西域迁移时,考虑到楼兰地区复杂的情势,可能会倾向于选择吐鲁番地区。

公元327年,驻守楼兰的前凉西域长史李柏第二次攻击高昌,擒下叛将戊己校尉赵贞,在那里设置了高昌郡。此后,随着河西汉人的不断迁入,吐鲁番逐渐发展兴盛,取代楼兰成为了西域的汉文化中心。同时,楼兰的地位不断下降,逐渐走向衰弱,并在公元5世纪以后彻底消亡。河西汉人迁居吐鲁番的路线即所谓"北新道"。《魏略·西戎传》载:"从敦煌玉门关入西域,前有二道,今有三道。……从玉门关西北出,经横坑、避三陇沙及龙堆,出五船北,到车师界戊己校尉治所高昌,转西与中道合龟兹,为新道。"新道可以避开三陇沙和罗布泊白龙堆地区艰难的路段。事实上,这条路在汉代就已经存在,但当时因受匈奴的侵扰未能及时开通。《汉书·西域传》载:"元始中,车师后王国有新道,出五船北,通玉门关,往来差近。戊己校尉徐普欲开以省道里半,避白龙堆之阨。车师后王姑句,以道当为拄置,心不便也。"匈奴的威胁解除之后,河西汉人不断由此进入吐鲁番,北新道逐渐繁荣,取代楼兰道成为了进入西域的主干道。

D型:推测源于槽形棺,对河西地区有影响

这一型数量较少,以营盘墓地M8木棺为代表,除了没有底板,其他特征与平顶四足型差别不大。从营盘墓地M7同时使用倒扣的槽形棺和箱式木棺的做法来看,这种没有底板的箱式木棺可能是以倒扣使用的槽形棺为原型的。敦煌佛爷庙湾墓地也有发现这种倒扣使用的葬具,发掘者称之为"棺罩",与青砖垒砌的棺床一起使用。[1]这种棺罩与棺床结合使用的做法,在察吾乎三号墓地M20中也可见到:墓底用窄木板和圆木搭成木框,上置人骨架,尸骨外再罩一拱形木盖。[2]库车昭怙厘塔墓也是在方木构筑的棺床上放置箱式木棺。因此,这种倒扣使用的棺罩,反映了西域可能对河西地区的葬俗也存在着影响。不过,由于发现的材料仍非常少,目前这些都仅限于推测,尚需要更多的材料才能说明问题。

---

[1] 甘肃省文物考古研究所:《敦煌佛爷庙湾西晋画像砖墓》,北京:文物出版社,1998年,第9—10页。

[2] 新疆文物考古研究所:《新疆察吾乎——大型氏族墓地发掘报告》,北京:东方出版社,1999年,第255页。

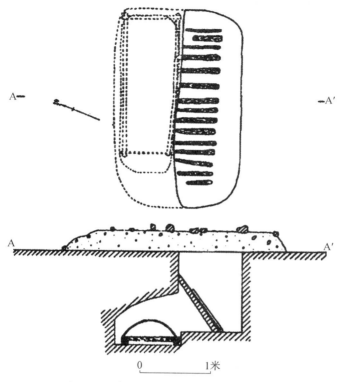

图 3-52　察吾乎三号墓地 M20 平剖面图

　　从源头上来说,箱式木棺无疑是汉文化的产物,经由北方草原民族的中转,间接进入了西域地区。目前发现的西域汉晋时期箱式木棺大致可分为平顶平底、平顶四足、凸顶平底和平顶无底四个类型。平顶平底型较为简单,体现了匈奴、月氏等民族对西域的影响。平顶四足型是西域特有的形制,较多保留了墓口棚盖、棺盖上堆放树枝、棺外覆盖毛毯等本地早期葬俗;同时,墓中随葬汉式器物、棺表施彩绘等则表明随着丝绸之路的开通,此时西域受到了汉文化的直接影响。凸顶平底型则是典型的汉人葬具,它的出现表明西域从魏晋时期开始才真正出现汉人移民的群体。平顶无底型目前材料较少,推测可能由倒扣使用的槽形棺演变而来,并可能影响到了河西地区。

　　总体上,箱式木棺除了表现出汉文化的影响,也反映出西域汉晋时期多种文化因素在此混杂交融的情形。此后，箱式木棺在西域地区一直流行到唐代，如莎车喀群墓地M2、塔什库尔干石头城墓地均出土了箱式木棺，仍以平顶四足为特征，反映了西域并非只是文化的被动接收者，而也将外来文化因素吸纳融合，创造形成了独具自身特色的文化。

图3-53　莎车喀群墓地M2彩绘木棺

图3-54　石头城墓地出土木棺复原图

第四章　楼兰鄯善王国城址考古

《汉书·西域传》开篇说道："西域诸国大率土著,有城郭田畜,与匈奴、乌孙异俗,故皆役属匈奴。"这是对西域文明的总论性表述,主要基于对两汉时期塔里木盆地特别是南道诸国的文化形态观察,成为后世研究者认识汉晋时期西域社会经济情况的基础。即,在汉文化进入之前,西域是由多个分散、定居的以城郭为中心的绿洲小国组成,兼营田畜。史书将"行国"与"城郭诸国"相提并论,前者特指游牧部族的政治体制,从而强调了后者区别于前者的定居、有城的形式。

考古发现的大量古代城址是西域独具特色的历史文化遗存。这主要是由自然地理条件决定的。一方面,出于抵御沙漠风沙、获取绿洲资源、靠近水源等需要,西域地区人类的活动自然地以城为中心聚集起来,早在汉代之前,西域就形成"三十六国"城邦林立的局面,并且这些城址往往坐落于适宜生存的、由高山积雪融水所形成河流的尾闾三角洲冲积地带;另一方面,西域古城大多使用时间不长,罕有中原古城那种长期沿用、不断在旧址上重建的情况,这与自然环境、人文和社会发展历史均有密不可分的关系,是研究西域独特的政治、军事、经济、文化等的重要实证资料。

楼兰是丝绸之路西出敦煌、进入西域的第一站,正是这类绿洲小国的典型代表,张骞对楼兰的观察"小国耳,邑有城郭",准确描述了西域土著城郭国家的特点。显然,在汉军进入之前,这里已经有筑城的传统。同时,楼兰—鄯善也是中原王朝经营西域的大本营之一,汉晋时期中原政权先后在此修筑了许多城址,带来了中原的筑城技术。因而,楼兰—鄯善时期诸城址是研究汉晋时期塔里木盆地城址的绝佳样本。

在楼兰—鄯善王国对应的地理范围内,目前存留下来的城址发现数量众多,类型丰富。然而,学术界对这些古城的研究状况却不尽如人意,特别是对诸城的性质判定,众说纷纭,各执一端。很多研究是从文献角度出发、用史籍中记载的古城名去匹配、套合考古发现的古城遗址。在没有更多出土史料发现的情况下,目前这类停留在历史地理层面上的考证已无益于问题的解决。相当一部分传世文献本身就存在争议,在与现实中的遗址比对时必须采取审慎态度。本章拟立足于考古材料本身,依靠实地一手调查所得,从城墙修筑技术、平面形制、建制规模、与周围遗存的关系等角度出发,首先考察城址的外在考古学特点,然后结合文献对诸城址的性质提出可能的比定,以期对这一问题的研究有所推进。

在考古学语境中,"城"的含义在很大程度上与"城垣"是重合的,考古工作者往往将城墙作为判断古城最重要的标准之一,这是出于田野工作中对遗存进行描述和归类的直观性需要,与社会学和历史地理学中具有政治、经济、文化等多重功能的"城市"概念不同。事实上,考古学这一独特的定义与中国传统文化中"城"的含义也是一致的。因此,本文所涉及的古城指的也是"有城墙包围的区域",与"居址"相区别。

一、城址发现与分布

如上文所述,据文献记载,鄯善王国后期兼并了精绝、小宛、戎卢、且末等周边小国,疆域范围大大超出了罗布泊地区。显然,受各自所在绿洲制约,塔里木盆地南道上的这些小国,能够组织起的国家规模都是有限的。文献使用"城郭诸国"一词来概括指代它们,强调其是以"城郭"形态存在的。可以推测,这些城郭都是处于大致相同的社会、政治发展阶段的文明,它们的规模和在考古学上表现出来的物质文化形态都是比较相似的,可以进行类比研究。因此,本章的研究将不局限于鄯善王国地理范围内的城址,而是把南道上地理条件相似的其他城址也纳入进来,以助益分析。这些城址包括:楼兰 LA、LE、LK、LL 古城,咸水泉古城,小河西北古城,麦德克古城,营盘古城,若羌且尔乞都克古城、孔路克阿旦古城、米兰古城以及尼雅南方古城、安迪尔廷姆古城、圆沙古城。

从功能上来说,这些古城大致可分为两类:一是纯粹军事防御性质的戍堡,二是兼具军事性质的政治管理中心。二者的区别十分明显:前者规

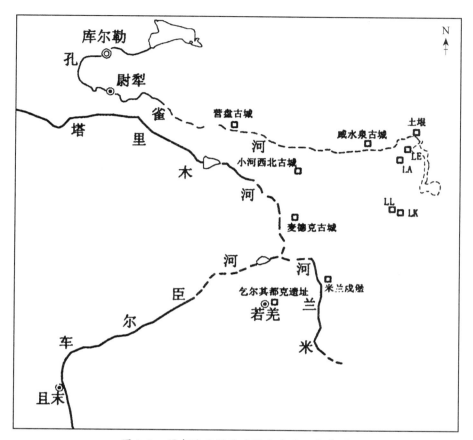

图4-1 罗布泊及周边地区古城遗址分布图

模较小,城内布局简单,建筑、设施也较少;后者规模较大,城内遗存相对较多,性质认定较为复杂。文献中对楼兰鄯善王国第二类古城多有记载,又可以大致分为王治(且末、精绝、戎卢等被鄯善兼并后其王治就成为鄯善王国治下各州的首府)和汉王朝进行管理与屯田的治所两大类,包括楼兰城(楼兰国都)、扜泥城(鄯善国都)、且末城(且末国都)、精绝城(精绝国都)、扜零城(小宛国都)、西域长史治所、伊循城(西汉屯田之地)、注宾城(索励屯田之地)等。许多学者都就这些古城的地望问题进行过讨论,取得了很多成果,但至今对许多问题不能达成共识。

在地理分布上,如前所述,各个绿洲国家的王治,应是在长期的历史过程中经过自然选择,多位于土壤、水资源等环境条件可供灌溉、适宜居住的河流尾闾三角洲地带;而具有军事性质的治所或管理中心则建造目的明确、应是经过规划一次建成的,多扼守各交通道路沿线的重要节点或要塞、关口。不过,实际情况中各城的选址往往会综合考虑各方面的因素,既要保障政治、外交、军事上的安全,也有监视各国、"动静以闻"的需要。设置屯田据点时更要考虑自然环境的条件。

另外,除了筑城,中原王朝还在西域地区修筑了许多烽燧。《汉书·西域传》记载:汉武帝伐大宛之后,"自敦煌至盐泽,往往起亭",即在敦煌和罗布泊之间修筑了亭燧系统。不过,从考古发现来看,在此之后,中原王朝实际上并未止步于罗布泊,而是又进一步延伸了这一亭燧系统,在罗布泊以西也有不少烽燧分布。这些烽燧与屯戍、仓储等措施一起构成中原王朝的军事防御系统,其设置无疑是出于军事战略和交通运输的需要,在地理位置上与汉王朝修建的城址必然存在紧密的联系。

根据长城资源调查的结果,目前上述古城周围发现的汉晋时期烽燧遗址集中分布于两个区域:一是孔雀河故道中游沿线从营盘到库尔勒陆续坐落着11处烽火台,二是南道阿尔金山脚下沿315国道东西向分布着10处烽火台。[①] 这两条烽燧线显然是沿着塔里木盆地南北两缘的交通路线分布的。孔雀河烽燧群大致呈东南—西北走向分布,在最西端的苏盖提烽燧以西15、22.5千米处,在1989年第二次文物普查期间,还曾发现过阿克墩、阔希墩两座汉晋时期烽燧,只是后被毁坏。这两座烽燧和孔雀河烽燧群可以连为一线。[②] 斯坦因在土垠东南方向还发现了一处遗址LJ,形制与敦煌汉塞一致,他认为也是一座烽燧。[③] 如果斯氏的判断不误,它们应该与孔雀河沿岸烽燧连为一线,通向塔里木河流域北岸地区。同时,南道沿线的烽燧也延伸到了安迪尔。后文将会讨论,斯坦因在安迪尔道孜力克发现的遗址E.Ⅶ,可能也是一处残损严重的烽燧。

---

① 新疆维吾尔自治区文物局编著:《新疆维吾尔自治区长城资源调查报告》(上册),北京:文物出版社,2014年,第4—5页。

② 胡兴军:《孔雀河烽燧群调查与研究》,收入中国社会科学院考古研究所、新疆文物考古研究所编:《汉代西域考古与汉文化》,北京:科学出版社,2014年,第78页。

③ M. A. Stein, *Innermost Asia: Report of Explorations in Central Asia Kan-Su and Eastern Iran*, Oxford: Clarendon Press, 1928, vol. 1, pp. 286–289.

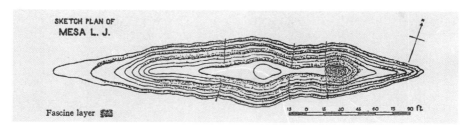

图4-2　LJ烽燧所在台地平面图

图4-3　LJ烽燧（立人处即烽火台所在）

图4-4　小河5号墓地西南烽燧

此外,除了这两条横向烽燧线外,1939年,贝格曼在小河5号墓地西南18千米处还发现了一处烽燧遗址,残高7米,平面方形,约长19米、宽16米,四周有一道低围墙,应为汉晋时期烽燧。[①]如是,小河附近当时应该存在着一条南北交通线,小河西北古城、麦德克古城、米兰古城的分布或许与这条交通线有关。

楼兰LA古城 即一般说的"楼兰古城",是罗布泊地区最负盛名的遗址,位于孔雀河下游干三角洲的南部、罗布泊西北岸上,今属若羌县界,具体位置为东经89°55′22″,北纬40°29′55″。1901年斯文赫定最早发现这座古城,[②]此后斯坦因[③]、橘瑞超[④]、新疆考古工作者[⑤]先后对其进行了考察。古城基本呈正方形,四面城墙边长330米左右,为夯土版筑,间以红柳枝。南北两边的城墙由于比较顺应东北风势,相对保存较多一些。四边城墙中部各有一段缺口,似为城门遗迹。东、西城门处均堆着大型木料,斯坦因认为城门构造与喀拉墩、LF古城城门亦类似。西墙中部北端有两个东西错列的土墩,相距4米,也为夯土筑成,似为瓮城遗迹。各面夯土层厚薄不等,应为多次分筑而成。一条古水道从西北角到东南角基本成对角线穿城而过,两端各与城外的干河道相通,从水道比较平直规整的走向看,应为人工开凿而成,供给城中居民用水。

城中的布局以古水道为轴线大致可分为两个区域。一为东北区,是进行宗教活动的场所,残存遗迹较少,主要有佛塔(LA.Ⅹ)和东边的四处

① F. Bergman, *Archaeological Researches in Sinkiang*, Stockholm: Bokfoerlags Aktiebolaget Thule, 1939, pp. 99−102.

② S. A. Hedin, *Scientific Results of a Journey in Central Asia 1899−1902*, vol. 2, Stockholm: Lithographic Institute of the General Staff of the Swedish Army, 1905, pp. 619−636.

③ M. A. Stein, *Serindia: Detailed Reporat of Explorations in Central Asia and Westernmost China Carried out and Described under the Orders of H. M. India Government*, Oxford: Clarendon Press, 1921, vol. 1, pp. 369−393.

④ 橘瑞超(日)著、柳洪亮译:《橘瑞超西行记》,乌鲁木齐:新疆人民出版社,1999年,第40—41页;马大正、王嵘、杨镰编:《西域考察与研究》,乌鲁木齐:新疆人民出版社,1999年,第122—125页。

⑤ 新疆楼兰考古队:《楼兰古城址调查与试掘简报》,《文物》1988年第7期,第1—22页;楼兰文物普查队:《罗布泊地区文物普查简报》,《新疆文物》1988年第3期,第91—92页。

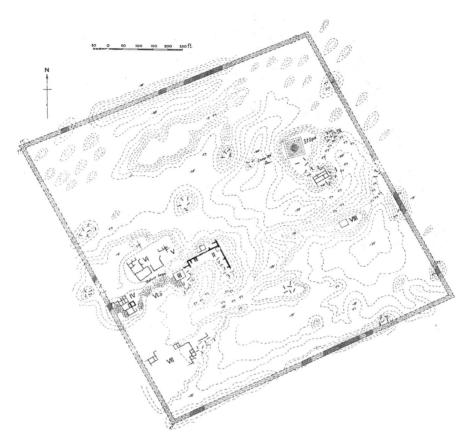

图4-5　LA古城平面图（斯坦因测绘）

木构建筑残迹,出土有佉卢文和汉文简纸文书、丝毛织品以及各种生活物品。[1]佛塔以东30米处有建筑遗迹LA.Ⅸ,长泽和俊认为是僧房。[2]侯灿在LA.Ⅸ的木建筑构件下发现了粮食堆积,故认为是粮仓遗迹。[3]二为西南

---

[1]　陈汝国认为城东北的高大建筑并非佛塔,而是烽火台,并认为其东侧和南侧的残建筑木料是驻兵和军需用品贮放之地,参见中国科学院新疆分院、罗布泊综合科学考察队:《罗布泊科学考察与研究》,北京:科学出版社,1987年,第302页。

[2]　長沢和俊:《楼蘭王国》,東京:德間書店,1988年,第215—217页。

[3]　侯灿:《高昌楼兰研究论集》,乌鲁木齐:新疆人民出版社,1990年,第233页。

区,保存遗迹相对较多。古城中心一座高约5米的靴形土台上存留一处大型土坯建筑,居高临下,依原土台地面形状而建,其中LA.Ⅱ.ii—iv即著名的"三间房"遗迹。这是古城中唯一用土坯垒砌的建筑,布局严谨,结合这里及其附近垃圾堆中出土的大量木简和纸文书推断,这里当魏晋时期属西域长史官署遗址。此外,古城西部和南部还有大小院落,应为生活区。[①]此外大房址LA.Ⅰ虽位于古水道以东,与佛塔相距较近,但从建筑形制和出土物来看也为生活遗迹。从城中出土的汉文木简、纸文书来看,其纪年大多在曹魏后期和西晋前期,新疆楼兰考古队推测古城最后形制的形成也在这个时期。城中出土木简的最晚年代是前凉建兴十八年(330),据此推测古城的废弃应在前凉时期。

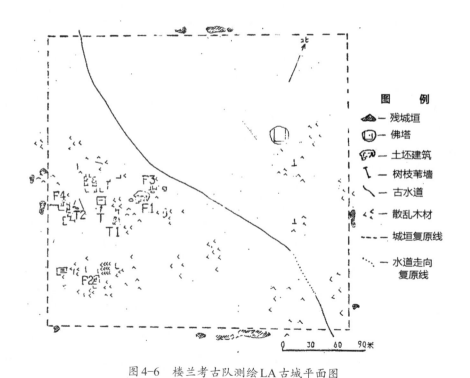

图4-6　楼兰考古队测绘LA古城平面图

---

① 新疆楼兰考古队:《楼兰古城址调查与试掘简报》,《文物》1988年第7期,第1—22页。

楼兰LE古城 位于楼兰古城东北约24千米,又称"方城",平面近方形,城墙的方向基本上是坐北朝南,略偏离正方向8—9度。东西城墙长约137米,南北城墙长约122米,夯土版筑,间以柴草层,十分坚固(L.A.和L.K.城墙建筑得非常粗糙),斯坦因认为其营建方式与敦煌汉长城类似。城墙底部厚约3.7米,内壁近乎直立,外壁因磨蚀作用,原本陡直的壁面变得有如阶梯状。南墙靠近中部有一城门,宽约3米;北墙也有一城门与之相对,但稍窄,应是后门。城中距北墙约22米处有一座土坯建筑的墙基,原建筑面积约21.3×10.7平方米,残存一条约8米长的大梁。城中发现6件汉文木简残纸,其中3件带有西晋泰始年号,此外还发现了铜镞和五铢钱。①

LF古城 坐落在LE城东北4千米处的一处长条形台地上,平面呈不规则长方形,长约60米、最宽处达24米,城墙以土坯垒砌而成,厚1.5—1.8米。城内中部有个原生土形成的土墩,可能是筑成时有意留作瞭望之用。西南城墙开一门,宽约1.5米,木门框尚存。门内北侧依城墙有两间房址,从中发现了汉文、佉卢文文书以及嵌红宝石的金戒指、木笔、钻木取火器、木针等,出土物似多属魏晋时期。②城外还有一片青铜时代墓地,但与古城并非同一个时期。

楼兰LK古城 位于罗布泊西岸,东北距楼兰古城(LA)49.6千米,西南距米兰114.4千米,具体位置为东经89°40′52″,北纬40°05′15″。③古城平面基本呈长方形,四角大致朝向基准方向。长边面向东北和西南方向,东城墙长163米、西城墙160米、北城墙87.5米、南城墙82米。城墙粗厚,残高3—5.4米,墙基厚7米以上,顶部残宽1.5—6.5米,夯土夹红柳、胡杨枝层筑成,顶端还竖植了许多排列有序的胡杨加固棍。东墙北段局部用土坯垒砌,土坯间作3厘米厚的草泥。东城墙中部有人工土台与城垣相连,可能是

---

① M. A. Stein, *Innermost Asia: Report of Exploration in Central Asia Kan-su and Eastern Iran*, Oxford: Clarendon Press, vol. 1, 1928, pp. 260-262.

② M. A. Stein, *Innermost Asia: Report of Exploration in Central Asia Kan-su and Eastern Iran*, Oxford: Clarendon Press, vol. 1, 1928, pp. 263-264.

③ M. A. Stein, *Innermost Asia: Report of Exploration in Central Asia Kan-su and Eastern Iran*, Oxford: Clarendon Press, vol. 1, 1928, pp. 184-189;楼兰文物普查队:《罗布泊地区文物普查简报》,《新疆文物》1988年第3期,第89—90页。

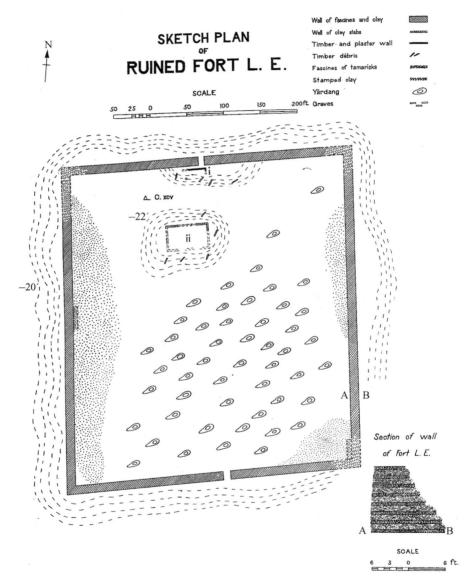

图4-7　LE古城平面图

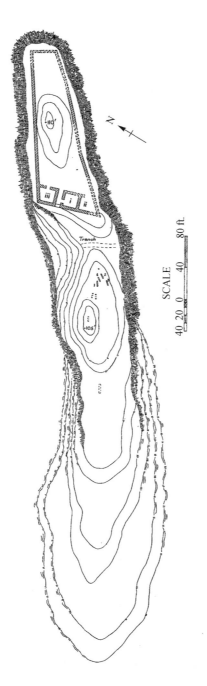

图 4-8 LF 古城平面图

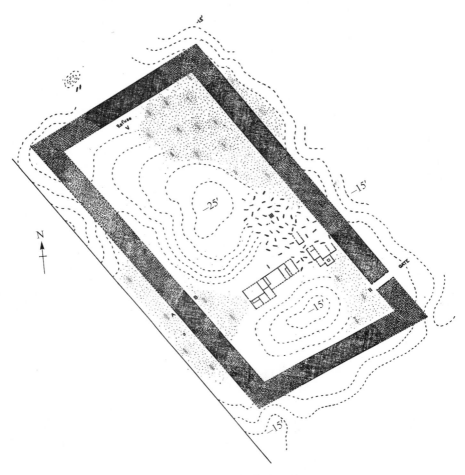

图 4-9 LK 古城平面图

瓮城遗迹。城门位于东城墙,宽 3.2 米,具有木框架门道,门扇位于门道外端,整个结构与喀拉墩古城门十分相似。城中残存有大型房屋建筑遗迹,主要保存在南半部,都是以经加工过的胡杨方木榫卯相连作横梁竖柱,胡杨棍及红柳枝作夹条,间以芦苇,外涂草泥的墙壁,建筑方法与尼雅遗址类似。其间也有保存完好的柱础、斗栱等。

LK 古城西南约 300 米处有一建筑台地,长约 20 米、宽 8—10 米、高约 2 米,上面散布榫卯结构的木材,如柱础、八角柱等,地表可见陶片、铜镞、冶炼渣等,木材及陶片特点与城内所见相同。城门外30米处有大片冶炼渣,或为冶炼遗址。古城西北100米外有一条古河道一直向北延伸并经过LL城。

斯坦因1914年在LK古城发掘了五个地点,发现残铜铁器、木制器具、丝织品、毛织物、玻璃片、陶片等200余件文物。1988年新疆楼兰文物普查队在此城调查,采集的遗物主要有零星陶片、铜铁器、玻璃片和毛织残片等。其中斯坦因发现的一件陶器口沿(LK.091)为三角状唇部,为楼兰鄯善魏晋时期墓葬陶器的典型特征。城中还发现了一件双托木柱头,两托臂为向下卷曲的涡卷,为希腊爱奥尼亚式柱头,类似的柱头在楼兰LA古城和LM遗址都有发现。

从遗址分布来看,LK古城及其周边LL古城、居址LM和LR形成了罗布泊以西地区的另一个中心区,位于从LA古城到且尔乞都克遗址的通道上。这几座遗址应存在着共存关系,年代也应接近一致。

图4-10　LK古城出土木柱头与三角状唇部陶器残片

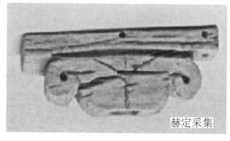

图4-11　LA、LM古城出土爱奥尼亚式木柱头

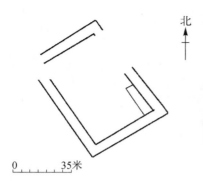

北

0 ⌞⌞⌞⌞⌞⌞ 35米

图4-12　LL古城平面图及东墙结构

楼兰LL古城　位于LK城西北约3千米处,平面呈长方形,东城墙长约71.5米、南城墙长61米、西城墙长76米、北城墙长49米,城墙残高3—4米,顶宽1.2—5米,墙基厚8米以上,构筑方法与LK城相同,为红柳枝夹胡杨棍层与夯土层间筑而成、顶部竖植胡杨棍,夯土较LK城紧密,但没有发现土坯垒砌痕迹。城门位置可能在东墙缺口处。东城墙外25米和北墙外50米处各有一处台地,均散布着各种榫卯结构的木料,应是两组建筑遗址。城内东南角有由夯土夹红柳枝间筑的房屋建筑遗迹,与城墙相接。采集到的遗物主要是残陶片,还有小件铜器、珠饰、动物骨骼,城外也见炼铁渣。斯坦因曾在这里发现大量的毛毡和羊毛织物,以及一块经畦组织(warp-rib)的印花丝织品,上有蓝地、白点斜格装饰图案。此外斯氏还发现了一小片磨损的纸片,上面有早期粟特文字迹。结合古城构筑方式、柱础斗栱形式及出土物分析,这座古城的年代应与LK、LA古城晚期大致相当。[①]

咸水泉古城　地处孔雀河下游尾间地带北岸,地处库鲁克塔格山南风蚀地貌中,东南距楼兰LA古城57.5千米,西距古墓沟墓地27千米,南距孔雀河河床2千米,北距北山便道4千米。古城以北新发现3处汉晋时期墓地。古城修筑于黄土台地上,北半已经被风蚀殆尽,现存西南至东北的南

---

① M. A. Stein, *Innermost Asia: Report of Exploration in Central Asia Kan-su and Eastern Iran*, Oxford: Clarendon Press, vol. 1, 1928, pp. 192-193;楼兰文物普查队:《罗布泊地区文物普查简报》,《新疆文物》1988年第3期,第85—94页。

半部分墙体,断断续续连接成半圆形。根据残存墙体复原,古城呈圆形,直径300米。墙体风蚀坍塌严重,仅有西南一段保存完好,残长48米,宽2.2—2.7米,残存最高处2.5米;西侧墙体残长20.7米;南墙至东侧墙体风蚀较厉害,时断时续,绵延残长200余米。墙体为就地取材修建,下部先栽三排Y字形木柱,"Y"的上部两分叉之间又插立细木柱共同构成"筋骨",其间下部填沙土、胶泥块,上部层层交叉叠

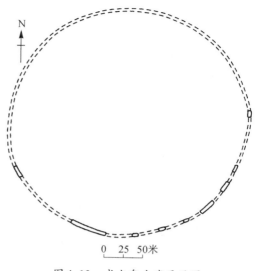

图4-13　咸水泉古城平面图

放红柳枝。城内地表见有零星陶片、石器等,陶片多为手制夹砂红陶。经调查,在古城周边采集有五铢钱、陶片、铜箭镞、铜手镯、铜扣、铜环、环首铁刀、铁箭镞、铁锅、石箭镞、砺石、绞胎玻璃珠等遗物30余件组,遗物以汉晋时期的为主,也有少量属于青铜时代,而汉晋以后的遗物在地表几乎不见,显示了此地人类活动在汉晋时期较为频繁。城墙顶部采集红柳枝所测碳十四数据集中在东汉后期至魏晋前期,发掘者推测现存城墙可能是咸水泉古城最后使用年代,非最早营建年代。①

小河西北古城　位于小河墓地西北6.3千米处河床西侧,2008年由罗布泊综合科考队发现,墙体由红柳枝条和泥土筑成,平面大致呈方形,边长约220米。西、北墙几乎被沙丘覆盖,顶部可测量的墙体宽约6米,东、南墙尚余墙基的底部,宽6—8米,由人工堆积的泥土构建而成。墙体内侧,分布有断断续续的红烧土,多有陶片散布。调查者在地表采集了陶片、石墨盘、陶制坩埚、铜门扣、铜锁、嵌宝石的铜带扣、纺锤、玻璃器、货泉、五铢钱等遗

---

① 胡兴军、何丽萍:《新疆尉犁县咸水泉古城的发现与初步认识》,《西域研究》2017年第2期,第122—125页。

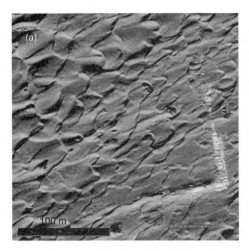

图4-14　小河西北古城遥感图像

物。发现者根据碳十四测年数据认为其年代为北魏时期。[1]

麦德克古城　位于若羌县北部阿拉干以东的沙漠中，孔雀河北入沙漠的一个支流的尾闾处。1896年斯文赫定曾到过这里，1906年斯坦因对其进行了详细考察。根据斯氏的记录，麦德克古城（Merdek-tim）是一个圆形小戍堡，直径约40米，由防御土墙组成，残高3米，基部厚约9米、顶部厚约4米。墙基夯筑，高约1.5米，每隔约30厘米插入一薄层红柳枝，墙基上约60厘米高为土坯砌筑，尺寸与楼兰遗址类似；其上又有约90厘米高的夯筑部分，都用插入红柳枝层和胡杨木框的方法加固。南面开门，宽约1.8米，门道两侧立有粗大的胡杨木柱，每边四根，门道两侧有木头护墙，顶部1—1.2米宽。门道的建筑方法与楼兰LF戍堡、喀拉墩、萨拉依（Sarai）相同。城墙顶部采集到王莽时期的货泉和东汉五铢钱。[2]该城资料较少，未测绘平面图，从斯坦因描述的情况来看，这座圆形古城规模较小，可能是当地修建的一座军事要塞。

营盘古城　位于楼兰LA古城以西约200千米处，分布范围较大，包括古城、墓地、佛寺和烽燧等遗迹。19世纪末20世纪初欧美学者科兹洛夫、斯文赫定、亨廷顿、斯坦因、贝格曼先后进行过考察，1989年以后新疆考古工作者又对墓地进行了大规模发掘。[3]古城位于遗址西南部，四周是一片

---

① 吕厚远、夏训诚等：《罗布泊新发现古城与5个考古遗址的年代学初步研究》，《科学通报》2010年第3期，第237—245页。

② M. A. Stein, *Serindia: Detailed Reporat of Explorations in Central Asia and Westernmost China Carried out and Described under the Orders of H. M. India Government*, Oxford: Clarendon Press, 1921, vol. 1, pp. 452—453.

③ 李文瑛：《新疆尉犁营盘墓地考古新发现及初步研究》，收入巫鸿主编：《汉唐之间的视觉文化与物质文化》，北京：文物出版社，2003年，第313页。

辽阔的湖积平原，覆盖着红柳、罗布麻、芦苇、胡杨树等干旱区植被。平面为正圆形，直径约177米，城墙基底厚约7米，最高处残高5.5米，大部分用夯土和不规则红柳树干以及树枝层砌筑，也有土坯垒筑，应经过多次修筑。东、西两面正相对开城门，宽约2.7米。城内仅中央地带发现了土坯建筑残迹，但已无法判断形制。[1]考古工作者在地表采集了一些陶片，多系夹砂陶，陶胎较薄，厚约1厘米，其中有些器物口沿明显具有新疆南部地区汉晋陶器的特征。[2]

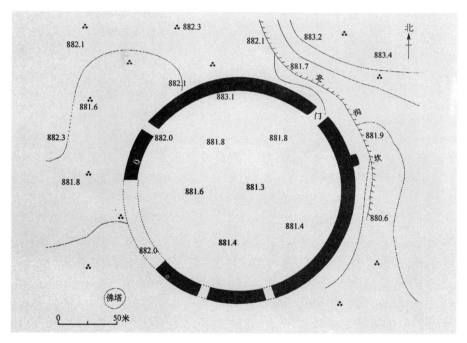

图4-15　营盘古城平面图

① M. A. Stein, *Innermost Asia: Report of Exploration in Central Asia Kan-su and Eastern Iran*, Oxford: Clarendon Press, vol. 1, 1928, pp. 753–754.
② 新疆文物考古研究所：《新疆尉犁县因半古墓调查》，《文物》1994年第10期，第19页。

图4-16 营盘古城

若羌且尔乞都克古城 位于若羌县城南、若羌河西岸的戈壁滩上，橘瑞超、斯坦因、黄文弼、孟凡人、伊藤敏雄等探险家和学者先后考察过这座古城，但各人的观察结论存在较大差异。据黄文弼记录，这座古城呈长方形，分内外两重，外城周长720米，城墙宽1.5米，残高1米，用卵石垒砌。内城周长220米，城墙以土坯垒砌，宽1.6—2米，残高0.5米。内城西北角有一残土墩，顶部已毁，底部尚存，以宽厚的土坯砌筑，面积9×9平方米，残高3.15米，可能是佛塔。内城西侧尚存一些房屋建筑基址，约三排共10余个房间，相互毗连，门径相同，中间是一庭院，院长9.2米、宽7.3米，较四周地势略低。东侧房屋基址五六间。北城墙中间有一个2米宽的缺口，可能是城门。内城墙靠近外城西、北两面，有若干石砌基址，横直界划作长方形，类似田埂，面铺一层黑石块，可能是古代村落或街道遗迹。内城与外城建筑技术不同，布置也不匀称，可能是前后两个时期所筑。①

孟凡人1983年前往调查后对且尔乞都克古城的结构提出不同看法。

---

① 黄文弼:《新疆考古发掘报告: 1957—1958》，北京:文物出版社，1983年，第48—
50页。

据其介绍,且尔乞都克古城东距若羌河约300米,城址建在戈壁滩上,附近地区戈壁与沙漠相间,不远处有农田。石城城墙向北延伸,并未将土坯城包围在内,因而不能将且尔乞都克古城称为内外两重城,实际上应为两座不同的城。土坯城约在石城东南,西北与石城毗邻,相距10余米。①

伊藤敏雄指出,斯坦因在1914年调查的阔玉马勒(Koyumal)和巴什阔玉马勒(Bash-koyumal)两座遗址即且尔乞都克和孔路克阿旦遗址。在斯氏

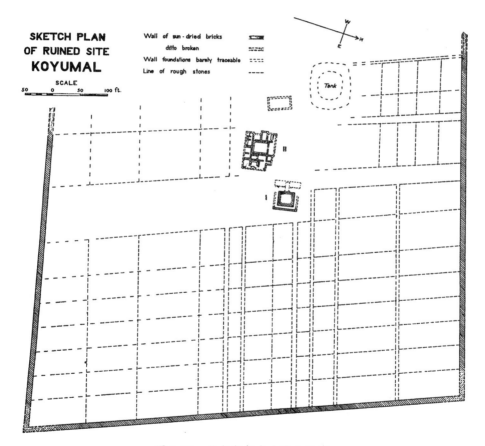

图4-17 且尔乞都克古城平面图

---

① 孟凡人:《楼兰新史》,北京:光明日报出版社,1990年,第211—213页。

之前,橘瑞超1911年就曾考察过这两处遗址,发掘出铁釜、木皮文书、贝叶残片、陶器等文物。①据斯坦因报道,阔玉马勒东面长约200米,西城墙被河水侵蚀已尽,因此古城的原状未知是方形还是长方形。城墙以土坯砌筑,厚2.4米,靠近城中心地方残存佛塔塔基,佛塔北、南、东三面带回廊,西面有阶梯与两处僧房院相连。僧房院西南2.7米处有一小型寺院建筑遗存。城内铺有许多成排的粗石块,横纵交叉把古城划分成不规则的棋盘形。②

从黄文弼和斯坦因对古城内石砌基线的描述来看,二人所述确为一个遗址,但对遗址形制的认识截然不同。伊藤敏雄经实地考察后指出,二人在遗址判定上存在分歧,遗址现状已面目全非,它究竟是内外两重城,还是两座毗邻的城,还需要经过详细深入的考古发掘才能得出结论。

孔路克阿旦古城　位于若羌县城西南约9千米、且尔乞都克古城西南2.8千米的若羌河老河床西岸阶地上,阶地与河床之间形成了7米多高的陡崖。1914年斯坦因曾考察过这里,称之为巴什阔玉马勒(Bash-koyumal)。③1957年黄文弼④、1979年新疆考古工作者黄小江和张平⑤、1989年塔克拉玛干沙漠综考队考古组又分别重新对其进行了调查。⑥

古城坐落在阶地边缘,东半部已经被河道冲毁掉,平面最初应为圆形,现残为半月形,最长径为约76米,城墙现存为6段,每段约长13.7米,厚约1.5米,以尺寸为43厘米×23厘米×10厘米的土坯砌筑,与附近的且尔乞都克古城早期所用土坯尺寸相同。西边城墙保存较好,残高1.8米多。城墙外有壕沟。西城墙有一宽约2米的大门。靠近高地边缘保留一段15米长、厚3米的墙,可能是古城中心塔楼的残迹。城中残存大型带回廊环道的佛塔遗迹,也以与城墙相同尺寸的土坯砌筑,还出土有公元4世纪贝叶文

① 伊藤敏雄:《南疆の遺跡調査記—楼蘭(〔セン〕善)の国都問題に関連して》,《唐代史研究》2001年第4期,第122—147页。
② M. A. Stein, *Innermost Asia: Report of Exploration in Central Asia Kan-su and Eastern Iran*, Oxford: Clarendon Press, vol. 1, 1928, pp. 164—166.
③ M. A. Stein, *Innermost Asia: Report of Exploration in Central Asia Kan-su and Eastern Iran*, Oxford: Clarendon Press, vol. 1, 1928, pp. 166—167.
④ 黄文弼:《新疆考古发掘报告:1957—1958》,北京:文物出版社,1983年,第49—50页。
⑤ 黄小江:《若羌县文物调查简况(上)》,《新疆文物》1985年第1期,第20—26页。
⑥ 中国科学院塔克拉玛干沙漠综考队考古组:《若羌县古代文化遗存考察》,《新疆文物》1990年第4期,第5页。

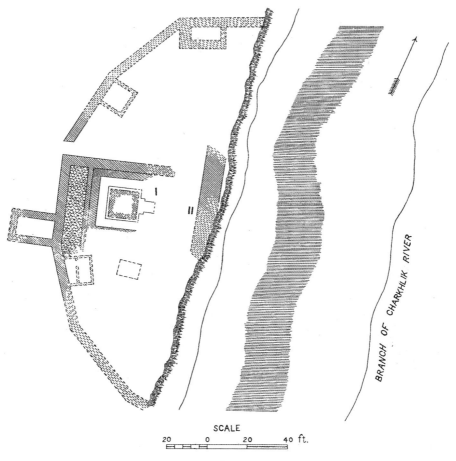

SCALE

20　　0　　20　　40 ft.

图4-18　孔路克阿旦古城平面图

书、泥塑佛像等遗物。

　　米兰古城　位于若羌县70余千米米兰乡以东7千米的米兰遗址中,斯坦因前后两次考察了这里,[1]此后黄文弼、新疆博物馆、楼兰文物普查队、塔克拉玛干沙漠综考队考古组、新疆文物考古研究所等也先后进行了调查和

① M. A. Stein, *Serindia: Detailed Report of Explorations in Central Asia and Westernmost China*, Vol. 1, Oxford: Clarendon Press, 1921, pp. 346-348; 450-484.

发掘。^①古城平面呈不规则方形,斯坦因编号为M. I,南北宽约56米、东西长约70米、城墙残高4—9米,下层夯筑加红柳枝层间筑,上层结构不一,或砌土坯,或土坯与草泥、红柳枝混用。城四隅有角楼台基,东、北、西三面城墙各有一个马面,南城墙向外突出部分较大,有防御设施。西城墙有缺口,或为城门。城内房屋中出土了吐蕃文书。学术界一般认为,米兰古城是吐蕃占领时期的军事戍堡。

2010年,为配合文物保护,新疆文物考古研究所对米兰古城进行了前期考古发掘。通过发掘了解到:米兰古城建在早期废弃的遗址之上;最早的墙体为夹板夯筑,夯块呈方形、边长为1米左右;现存东、南、西三面的夯块外侧砌有土坯,北部夯块内外两侧均有土坯;东墙外侧建有斜坡状护坡,系用土坯垒砌于早期城址的废弃堆积之上。城内房屋均为单层土坯横砌而成,大多不规则,房屋之间多有叠压打破关系,并均建筑于早期建筑废弃的堆积层上。城外东西两侧也发现有房屋遗迹,结构和建造方式与城内房屋基本相同,也叠压于早期废弃堆积之上。从墙垣来看,米兰古城无疑经历过多次修葺。吐蕃时期是古城的最后使用阶段,城内外房屋亦属于这个时期;但对其始建年代,则需要进一步的发掘才能够确定。

尼雅南方古城　位于民丰县尼雅遗址南端,1996年由中日尼雅遗址联合考察队发现并进行了测量和局部发掘,北距中部的大佛塔13千米,南距今最近的居民点卡巴克阿斯坎村约15千米,地理坐标为东经89°43′25″21,北纬37°52′37″50。古城所在地区密布大型红柳包,城内亦多被高大红柳所占据,仅断断续续地露出一些城墙。通过暴露出来的城墙,测得古城平面大致呈椭圆形,长径185米、短径150米、周长约530米。城墙由白色淤泥垛积而成,底宽约3米,残高0.5—2.5米,顶残宽1米。城门位于南墙中部,形制为过梁式,与克里雅河流域的喀拉墩古城及安迪尔夏羊塔格古城的城门

---

① 黄文弼:《新疆考古发掘报告:1957—1958》,北京:文物出版社,1983年,第50—53页;中国科学院塔克拉玛干沙漠综合考察队考古组:《若羌县古代文化遗存考察》,《新疆文物》1990年第4期,第5—6页;新疆维吾尔自治区文物普查办公室、巴音格楞蒙古自治州文物普查队:《巴音郭楞蒙古自治州文物普查资料》,《新疆文物》1993年第1期,第42页;彭念聪:《若羌米兰新发现的文物》,《文物》1960年第8—9期,第92—93页;党志豪:《新疆若羌米兰遗址2012年考古发掘》,收入国家文物局主编:《2012中国重要考古发现》,北京:文物出版社,2013年,第136—139页。

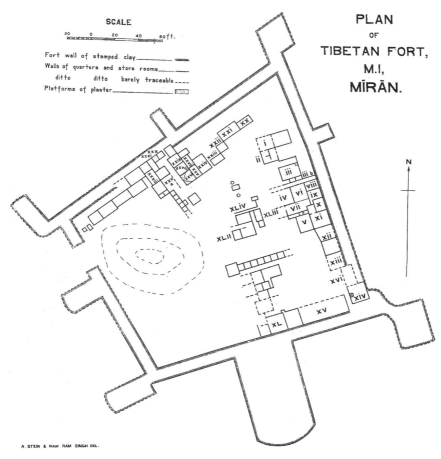

图4-19　米兰古城平面图

基本一致。[①]

　　正对城门外6米处有一处房屋遗址,大致呈方形,为尼雅遗址流行的建筑形制,出土2枚长方形佉卢文木简,其中一枚带有鄯善摩夷梨(又称摩习梨、马希利)王纪年,该王在位至少30年,年代为3世纪末至4世纪初。

---

① 中日日中共同尼雅遗迹学术考察队:《中日日中共同尼雅遗迹学术调查报告书》第二卷,乌鲁木齐/京都:中日日中共同尼雅遗迹学术考察队,1999年,第133—136页;林梅村:《尼雅96A07房址出土佉卢文残文书考释》,《西域研究》2000年第3期,第42—43页。

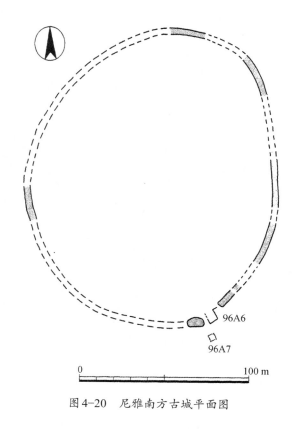

图4-20 尼雅南方古城平面图

安迪尔廷姆古城及其南部小戍堡 属于民丰县安迪尔牧场东南20千米一处总名为夏央达克的遗址区的一部分。该遗址为一平坦的盆地,附近可见古河床痕迹,遗址面积3.5平方千米,安迪尔大佛塔即坐落于此,廷姆古城在佛塔以东500米处。[①]该古城现存遗址由主城和子城两部分组成。主城约110平方米,墙基宽约10米,墙体下部为分层夯筑,墙体中部以上部位为土坯块垒砌而成;子城在主城东南角,约30平方米,为用土坯和胶泥垒砌而成。从城墙建造技法可知,该城经过二次修建,主城下部为夯筑,上

[①] 塔克拉玛干综考队考古组称之为"夏羊塔格古城",《和田地区文物普查资料》中录为"延姆古城",似有误。参见中国科学院塔克拉玛干沙漠综考队考古组:《安迪尔遗址考察》,《新疆文物》1990年第4期,第30—46页;新疆文物考古研究所:《和田地区文物普查资料》,《新疆文物》2004年第4期,第23页。

部和子城为后来使用土坯技术增筑而成。主城的朝向基本为正方向，略有偏角。[①]

塔克拉玛干综考队考古组在廷姆古城中采集了大量陶器残片，从口沿形态来看大致可分为三类：一为方唇无沿，束领较短，皆夹砂素面灰黑色陶；二为圆唇高束领，夹砂素面，陶色有红、灰、黄褐色三种；三为三角状唇部。这三种类型大约可以对应楼兰鄯善墓葬陶器序列的三期。考古工作者还采集了一件平底带流器，夹砂红陶，手制素面，应为西汉时期器物。

安迪尔大佛塔南约4千米处坐落着一座规模很小的戍堡，平面呈正方形，边长约20米，南墙中部开门，门外侧又用土坯修砌一道"L"形墙，与南墙共同构成简易的瓮城，现城门处左侧木质门柱部分还残留在原地。[②]斯坦因认为，这座小戍堡的建筑技术与敦煌小方盘城几乎完全一样，应为西汉时期建造。

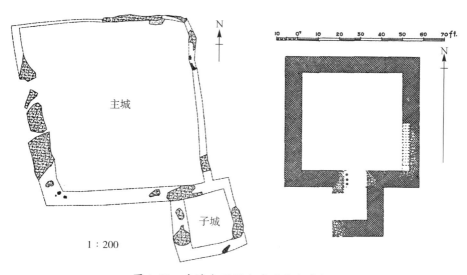

图4-21 安迪尔廷姆古城及南部戍堡

---

① 梁涛、再帕尔·阿不都瓦依提等：《新疆安迪尔古城遗址现状调查及保护思路》，《江汉考古》2009年第2期，第140—141页。

② M. A. Stein, *Serindia: Detailed Reporat of Explorations in Central Asia and Westernmost China Carried out and Described under the Orders of H. M. India Government*, Oxford: Clarendon Press, 1921, vol. 1, pp. 283-284.

　　此外,廷姆古城东南1千米左右的道孜立克古城,现可见最晚遗迹为唐代遗存,但唐代城墙下还叠压着早期遗存,并且斯坦因曾在城内建筑E.Ⅵ中发现过写在木简和皮革上的佉卢文文书,他认为这些早期遗存即玄奘在《大唐西域记》中提到的"靓货逻故国",年代可能接近尼雅遗址。道孜立克古城西边约400米处还有一处塔楼E.Ⅶ,边长7.6米,残高5米多,由51厘米×33厘米×10厘米的土坯层与30厘米厚的夯土层交叠而成,旁边残留的两个小房间出土有矩形佉卢文木简、陶片、织物等。从斯氏的描述来看,这座建筑可能是一座烽火台,建筑方式与西域南道米兰东北的烽火台十分相似。

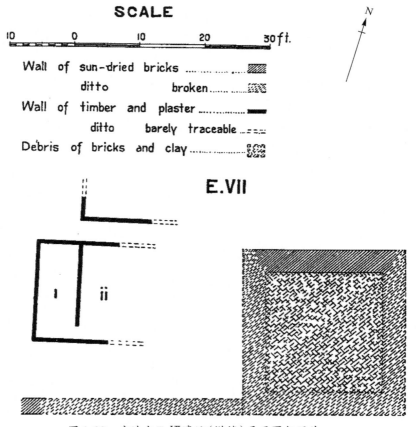

图4-22　安迪尔E.Ⅶ遗址(塔楼)平面图与照片

如前所述,自贰师将军伐大宛之后,中原王朝"自敦煌西至盐泽往往起亭",并且后来随着对西域的控制力度逐渐加强,在罗布泊(盐泽)以西的交通要道上也修建有许多亭障,如孔雀河沿岸就发现有大量烽燧。廷姆古城和安迪尔佛塔以南戍堡应该也属于这类设施,是为控制当地政权和保护交通线而设置的行政和军事据点。

圆沙古城　位于尼雅遗址以西的克里雅河下游的东河岸、喀拉墩遗址群西北约41千米处,1994年由中法联合考古队发现。古城平面呈不规则圆形,周长约995米,南北最长处330米,东西最宽处为270米,残存的城垣最高处达11米,其结构以两排竖插的胡杨棍夹以纵向层铺怪柳枝为墙体骨架,墙外用土坯垒砌或胡杨枝、芦苇夹淤泥、畜粪堆积成护坡。在南墙中部和东墙北段各有一城门,南门规模较大,保存也较完好。城门两侧都有两排立柱,形成门道,南门的门框和用胡杨柱拼成的门板尚存。城内已基本被流沙覆盖,暴露的6处建筑遗迹,其中三处进行了清理,地表均残存排列有序的立柱根基,其表层堆积主要是牲畜粪便,发现大大小小的袋状灰坑或窖穴,填土中见陶片、谷物(如麦)等。地表散布的遗物主要是残陶器、石器、铜铁小件及料珠等,还有数量不少的动物骨骼,经鉴定主要是家畜骨。

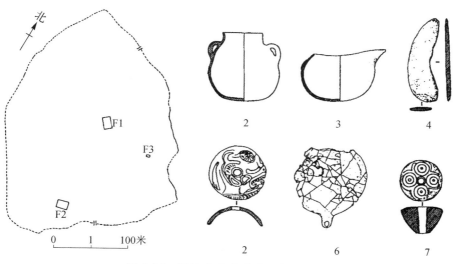

图4-23　圆沙古城平面图及出土器物

在出土物方面，圆沙古城内采集的文物中见带流夹砂红陶罐，形制与和静察吾乎文化所出同类器物类同；数量较多的是夹砂灰陶和黑陶器，其中钵或盂的质地、形制与且末扎滚鲁克墓葬、温宿包孜东墓葬出土的同类器基本相似。古城以北共发现了6处墓地，应为圆沙古城内外居民的墓葬，其随葬陶器、葬式、葬具等与且末扎滚鲁克一号墓地第二期墓葬特征接近。因此，圆沙古城的始建年代应在战国时期，西汉时期延续使用。① 城内不见东汉以后的遗物，发掘者认为，这说明该城在东汉时期已经废弃。

中法克里雅河考古队对圆沙古城的南城墙和城门进行了复原，认为该城有较强的军事防御性质，顶部用木棍束加固、有些地方还修出巡查道，建筑方法可能是受到了中亚的影响。② 关于其性质，研究者一般认为圆沙古城及附近的喀拉墩等遗址应该与古扞弥国有关。③

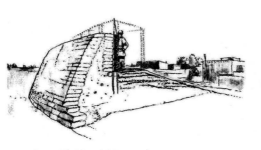

图4-24　圆沙古城城墙及城门复原图

---

① 中法克里雅河考古队：《新疆克里雅河流域考古调查概述》，《考古》1998年第12期，第33—37页。

② 戴蔻琳、伊弟利斯·阿不都热苏勒：《在塔克拉玛干的沙漠里：公元初年丝绸之路开辟之前克里雅河谷消逝的绿洲》，收入陈星灿、米盖拉主编：《考古发掘与历史复原》，北京：中华书局，2005年，第56页。

③ 吴州、黄小江：《克里雅下游喀拉墩遗址调查》，收入新疆克里雅河及塔克拉玛干科学探险考察队：《克里雅河及塔克拉玛干科学探险考察报告》，北京：中国科学技术出版社，1991年，第98—116页；林梅村：《古道西风——考古新发现所见中外文化交流》，北京：生活·读书·新知三联书店，2000年，第338—339页；新疆文物考古研究所：《和田地区文物普查资料》，《新疆文物》2004年第4期，第32页。

二、城址考古学特征分析

根据文献记载,塔里木盆地在张骞通西域之前就有筑城的传统,主要是西域各绿洲小国的首府,即"王治"。中原王朝进入后,又把中原筑城技术带到了西域。研究者都认识到,汉晋时期的西域存在"土著城址"和"汉式城址"这两种具有不同文化传统的城址。而城墙修筑技术应该是区别这两种文化传统最重要的标准。土著城址用何种方式修筑,文献无载,尚待我们依靠考古材料总结和认识。但汉式城址的筑城模式,通过长期的研究和考古实践,学术界已有着较为深入的认识。因此,在西域现有发现中,依照已有标准将按照中原筑城方式修筑的城址排除,即可得出西域土著城址的修筑规律。

中原地区自新石器时代起就已出现城垣,并在长期的历史实践中形成了一套十分成熟的夯土版筑城墙的技术。即用绳索固定的木板做模具,模具中间填土,利用土的黏性,使用一定的工具将黏土层平面夯打压实。由于模具有尺寸的限制,所以需要分层分块或分段加宽、加高墙体。这种方式筑成的墙体致密坚实,夯层较平,层理清晰,厚度均匀,夯窝明显,大小一致,墙体表面分块、分段的痕迹明显。模板的发明是城墙夯筑技术的一大进步:一方面,与堆土夯筑相比,版筑无需再切削两侧墙体;另一方面,使用模板也为城墙向高耸发展提供了必不可少的条件。版筑技术进步发展的关键在于如何解决模板的承托问题,一般先经历了墙体向上逐级内收,在下层收杀的台阶上开挖基槽来固定上层版块的模板;再发展到采用桢干技术来固定模板,即在模板两侧及两端用立木来固定模板;后来又发展到用穿棍或穿绳直接悬臂支撑模板,以绳索揽系模板两端。在考古发掘中,穿棍技术应用的标志是墙体侧面有一排排的木棍洞痕,或称夹洞眼,内有木灰的痕迹,直径大小不一,多在5—15厘米之间。这一整套城墙夯土版筑技术到战国时代已完全成熟,一直沿用到中国封建社会晚期而仅有局部的技术变更。采用这一方法筑成的城墙一般较为高大、陡立,墙体坚固,军事防御效果较好。[①]

---

① 张玉石:《中国古代版筑技术研究》,《中原文物》2004年第2期,第59—70页;张国硕:《中原先秦城市防御文化研究》,北京:社会科学文献出版社,2014年,第88—89页。

　　夯土版筑技术在中原地区史前时期即已普遍应用,到了秦汉时期,则随着帝国疆域的扩大和确定传播到北方长城沿线,在诸多"边城"中广泛应用。所谓边城,是秦汉时期在北方长城沿线地带为抵御北方游牧民族而集中修筑的一批城。中原的筑城传统虽然源远流长,但这种在边疆地区、具有明确军事目的的城的修筑历史却是到秦汉时期才出现的。从文献记载看,北方沿线地带的边城主要是作为当时的郡县城、郡和属国都尉或校尉治所。此外,长城的附属设施障城,有一些也兼作都尉治所之用,它们作为军事指挥机构所在地,也被研究者列入边城之中。[①] 特别是河西地区,汉武帝在此设置了河西四郡,并集中在此修建了一系列边城和一整套完备的长城障塞设施,学术界称之为"河西汉塞",目前已发现破城子(甲渠候官治所)、K710、K688 等障城,以及肩水金关等烽燧遗址,它们也多修建于武帝时期。而西汉王朝在开拓西域的过程之中所修筑的城址,筑造者与河西的边城和汉塞完全一致,都是以西汉军队为主力,修建目的和主要职能也与西汉王朝对外的军事战略有着直接的关系,二者共同作为汉代北方军政体系的一部分,在地理上毗邻、环境也最为接近,因而在形制特点和修筑技术上应该存在着极大的一致性。从目前了解较多的烽燧情况来看,孔雀河烽燧群的建筑技法就与敦煌地区汉代烽燧十分相似,只是在实际情况中根据坐落位置的不同可能出现一些细微的区别。[②] 由于自然环境和土质条件上的差异,汉军在筑城的时候,原有技术可能未必适用,需要就地取材、因地制宜地借鉴土著城郭的修筑方法。因而,我们目前在考古中看到西域地区的部分"汉式城址"实际上可能吸收了土著城址的部分特点,需要具体分析。

　　1. 城墙修筑技术

　　河西地区规模较大的边城,如郡县治城址和都尉侯障城址,一般城墙均为夯土版筑,墙基宽 4—9 米,夯层较为均匀,厚 8—13 厘米。如汉冥安县治老城,城垣底宽 8.7 米,夯层厚 11—13 厘米,夯窝平方,长宽均 25 厘米;

①　徐龙国:《北方长城沿线地带秦汉边城初探》,收入《汉代考古与汉文化国际学术研讨会论文集》,济南:齐鲁书社,2006年,第33—48页。

②　胡兴军:《孔雀河烽燧群调查与研究》,收入中国社会科学院考古研究所、新疆文物考古研究所编:《汉代西域考古与汉文化》,北京:科学出版社,2014年,第83—84页。

汉宜禾都尉侯障遗址,城垣底宽8.3米,夯层厚8厘米。夯层中常常残留有连接夹板用的、以芦苇或红柳拧成的绳索。为了加强夯层的黏合力,夯层间常竖插有许多红柳尖桩,有的尖桩上还缠有红柳枝或芨芨草。边城较少采用土坯垒砌等其他方法修筑,也许是这类城址相对汉塞来说规格等级较高,人力投入大、工期较长,可以使用较纯净的土来夯筑,将墙体建造得更加坚固精良。从亭燧表面抹草泥的情况来推测,城墙表面也需要进行涂抹修饰。[①]

而汉塞的塞垣和亭燧则使用了更多的建筑材料。塞垣利用芦苇、红柳与夯土分层叠砌而成,酒泉以西地区,由于缺少黄土可资利用,则以沙砾代之。酒泉郡东部局部地段还用红色燧石片砌筑内外两壁、中填沙砾,酒泉郡西部则以红柳或芦苇束为框架,中填沙砾,分层叠筑,每层还间铺芦苇或红柳。亭燧墙体则除了夯土版筑外,还有两类结构:一类是以土坯砌筑,有的土坯内羼和有苇筋、沙粒、石子等,土坯体大厚重,错缝平砌,每层土坯间不用草泥黏结,而是每1—5层土坯间以芦苇或红柳、芨芨草等,纵横交叉铺垫3—5层以作骨架;还有一类是以胡杨木棒为骨架,以碱土块、石块、澄板泥块中夹芦苇、红柳、胡杨枝,分层垒筑。这些墙体表面均再涂抹草泥进行处理。[②]

从孔雀河烽燧群来看,主要修筑技法大致与河西汉塞相同,发掘者将其分为四种:(1)土坯夹芦苇、红柳逐层叠压垒筑;(2)用纯土坯砌筑;(3)砂土夹芦苇、红柳垒筑;(4)将自然堆积加以平整作为烽燧的基础或者中心部分使用。四种方法中,第(1)种土坯夹芦苇、红柳叠筑的方法使用最多,这也是河西汉塞最常见的烽燧修筑方法。

相较之下,罗布泊及周边地区很少像河西边城那样使用纯夯土版筑的城墙,而最多见到的是汉塞和烽燧常用的砂土层与芦苇、红柳枝交叠垒筑的方法,如楼兰LE、LK、LL遗址和小河西北古城城墙的主体部分都是这种形制。正如斯坦因观察到的,前三座古城墙体的营建方式与敦煌汉长城十分相似。不过,实地考察可知,很多城墙并非用同一种方法修筑,而是采用

---

①　岳邦湖、钟圣祖:《疏勒河流域汉长城考察报告》,北京:文物出版社,2001年,第86—114页。

②　吴礽骧:《河西汉塞调查与研究》,北京:文物出版社,2005年,第184—188页。

图4-25　敦煌马圈湾长城

图4-26　楼兰LE古城墙垣（作者摄影）

了多种方法。这可能是因地制宜的结果,也可能是不同时期进行补修、加固、增筑所导致。

楼兰LE古城墙体的下部与上部使用了不同的修筑方法:上部用约30厘米厚的红柳束捆层与12—15厘米厚的夯土层交替垒砌而成,十分坚固;而下部则是夯土堆筑,底基部宽约3.7米,收分明显,魏坚先生指出其夯筑方式与居延地区三座汉代古城K710、K688和BJ2008相同。[①]

使用夯土层与红柳枝层交替叠筑方法的四座古城又可细分为两组:楼兰LE古城和小河西北古城为一组,LK和LL古城为另一组。相较而言,前一组夯土层和红柳枝层的厚度均较薄,不超过30厘米;且墙体内壁较为直立,夯土层和红柳枝层黏合得十分坚固,即便是部分已经坍塌的墙体,其分层仍不变形,推测可能使用了版筑模具。小河西北古城大部分被流沙覆盖,且墙体损毁较为严重,已很难看出原貌,但从目前所余残迹来看与LE古城较为接近。从河西汉塞的情况来看,夯层越薄的墙体,牢固和精良的程度越好,年代越早、规格等级也越高。另外,考古工作者对奇台石城子的试掘也证实了这一点,该城墙体夯层既薄且密,厚仅约10厘米,夯窝较小、十分明显,直径仅5—10厘米。[②]学术界一般认为,奇台石城子就是东汉西域长史耿恭驻守过的疏勒城,军事防御色彩浓厚。该城修筑于东汉初年与匈奴的战事之中,工期仓促,因而东、南两侧凭依深涧天险、未筑城墙,但作为西域长史所驻之城,北墙仍建造得相当精良,夯土纯净、夯层薄密。

相较之下,LK和LL古城的墙体收分程度较大,夯土层和红柳层则均较厚,红柳层中杂有胡杨枝,厚20—60厘米,而夯土层厚达50—150厘米,城墙顶端还竖植了许多排列有序的胡杨加固棍。显然,后一组两座古城墙体并非"版筑",而仅是"堆土夯筑"而成,竖植胡杨棍加固则可能是借鉴了本地的筑城方法,在咸水泉古城、圆沙古城中均可以见到。由此看来,后一组古城可能比前一组年代晚或级别低。

在目前西域地区发现的军事戍堡中,在考古学特征上可观察到最接近

---

① 魏坚、任冠:《楼兰LE古城建置考》,《文物》2016年第4期,第47页。

② 新疆文物考古研究所:《2014年度奇台县石城子遗址考古发掘报告》,《新疆文物》2015年第3—4期,第44—45页。

图4-27　小河西北古城东城墙（作者摄影）

图4-28　LK古城西墙结构

图4-29　LL古城东墙顶部

图4-30　LL古城北墙结构

图 4-31　安迪尔小戍堡

中原夯筑技术的是安迪尔大佛塔以南4千米的小戍堡。城墙为典型的分段版筑形成，表面分段留下的断槽痕迹非常清晰。分段版筑无疑是中原传统的筑城技法，而不见于西域土著城址。安迪尔小戍堡采用这种技法建造的墙体十分坚固，因而保存得也比较完好。城门附近土坯垒砌的墙体上还有草拌泥残迹，东墙、北墙顶部仍可见女墙，女墙残高约35厘米、厚20厘米。三普调查时，考古工作者发现"东墙内侧可见东西向土墙一道，为黄土夹天然胶泥块夯筑而成"。^①斯坦因则将这个部位描述为"通向墙顶的阶梯"。^②整体看来，这座小戍堡与甲渠候官的障城完全一致。甲渠候官的障城位于坞的西北角，是一座土坯方堡，基方23.3米、厚4—4.5米，墙残高4.6米，收

①　新疆维吾尔自治区文物局编：《新疆维吾尔自治区第三次全国文物普查成果集成：新疆古城遗址》（下册），北京：科学出版社，2011年，第299页。

②　M. A. Stein, *Serindia: Detailed Reporat of Explorations in Central Asia and Westernmost China Carried out and Described under the Orders of H. M. India Government*, Oxford: Clarendon Press, 1921, vol. 1, pp. 283–284.

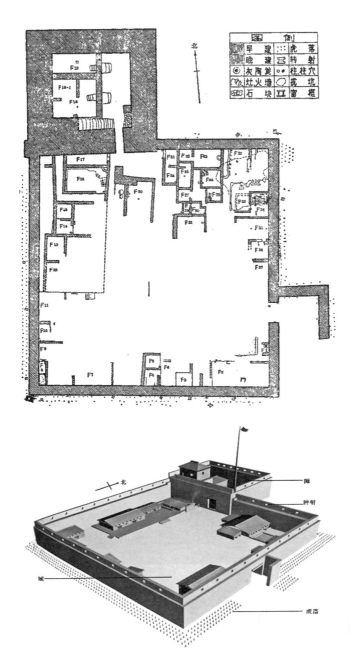

图4-32　破城子遗址（甲渠候官）平面图与复原图

分明显,砌法是内、外壁皆三层土坯夹一层苃苃草;早期障门在东南角,障门内西侧有登障顶的早期阶梯马道,共约13—15级台阶;障顶部较宽阔,南侧障墙下发现烧毁坠落的木柱、斗等,推知该处原有一木构建筑;障顶东北角外沿残存女墙。[①]此障的尺寸大小、土坯砌墙和女墙的做法、包括城门内登墙顶阶梯的设置,都与安迪尔小戍堡如出一辙。安迪尔小戍堡南城门外的L形瓮城,也是典型的中原城防设施,在河西边城屡见不鲜。因此,我们有理由认为,安迪尔这座小戍堡是一座具有障塞性质的军事设施,应与塔里木盆地南缘的烽燧线连为一体。

与此相关的,道孜立克古城西边约400米处的塔楼E.Ⅶ,边长7.6米,残高5米多,由51厘米×33厘米×10厘米的土坯层与30厘米厚的夯土层交叠而成,旁边残留的两个小房间出土有矩形佉卢文木简、陶片、织物等。从斯氏的描述来看,这座建筑与河西、西域地区发现的汉塞非常相似,很可能是一座烽火台。如与其同处于南道上的若羌米兰东北烽火台,现高5米,底部5米×4.6米、顶部3.9米×3.8米,略呈方形,使用两种建筑技法:底部为黄土夯筑而成,有2层夯层明显,分别厚30厘米和38厘米,上部主体采用土坯平铺错缝砌筑而成,土坯尺寸为50厘米×25厘米×10厘米。[②]安迪尔E.Ⅶ的规模形制与建筑技法都与米兰东北这座烽火台十分接近,而其西侧延伸出去的墙体与西北部残留的房址则应是“坞”的遗迹。

学术界对楼兰LA古城的城墙修筑方式关注较多,不同的调查者对其的描述说法不一,尤其是对夯土认定的争议较大。LA古城城墙保存状况不佳,在遍地风蚀雅丹群中十分难以辨认。斯坦因经过两次调查,基本确认了古城为方形,四面仅断断续续保留着几处城墙,其中南墙中的一段,长约79米,“夯筑,每隔约60厘米嵌入一层红柳枝捆,共见这种红柳层两层”,西门以北也保存了一小部分,约4.5米,“顶上还能清楚地看到两层红柳层,中间隔着约90公分厚的夯土”,东墙中靠北的一段可见“一层厚厚的红柳枝,约30厘米宽,在台地顶上延伸约24米”。

---

① 甘肃居延考古队:《居延汉代遗址的发掘和新出土的简册文物》,《文物》1978年第1期,第2页。

② 新疆维吾尔自治区文物局编著:《新疆维吾尔自治区长城资源调查报告》(上册),北京:文物出版社,2014年,第6—8页。

图4-33　安迪尔 E. Ⅶ遗址

图4-34　米兰东北烽燧东侧结构（下部有盗洞）

图4-35　斯坦因拍摄楼兰LA古城东墙(中景)

图4-36　楼兰LA古城东墙现状(作者摄影)

楼兰考古队基本认可了斯坦因的测绘结果,又稍做了纠正:北、南墙中部各有一段缺口,相互对应,似为两处城门所在;北墙暴露出厚0.8—1.2米不等的版筑夯土四层;南墙可见保留下来的夯土有五层,厚0.45—0.9米不等;东城墙可见夯土四层,厚0.7—0.95米;西墙可见夯土三层,厚0.15—0.7米;西墙中部北端有东西错列的土墩两个,似为瓮城遗迹。从各面城墙夯土层厚薄不等的现象分析,此城是多次分筑而成的。

黄盛璋先生曾根据调查报告的描述,认为楼兰LA、LE古城甚至西域地区大多数古城的修筑方法是一样的,[①]实未能注意其细微差别。事实上,楼兰LA与LE古城城墙虽然都是就地取材、以砂土和红柳枝为原料,但修筑方式存在较大差别。如前所述,LE古城与河西汉塞的修筑方式较为接近,应是夯土与红柳枝层交叠版筑而成,分层均匀,墙体坚固。而LA古城土层厚度不均,显见修筑得十分粗糙。王炳华先生曾在文章中特别指出这一点:"笔者曾多次对楼兰城墙细作观察,可以肯定说,它'绝非夯筑',并不是如疏勒河一带长城所见一层芦苇、一层土,十分有序的形象,而明显是垛土筑墙的成果。垛泥层厚薄不一,厚度分别有15、45、60、70、80厘米,真正是厚薄不均。土层之间,一些地段,可以看到夹杂红柳、芦苇,但并不见平均铺展。正因如是粗率,难经长期东北季风吹蚀,所以保存甚差。进入楼兰遗址之中,不仔细搜寻、观察,一般都难见到古城墙痕迹,其原因正在于此。"[②]

对于王炳华认为LA古城"绝非夯筑"的看法,我们经过实地考察后认为,该城墙确实并非如楼兰考古队所描述的"夯土版筑"。中原的夯土版筑技术在西域无法完全按照原来层层夯实的方式来实施。西域地区土壤含砂量大、黏性较差,很难直接夯打成形,必须加入树枝、苇草一类植物作为筋骨。砂土层和植物层交替叠放,每增加一层必然会经过压实的处理,这种处理完全不能与中原的以夯具进行夯打的技术等而视之,而应称之为"堆筑"更为合适。这种方式是西域地区土著城墙修筑技术的特色,尼

① 黄盛璋:《楼兰始都争论与LA城为西汉楼兰城总论证》,收入任继愈主编:《国际汉学》第二辑,郑州:大象出版社,1999年,第43—44页。

② 王炳华:《罗布淖尔考古与楼兰—鄯善史研究》,收入朱玉麒主编:《西域文史》第五辑,北京:科学出版社,2010年,第8页。

图 4-37　圆沙古城城墙、尼雅南方古城南墙及城外居址

雅南方古城的发现者称之为"淤泥垛积",即强调了其与中原的"夯筑"技术之间的差别。克里雅圆沙古城、楼兰咸水泉古城都是采用这种方式修筑而成。

　　最近,新疆文物考古研究所对咸水泉古城的墙体进行了解剖发掘,使我们可以更清晰地了解这种城墙修筑方法。咸水泉古城使用的材料有胶泥块、沙土、胡杨木柱、红柳枝、罗布麻、芦苇等。古城修筑前,将墙体基础部分的地面修治平整,局部采用减地法下挖。墙体基础中顺墙体方向栽立有三排"Y"字形木柱,两"Y"字形木柱间顺向插立细木柱,共同构成墙体的"筋骨",外排木柱距中排木柱 1.2—1.5 米,底部填充沙土;中排木柱距内排木柱 1—1.2 米,底部垒砌填充胶泥块。墙体上部横向、顺向铺放红柳枝,一层层交叉垒放至顶部。"Y"字形木柱直径 20 厘米左右,间隔 2.8 米。从生土至"Y"字形岔口的距离为 1.1 米,岔口向上伸出部分多已被风蚀,现残存部分长 20—40 厘米不等。"Y"字形木柱根部埋入柱洞中,柱洞深 50 厘米,直径 25—35 厘米,在木柱外壁至生土坑壁之间夹塞碎胶泥块填充加固。两根"Y"字形木柱之间顺向栽立的小木柱粗细不一,直径 5—12 厘米,数量 15—24 根不等。小木柱根部处均削尖,有的直接插入生土中,有的掏挖小的柱洞后埋入。"Y"字形木柱的岔口均位于同一水平面,以便于顺向搭置木柱,作为横梁。横梁木柱都非常直,长 3.2—5.7 米,直径 15—20 厘米不等。三种木柱的质地均为胡杨。在外排木柱、

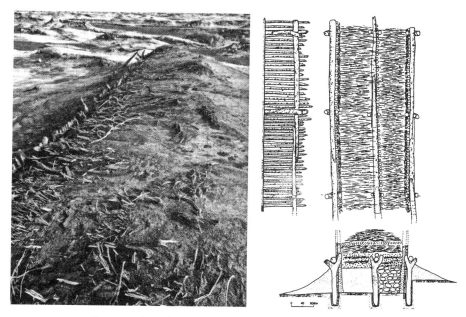

图4-38　咸水泉古城西南段墙体顶部、平剖面与侧视图

内排木柱的内侧,紧贴木柱顺向夹塞用红柳枝编制呈辫状绳子捆扎的罗布麻束,由底至顶部。罗布麻束宽10—15厘米,既可防止大风掏蚀墙体,又阻止了墙体中的流沙、胶泥块、红柳枝等向外滑落,起到了防风固沙的作用。

　　另外,土坯技术也在城墙的修筑中被应用,如楼兰LK古城主要是砂土与红柳枝交叠,同时有部分墙体是以土坯垒砌,似是后来修筑的;圆沙古城在墙体外用土坯包砌;营盘古城也有用土坯修补的现象。墙体使用不同修筑方法,可能相较于夯土,土坯主要是小规模的使用。除修补城墙外,土坯还更多地应用于建筑中,如LA古城三间房遗址、LE城内北部墙基等即为土坯修建。烽火台和规模不大的障城也较多使用土坯,前者底宽5—10米,后者边长20—70米,也可被视为建筑。如前所述,在河西汉塞的障城和烽火台中,土坯就被大量使用。在有些情况下,使用土坯似乎表示建筑的规格较高。如楼兰LA古城三间房,显然是整个遗址的中心。居延地区破城子遗址即以土坯夹芨芨草垒砌,作为甲渠候官治所,用土坯修建,相较一般

图4-39　LK古城东墙(内侧)结构

图4-40　楼兰LA古城三间房遗址(作者摄影)

的塞墙显得更为精致。[①]楼兰LF戍堡整体和城门内依墙而建的两个房间则都以土坯修建。若羌且尔乞都克城墙也是以土坯修建，似乎表明其特殊的规格。此外，很多佛塔也是以土坯修建，以凸显其高大庄严，如楼兰LA城内东北大佛塔和尼雅遗址中部的大佛塔。

2. 平面形制、城墙朝向与城门结构

中原地区多采用方形平面形制。这首先是与其筑城技术直接相关的，由于使用版筑法，每段板长达几米，作直角形曲折比较容易，围成圆形就比较困难。其次，中原古城多采用方形平面也与中国传统的"崇方"观念相关。成书于战国时代的《考工记》载："匠人营国，方九里。"崇方思想在中国古代城址中有着源远流长的传统，中原地区新石器时代较晚阶段的城址已有很多是方形或近方形者，到战国时代方形城址已经较为普遍。但作为一种城制，方形平面的城市则形成于西汉时期，有汉一代流行的城制，从都城到各郡县治城、乡城，乃至北方长城地带的边城，绝大多数都采用了方形平面。[②]远赴西域屯田戍边的中原将士在修建各类治城、屯城时亦不例外地采用了方形城制。

从实地考察来看，方形平面的古城四面墙体保存状况存在差别。一般来说，与盛行风向保持一致的城墙保存相对较好，而垂直于盛行风向的城墙则由于风的侵蚀力度大而被严重破坏。日本学者相马秀广通过对卫星照片的判读指出："在楼兰地区，从地形以及城墙与雅丹（强风）方向的关系上，LA、LK、LL与LE的城市建设基本计划布局是不同的。"[③]比较可知，LE古城的城墙方向基本上是坐北朝南，略偏离正方向8—9度；而LA、LK和LL三座古城的城墙朝向则与正方向偏差较大，存在有25—30度的夹角。城墙朝向的差别揭示了盛行风向的不同，即二者分别建造于不同年代。值得注意的是，前者与居延地区汉代城址保持一致，K710、K688、BJ2008及附近诸多大小城址均符合这一规律，这将LE古城的年代指向了修筑居延汉

① 甘肃居延考古队：《居延汉代遗址的发掘和新出土的简册文物》，《文物》1978年第1期，第1—3页。

② 刘庆柱：《汉代城址的考古发现与研究》，收入《远望集——陕西省考古研究所华诞四十周年纪念文集》（下），西安：陕西人民美术出版社，1998年，第548页。

③ （日）相马秀广：《塔里木盆地及其周边地区遗址的布局条件》，《中国文物报》2004年10月22日第007版。

图 4-41　居延 K710 与 K688 平面图

塞的西汉时期。城墙朝向与正方向较为接近的方形古城还有小河西北古城、安迪尔小戍堡、廷姆古城、若羌且尔乞都克古城等，它们或许均始建于西汉时期。

与汉式方城不同，西域土著城郭在建造初期并无一定的平面规划思想，而多只是随形就势地将城址修建成为一个闭合的空间，自然地呈现为不规则圆形。克里雅圆沙古城即这类城制的实例。而随着测量技术的提高，人们有意识地将城墙建造成较为规则的圆形或椭圆形，如尼雅南方古城、咸水泉古城、麦德克古城。若羌孔路克阿旦古城则是将多段平直的墙体连接成多边圆形，显然是营建者有意为之。而营盘古城则呈现为正圆形，表明测量技术已有了较大的进步。

同时，由于处于沙漠边缘的地理位置，防御风沙的需要使得人们倾向于将城址修建为圆形或椭圆形，有利于更好地防御风沙。这种需要不仅表现在古城的平面形制上，而且反映在聚落及其内部建筑物与各种设施的布局上。

另外，中亚地区农牧交错地带在斯基泰时期（公元前一千纪）修建了许多圆形古城，可能是出于军事防御的需要而出现，很多古城城墙厚重、并附带有堑壕、堡垒、望楼、射击孔等设施。[1]中亚流行圆城这种平面形制，也许在一定程度上对西域土著城郭产生了影响。

城门结构亦是区分西域汉式城址与土著城址的一个重要指征。在汉王朝支持下建造的西域城址，大多含有军事性质，因此很多方形城址的城门处修建有瓮城，以增强防御性。瓮城在河西汉塞十分流行，往往呈"L"形，甲渠候官障城、K710均是如此。这种瓮城在安迪尔小戍堡保存得最为完好，而汉式城址特点最为突出的LE古城并未见到。斯坦因推测LA古城西门外的两个土墩可能原来是瓮城，但不能确认。

坐落于且末奥依亚依拉克乡的苏堂古城，平面方形，边长58米，城墙与正方向偏离15度，底部宽3米，残高2米，墙体夯筑，夯层较厚但疏松，中含泥块，厚50—80厘米不等，夹一层红柳枝。城门开在南墙中部，外有长方形瓮城。城南30米处还有两处建筑遗迹，见有一些厚30厘米的夯层块和许

---

① 陈晓露：《中亚早期古城形制演变考论——从青铜时代到阿契美尼德王朝时期》，《西域研究》2019年第3期，第119—129页。

图 4-42　苏堂古城平面及全景图

多土坯残块,完整的土坯尺寸为50厘米×28厘米×9厘米,有的上面还有花纹图案。地表见炭粒、毛布残片、残木梳、夹砂红褐陶片等。巴州文管所将该古城的年代定在东汉至唐代。[①]从平面形制与南城门外的瓮城来看,这无疑是一座汉式城址,军事色彩突出,年代或可早至汉代。

土著城郭则大多采用"过梁式"城门,以大木料连接成长方形通道式框架。喀拉墩古城在斯坦因1901年调查时,城门仍保存得很好,门道高于城墙顶部近30厘米,中央通道宽3米左右,两侧还各有一条1.5米的边道,中央通道入口处有两扇大木门,门板厚约90厘米,以粗大的横木加固。通道的隔墙由木框架构成,两侧竖立成排的木柱,外面曾经覆盖灰泥层。通道顶部有并排纵向支撑门顶的大柱子,上面先铺一层薄薄的芦苇用作灰泥的衬背,芦苇层上面放置一层密实的胡杨枝,其上再覆盖一层厚约45厘米的抹泥。斯氏认为,该门道与两侧城墙顶部均有第二层建筑。[②]

尼雅南方古城的城门位于南墙中部,平面呈长方形,东西宽3.2米、南北长约6.5米,四面分别以大木作为地梁,其上以榫卯连接立柱。外侧见四

---

① 新疆维吾尔自治区文物局编:《新疆维吾尔自治区第三次全国文物普查成果集成:新疆古城遗址》(上册),北京:科学出版社,2011年,第48—50页。

② M. A. Stein, *Ancient Khotan: Detailed Report of Archaeological Explorations in Chinese Turkestan*, vol. 1, Oxford: Clarendon Press, 1907, p. 447.

块长方形枋木,估计为门槛用木。门位于中部稍靠前,已无存,仅见残门槛,内低外高呈阶梯状,内低10厘米,立门框的卯孔和插门轴的转孔均保存完好,由此可知门应为双扇式,向里开。整个城门遭火焚毁,上部情况不明,从地表现象看应属带门檐的过梁式一重门。[①]

圆沙古城东墙北端和南墙各有一座城门,其中南门规模较大,保存也较完好。城门两侧都有两排立柱,形成门道,南门的门框和用胡杨柱拼成的门板尚存。[②]

楼兰LK古城城门位于东墙,斯坦因1907年调查时,门道顶部以及邻接墙体的部分已经被侵蚀毁坏,底部两侧残存各残存1根约6.7米长的粗大地栿,其上各立有9根木柱,形成门道,门道高、宽均达3米多,靠近入口处用一根横木相连,门道最外端保留着2扇厚重的木门,每扇宽约1.5米,门板厚约8厘米。[③]

楼兰LA古城的城门均已残毁。斯坦因认为,西墙仍残留的两段墙体之间应是西门所在,地上还散落着许多粗重的大木料,他判断西门也采用了与喀拉墩一样的过梁式城门形制。[④]相比之下,LE古城的城门位于南墙正中,宽约3米,极少有建筑木材遗存,应该未采用这种过梁式城门。

3. 建制规模

如前所述,有汉一代形成了方形平面的城制。出于军事防御和政治管理的需要,西汉时期修建了一大批城市,成为中国筑城史上继战国之后的第二个高峰,其中包括北方长城沿线的边城和西域地区设立的诸多大小城市。这批城市由西汉王朝决策、集中修筑,时代范围和目的功能都较为明确,因而必然表现出统一、鲜明的外部特征。除了筑城技术、形制结构外,我们另一个需要考量的因素就是城址的建制规模、大小尺寸。

---

① 中日日中共同尼雅遗迹学术考察队:《中日日中共同尼雅遗迹学术调查报告书》第二卷,乌鲁木齐/京都:中日日中共同尼雅遗迹学术考察队,1999年,第133—136页;林梅村:《尼雅96A07房址出土佉卢文残文书考释》,《西域研究》2000年第3期,第42—43页。

② 中法克里雅河考古队:《新疆克里雅河流域考古调查概述》,《考古》1998年第12期,第33页。

③ M. A. Stein, *Innermost Asia: Report of Exploration in Central Asia Kan-su and Eastern Iran*, Oxford: Clarendon Press, vol. 1, 1928, p. 186.

④ M. A. Stein, *Serindia: Detailed Report of Explorations in Central Asia and Westernmost China*, Vol. 1, Oxford: Clarendon Press, 1921, p. 387.

图 4-43　喀拉墩古城、尼雅南方古城城门遗址

图 4-44　圆沙古城南门、LK 古城东门

　　事实上,自古至今,凡筑城这类大规模工程行为,必存在一定的规划,也必合乎当时的尺度、遵循各自的等级,而非随意为之,此是常理,古今同一,不独汉代如是。只是,研究者多早已指出,汉代是中国作为一个中央集权的帝国走向规范化、制度化的时期,其等级制度尤为森严有序,社会生活方方面面都有着严格的规制,次序井然。筑城是实施郡县制、体现中央意志的国家行为,无疑应更加讲究规格、突出秩序。于志勇先生对甘肃、内蒙古地区不同等级、不同类型的城障遗址资料进行了统计,指出西汉时期边郡烽燧、坞障、侯官治所、都尉府址、关塞等设施,其建置、大小、规制存在有等差和制度。① 魏坚先生也通过多年对居延地区实施考古调查和发掘的经验指出,汉代筑城,无论大小都有着严格的规制,同一性质共用的城址多采

---

① 　于志勇:《西汉时期楼兰"伊循城"地望考》,《新疆文物》2010年第1期,第67—69页。

取统一的标准。[①]

对汉代尺度,由于目前考古出土的尺子已积累了相当的数量,研究者已有较深的认识。按照平均值,同时考虑埋藏条件和测量误差,一般认为西汉时期单位尺的长度为23.1厘米。[②]根据这一标准衡量北方长城沿线的边城,障城基本为边长10丈的规制,而性质可能是县城、都尉府址或侯官治所的高一级城址,规模则在55丈—60丈。实际城墙的长度,由于测量的误差和千年来自然人为的损毁,可能与筑城时的尺度存在一些偏差。从考古发现来看,研究者均注意到居延地区三座汉代城址K710、K688和BJ2008与楼兰LE古城彼此表现出惊人的相似性。这几座古城不但均为有规制的方形,规模几乎相同,都在130米左右,而且城墙朝向也相差无几。相应的,城墙朝向和筑城技术与LE古城差别较大的LA、LK和LL古城,则似与西汉尺度不相符合,在河西地区也未有与其接近者。而与LE古城城墙特征相似的安迪尔小戍堡和小河西北古城,前者边长10丈,应是按照障城规制建造的,后者则边长100丈,规模较大而方正规整、尺度严谨,应是一处重要城址。

表4-1 居延与西域部分城址规模

城址名称	平面形制	城墙朝向	城墙长度(米)	约合汉代尺度
K710	方形	北偏东5度	东131米、西133米、南110米、北110米	47丈×55丈
K688	方形	北偏东13度	南北130米、东西127米	55丈×55丈
BJ2008	方形	北偏东11度	东124.6米、西123.3米、北142.2米、南145.2米	53丈×60丈
LE古城	方形	北偏东8—9度	南北122米、东西137米	53丈×60丈

---

① 魏坚、任冠:《楼兰LE古城建置考》,《文物》2016年第4期,第47页。
② 中国社会科学院考古研究所编著:《中国考古学·秦汉卷》,北京:中国社会科学出版社,2010年,第764页。

（续表）

城址名称	平面形制	城墙朝向	城墙长度（米）	约合汉代尺度
小河西北古城	方形	北偏东10度	边长220米	100丈见方
安迪尔小戍堡	方形	正方向	边长20米	10丈见方
廷姆古城	方形	北偏东10度	边长110米	47丈见方
LA古城	方形	北偏西28度	边长330米	
LK古城	长方形	北偏西33度	东163米、西160米、北87.5米、南82米	
LL古城	长方形	北偏西32度	东71.5米、南61米、西76米、北49米	

　　与汉代城制按照级别区分不同，土著城郭的大小显然由人口规模决定，特别是应与张骞首次出使西域即汉武帝时期诸国人口规模相适应，惜史书中未有详细记载，只是从《史记·大宛列传》中记载"楼兰、姑师小国耳，当空道，攻劫汉使王恢等尤甚"，而汉武帝派赵破奴"与轻骑七百余先至，虏楼兰王，遂破姑师"来推测，可知楼兰与姑师虽然"邑有城郭"，但规模必定很小，轻骑七百即将二国轻易攻下。

　　《汉书·西域传》较为详备地记录了西域诸国的户口，一般都有精确的数字。余太山根据同传中"自宣、元后，单于称藩臣，西域服从，其土地山川王侯户数道里远近翔实矣"之语判断，这些统计资料反映的是宣、元以后的情况，但统计户口的截止时间已经无从获悉。[①] 尽管如此，这些数据还是可以为我们了解土著城郭规模提供一定参考。兹将与本章关注范围内城址相关的国家摘录如下表所示。从表中可看出，户口数最多的两个国家依次是扞弥和鄯善，其次是山国和精绝，这个排序在城址规模上也有一定体现。

---

① 余太山：《两汉魏晋南北朝正史"西域传"所见西域诸国的人口》，《中华文史论丛》2001年第3期，第62—67页。

表4-2　《汉书·西域传》记载南道诸小国户口数

国　　名	户	口	胜　　兵
婼羌国	450	1 750	500
鄯善国	1 570	14 100	2 912
且末国	230	1 610	320
小宛国	150	1 050	200
精绝国	480	3 360	500
戎卢国	240	1 610	300
扜弥国	3 340	20 040	3 540
山　　国	450	5 000	1 000

表4-3　西域部分圆形城址规模

城 址 名 称	规　　模	周　　长
圆沙古城	南北330米、东西270米	995米
咸水泉古城	直径300米	942米
营盘古城	直径177米	556米
尼雅南方古城	南北185米、东西150米	530米
麦德克古城	直径40米	126米

三、城址的年代与性质

通过上文的讨论，结合文献记载和考古发现来看，我们对西域城址的认识已较为清晰，大致可以将其划分为两大类型。第一种类型是西域土著城郭，平面形制大多呈圆形，主要为西域各绿洲小国的首府，在功能上突出军事防御、更多作为行政中心即"王治"所在；城墙为黏土或垛泥"堆积构筑"而成，面积较小，周长一般不超过1 000米；城内构成要素大多较为简单，遗迹发现很少、不见生活用品，不具备手工业区、居民生活区等功能区，并不是为一般平民提供集中居住的处所，与中原或贵霜地区同时期一般意义上的"城邑"或"城市"不同;城外往往发现聚落遗址和灌溉遗迹,这是由绿洲灌溉农业的经济形态所决定的。圆形平面的形制应是从随形就势筑城自然发展而成为较为规则的圆形,兼之在沙漠地区采用圆形形制有利于抵御风沙的侵袭。另外,邻近的中亚地区,自然地理条件相仿,又有修筑圆形城址的传统,尤其是中亚农牧交错地带修筑了很多圆形城堡,其军事性、规划性较强,可能一定程度上影响了西域土著城郭。同时,西域土著城郭中也存在一定平面为方形的古城,数量较少,在功能上与圆形古城一致,可能是修建较晚、受到汉式方城影响而出现。

第二种类型城址是中原移民所筑的汉式城址,平面多呈方形,周正规矩,其有别于土著城郭的最大特点在于城墙的修筑技术。汉式城墙多采用夯筑并夹垫红柳枝的方式,其中使用版筑的墙体十分坚固,往往保存较好。这种技术应来自西北边塞,与河西汉长城的修筑方式一致,它们共同构成汉代军事防御设施的一部分。方形古城是中原的传统城址,是中国自古"崇方"思想的体现,它们主要作为军事据点和汉朝经营西域的行政管理机构。从城墙来看,部分汉式方城也借鉴了土著城郭的修筑技术。同时,有些方形古城未使用夹板夯筑,而仅是砂土与红柳枝层交叠堆筑压实,这类墙体的质量则相对略差,与夯土版筑者在城墙朝向和年代上亦存在差别。

在本章关注的城址中,咸水泉古城、麦德克古城、营盘古城、尼雅南方古城和圆沙古城均属于第一种类型。综合城墙修筑技术、平面形制、城门结构、出土遗物及与周围遗存的共存关系来看,这些城址无疑属于在张骞凿空之前就已存在的西域土著城郭。它们大部分应是《汉书·西域传》中提到的诸小国的"王治"。即咸水泉应为楼兰城、麦德克古城为姑师城、营盘古城为墨山城、尼雅南方古城为精绝城、圆沙古城为扜弥城,如前所述,这些城址的相对规模也与文献所记载的人口数量对比情况完全吻合。并且后三者已为前贤从历史地理学方面予以充分考证。

圆沙古城平面呈不规则圆形,周长995米,是上述西域土著城郭中面积最大者,一般被学术界认为是扜弥城所在。这符合《汉书·西域传》的记录,从人口和胜兵的横向比较来看,扜弥是西汉时期塔里木盆地南缘诸国中实力最强的,这两项指标的数据甚至超过了毗邻的大国于阗。值得一提的是,圆沙古城城内未发现东汉及以后的遗存,表明该城在东汉时期可能已经废弃。《汉书·西域传》中对扞弥城的记载最后有一句"今名宁弥"，意味着班固在写作汉书时该城已更名为"宁弥"，而国名改作"拘弥"，即如《后汉书·西域传》所载："拘弥国，居宁弥城……领户二千一百七十三，口七千二百五十一，胜兵千七百六十八人。"《续汉书》又称"宁弥国王本名拘弥"，可知拘弥实即国王之名。悬泉汉简中记录了汉宣帝时期两次接待该国使者的事件，但分别使用了扞弥和拘弥两个称呼，这表明该国更名之事就发生在宣帝年间。我们推测，宣帝年间扞弥发生了一次政权更迭事件，拘弥即新任国王，并同时实施了迁都，从扞弥城迁至宁弥城，而后者即今距圆沙古城东南41千米的喀拉墩古城。

喀拉墩古城平面呈正方形，边长75米，城垣高约8米，顶宽8米左右，用泥土、树枝混筑而成，墙顶上有木构建筑，东墙偏北处开有一过梁式城门，门道很长。城内房屋墙体采集芦苇的碳十四测年结果是距今2133±94年，约相当于西汉时期，与根据悬泉汉简推测扞弥于宣帝年间迁都的结论基本一致。喀拉墩古城很小，遗址整体规模也远远小于圆沙古城与其周边遗存，这也与两《汉书》所记东汉拘弥人口数相比西汉扞弥时大大缩减相吻合。值得注意的是，该古城以土著垛泥堆筑技法修筑，并建造本地风格的过梁式城门，但平面为正方形，且与正方向存在不到10度的偏差，这些却符合汉式城址的特征，应是营建新都时参考了汉式方城的做法。扞弥作为西汉时期的南道大国，是较早与汉王朝建立联系的国家，史籍中对二者间的往来也屡有记载，因此扞弥受到汉文化影响是十分自然的。[1]

咸水泉古城为近年最新发现，发掘者胡兴军先生很快正确指出了这座古城正是研究者苦苦争论和寻找的楼兰城，从而可以为这场经年历久的学术争论画上一个圆满的句号。该城址位于孔雀河北岸，正符合《汉书·西域传》对其"临盐泽、当空道"的记述。前文已指出，孔雀河中游沿岸烽燧与土垠东南方向的LJ烽燧已证明，孔雀河沿线正是塔里木盆地北缘的交通干路，因此汉朝在此修筑亭障予以守卫。前辈学者所作的相关历史地理考证已汗牛充栋，兹不赘述。值得注意的是，该古城平面为圆形，直径300米，规模不小，在上述诸土著城郭中仅略次于圆沙古城。对于楼兰城的人口规

---

① 陈晓露：《扞弥国都考》，《考古与文物》2016年第3期，第93—105页。

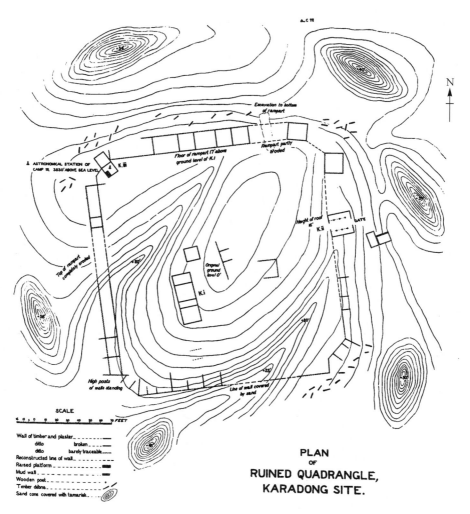

图 4-45　喀拉墩古城平面图

模，文献无载，但从楼兰能够"当空道"立国、负责为来往使者负水担粮之职、并能够在汉匈对立的形势下巧妙地周旋于二者之间来看，该国的规模应该为之不小。文献称其为"小国"，应该只是相对于汉王朝而言。而且，从鄯善的人口数来看，更名前楼兰拥有较大的人口基数和城址规模，这也是合理的。

　　麦德克古城被赫尔曼认为是注宾城,这一观点得到李文瑛的赞同。^①
然而,这个结论是从对文献的分析所得出的,并无考古学上的确证,而关于
"注宾城"的文献本身也存在许多争议,^②其建造年代尚未取得统一认识。^③
由于文献中提到了两个东汉时期的人物,注宾城的建造年代最有可能是东
汉。此外,注宾城是汉王朝屯田所建,无疑应是一座方城。

　　我们认为,麦德克古城可能是西汉时期的姑师城。姑师即西域三十六
国之中的车师,二者为同名异译,本来是罗布泊沿岸的一个绿洲王国。《史
记·大宛列传》载:"楼兰、姑师小国耳,当空道。……其明年(前108),击
姑师,破奴与轻骑七百余先至,虏楼兰王,遂破姑师。"由此可知,姑师邻近
当时的交通线,汉兵击姑师,先至楼兰,故姑师应在楼兰之西,符合麦德克
古城的方位。麦德克古城位于小河沿岸,这是沟通丝路南北两道的交通
线,地理位置相当重要,符合"当空道"之语。西汉破姑师后,姑师从罗布
泊北迁吐鲁番盆地,先分为车师王国和山北六国,汉宣帝时车师又分为车
师前国和车师后国。^④由此可知,姑师在罗布泊西岸时应为南道的大国之
一。文献所谓"小国耳"可能与楼兰同样,是指它相对于汉朝来说是小国,
并且其都城规模也很小,麦德克古城直径仅40米。姑师占据了丝路南北两
道通路,麦德克虽是都城,但主要作用是军事指挥中心,并不能代表其实际
控制的领地。在上一章中我们已经指出,楼兰古城城郊平台墓地的三座西
汉中晚期墓葬可能就属于姑师人。姑师实际控制的范围应是很大的,唯其
如此姑师北迁后才有足够的力量建立众多小国。据研究者考证,在公元10
世纪于阗使臣出使敦煌的报告——"钢和泰藏卷"中,麦德克这座西汉古
城也被提到,被称为"帕德克古城",尽管当时该城已经废弃,但无疑仍然是

①　(德)阿尔伯特·赫尔曼著,姚可崑、高中甫译:《楼兰》,乌鲁木齐:新疆人民出版社,
　　2006年,第121—129页;李文瑛:《营盘遗址相关历史地理学问题考证——从营盘遗
　　址非"注宾城"谈起》,《文物》1999年第1期,第43—51页。
②　章巽:《〈水经注〉中的扜泥城和伊循城》,收入余太山、陈高华等编:《中亚学刊》第三
　　辑,北京:中华书局,第71—76页;黄盛璋:《塔里木河下游聚落与楼兰古绿洲环境变
　　迁》,收入黄盛璋主编:《亚洲文明》第二集,合肥:安徽教育出版社,第21—38页。
③　李宝通:《敦煌索励楼兰屯田时限探赜》,《敦煌研究》2002年第1期,第73—80页。
④　余太山:《〈汉书·西域传〉所见塞种——兼说有关车师的若干问题》,收入氏著:《塞
　　种史研究》,北京:中国社会科学出版社,第215—217页。

塔里木盆地南北通道上的必经之地。[①]

孔路克阿旦虽也是圆形古城,但较为特殊,由多段直墙组成,平面较为规则,规模较小,出土物皆属魏晋时期,年代应较晚。且其城墙以土坯砌筑,尺寸与附近的且尔乞都克古城早期所用一致,城垣外还挖有堑壕,可能是拱卫且尔乞都克的一座军事小戍堡。后者一般被认为是鄯善都城扜泥城所在。

安迪尔还有一处圆形古城值得注意,即道孜立克古城,位于民丰县安迪尔河东岸。斯坦因在古城中的佛寺内发现了唐代汉文题记,因此称之为"唐代戍堡"。不过,他在报告中指出,唐代城墙的下面还叠压着早期遗存,城内还出土有写在木板和皮革上的佉卢文文书。斯氏认为其早期遗存即玄奘在《大唐西域记》中提到的"覩货逻故国"。[②]如前所述,这座古城西边约400米处的塔楼 E.Ⅶ,实为一处汉代烽火台,与米兰东北烽火台十分相似。如是,结合平面形制和周边的 E.Ⅶ烽燧来推测,道孜立克古城的始建年代可能也是西汉时期,只是后来一直使用到唐代,西汉遗存已不见。

新疆三普成果集成中刊布的道孜立克古城平面图为方形平面,但并未标注测绘者。[③]从图中看来,城墙并非直线走向,拐角处也无明确证据显示为直角。我们认为,该古城还应以斯坦因所测平面图为是,平面为圆形。城中出土有佉卢文文书的地层无疑是魏晋时期遗存。尼雅出土汉文木简中有这样一条记录:"去三月一日,骑马旨元城收责;期行当还,不克期日,私行无过[所]。"有研究者认为,元城意即"圆城",指尼雅附近某座圆形城寨,很可能就是安迪尔河东岸的道孜立克古城,也即佉卢文书第214号提到

---

① 林梅村:《敦煌写本钢和泰藏卷所述帕德克城考》,收入氏著:《汉唐西域与中国文明》,北京:文物出版社,第265—278页。

② M. A. Stein, *Ancient Khotan: Detailed Report of Archaeological Explorations in Chinese Turkestan*, vol. 1, Oxford: Clarendon Press, 1907, pp. 417–442; M. A. Stein, *Serindia: Detailed Reporat of Explorations in Central Asia and Westernmost China Carried out and Described under the Orders of H. M. India Government*, Oxford: Clarendon Press, 1921, vol. 1, pp. 270–292.

③ 新疆维吾尔自治区文物局编:《新疆维吾尔自治区第三次全国文物普查成果集成:新疆古城遗址》(下册),北京:科学出版社,2011年,第302—303页。

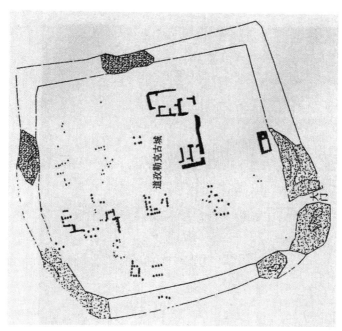

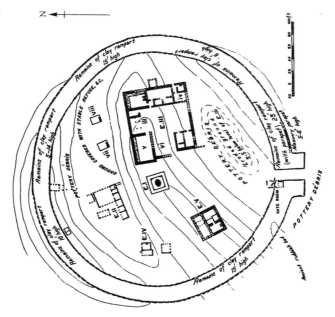

图 4-46　斯坦因测绘与三普刊布的遗孜勒克平面图

的鄯善国莎阇州与精绝州的交界城镇——累弥那。①

　　方形汉式城址则又可按照城墙修筑技术和朝向分为两组。楼兰LE古城和小河西北古城应为西汉时期修建，城墙修建得十分规整而坚固，朝向与正方向的夹角在10度以下，尺寸符合汉代规制；而LA、LK、LL古城为魏晋时期建造，城墙较为粗糙，平面形制不甚规整，朝向与正方向夹角在25—30度，不符合汉代规制。

　　楼兰LE古城可能是西汉最初在罗布泊地区屯戍之地所在。《汉书·西域传》载：楼兰"最在东垂，近汉，当白龙堆"。白龙堆即罗布泊东北盐碱化的雅丹地区，"近汉"可能即指当时的楼兰城（咸水泉古城），与西汉驻地LE古城距离不远。LE古城附近，今库鲁克山前的孔雀河尾闾地带，存在大片适宜农耕的区域可作屯戍。即便今天去实地考察，LE古城周边仍是罗布泊地区水草最为丰美之处。

　　1930年，中瑞西北考察团中方队员黄文弼先生在LE古城东北、孔雀河下游铁板河的尾闾地带发现了土垠遗址，出土了西汉木简70余枚。据考证，这处遗址就是其出土简牍中提到的西汉时期的"居卢訾仓"，传世文献简称为"居卢仓"。②土垠汉简中未见有关田作的记载；且其附近虽有丰富水源，但湖水为咸水、无法灌溉，仅西边孔雀河有淡水；加之遗址位于雅丹群中；因此土垠并不适于屯垦，仅仅是一处仓储之地。而居卢仓的粮食供应来源可能就是其西南方向的屯城——LE古城。

　　至东汉时期，孔雀河上游因筑坝而导致水源断绝，LE古城逐渐废弃，土垠遗址也因而被放弃。至魏晋时期，LE古城再度被启用，城内曾出土西晋泰始年间的汉文木简残纸。距此不远的LF古城，以土坯垒砌而成，出土文物多在魏晋时期，应是一处同时期的兵站。此外，LE城东北也发现有大量魏晋墓葬，其中包括罗布泊地区目前所见的唯一一座壁画墓，壁画上写

---

① 林梅村：《犍陀罗语文书地理考》，收入氏著：《古道西风——考古新发现所见中外文化交流》，北京：生活·读书·新知三联书店，2000年，第330—332页。
② 黄文弼：《释居卢訾仓》，《国学季刊》第五卷第二号，北平：国立北京大学，1935年，第65—69页；黄文弼：《罗布淖尔考古记》，北平：国立北京大学出版部，1948年，第105—112页；孟凡人：《楼兰新史》，北京：光明日报出版社，1990年，第60—83页；王炳华：《"土垠"遗址再考》，收入朱玉麒主编：《西域文史》第四辑，北京：科学出版社，2009年，第61—82页。

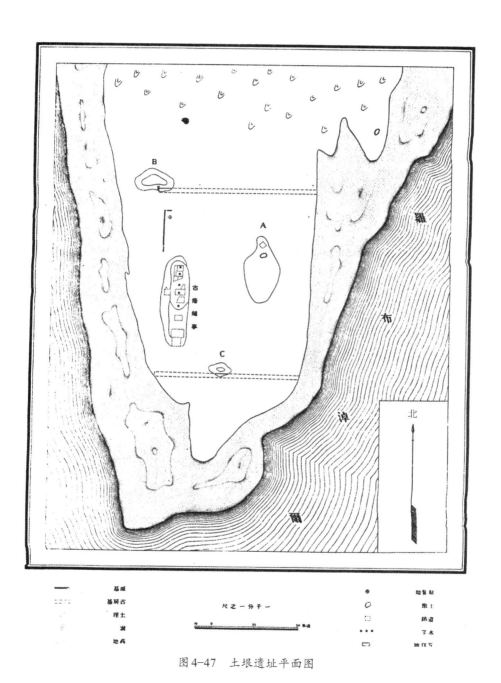

图4-47　土垠遗址平面图

有佉卢文题记,墓主人为一位身份较高的贵霜大月氏人,LE城的再度启用或与这些大月氏人移民有关。

于志勇先生认为,LE古城可能是史籍中的"伊循城",[①]似不确。伊循城设置的初衷是为保护鄯善王室,其选址理应距离国都扜泥城——且尔乞都克不远,而LE城的地理位置与此不符,距离太远。

小河西北古城和安迪尔廷姆古城可能是西汉卫司马治所和"精绝都尉"所在地。如前文所述,小河沿岸是连接南北两道的通路。姑师北迁吐鲁番之后,西汉必然会占据这条交通要道,驻军扼守。据《汉书·西域传》载:"宣帝时,遣卫司马使护鄯善以西数国。"同书《郑吉传》也载:郑吉"因发诸国兵功破车师,迁卫司马,使护鄯善以西南道"。《资治通鉴》将此事系于元康二年(前64)。在西域都护设置之前,"汉独护南道,未能尽并北道",卫司马就是南道的最高行政首领。我们认为,小河西北古城规模宏大、尺度严谨、城墙建造精良,占据重要地理位置,很可能就是郑吉任卫司马的治所。

2002—2007年,新疆文物考古研究所对小河流域进行踏查,在小河5号墓地周边发现一批遗址,其中许多遗址如XHY1、XHY4、XHY5等均发现了夹砂红陶或灰陶片,属于西汉时期。[②]这些西汉遗址显然与小河西北古城有共存关系。

在卫司马以下,西汉王朝又在"鄯善以西诸国"设置都尉来进行管理。卫司马设置以后,前文提到的"伊循都尉"应由原来令出敦煌改为受卫司马管理。除"伊循都尉"外,《汉书·西域传》中还提到鄯善国设"鄯善都尉"[③]、"击车师都尉",精绝国设"精绝都尉",小宛国、扜弥国设"左右都尉各一人"等。日逐王款塞、汉设西域都护"并护北道"后,都尉制度又扩展

---

① 于志勇:《西汉时期楼兰"伊循城"地望考》,《新疆文物》2010年第1期,第63—74页。

② 新疆文物考古研究所:《罗布泊地区小河流域的考古调查》,收入吉林大学边疆考古研究中心编:《边疆考古研究》第7辑,北京:科学出版社,2008年,第371—407页。

③ 斯坦因在尼雅发现的三件佉卢文木简上有"鄯善都尉"封泥,当为鄯善都尉的官印。马雍指出,该印(马氏读为"鄯善郡尉")被用作佉卢文简牍封泥,说明它已被废弃不用,既不代表这个官职本身,也不具有汉文字义,而是与希腊神像、花瓣纹图案同样只代表一种专用的花押。参见马雍:《西域史地文物丛考》,北京:文物出版社,1990年,第76—77页。

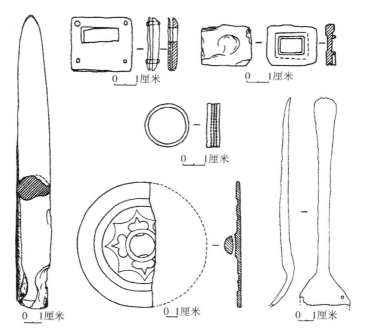

图4-48　小河流域遗址出土西汉器物

到了西域各小国之中,如皮山国、莎车国、疏勒国、尉头国、乌孙国等都设有都尉。悬泉汉简中有多枚木简记载了接待西域诸国使者的记录,① 年代多在宣元成三帝年间,这正是郑吉任卫司马以及后来任西域都护时期诸国与西汉王朝来往密切的反映。

其中,管理精绝国的"精绝都尉"应是卫司马时期设立的。安迪尔廷姆古城的规模略小于小河西北古城,或即精绝都尉的治所。而廷姆古城西侧400米的 E.Ⅶ烽燧和安迪尔大佛塔以南的小成堡则是精绝都尉的军事设施。1959年,考古工作者在民丰县收集到一枚炭精刻制的印范,印文为正书印刻篆字"司禾府印",研究者一直认为属东汉之物。② 事实上,该印范为桥纽,与新和县玉奇喀特城出土的"司禾田印"形制完全一致,与后者同出的还有西汉最后一任西域都护的"李崇之印""汉归义羌长印",③ 年代当为西汉。除"司禾府"外,尼雅西汉简牍中还可见"工室府""至府行"等语,④ 说明西汉曾在精绝国设有"府"这类行政机构,而这类"府"应即归精绝都尉管辖。

学术界一般公认,楼兰 LA 古城是魏晋—前凉时期西域长史治所所在。古城中心的大型土坯建筑——"三间房"遗址中发现了大量官方性质文书,年代集中在这一时期。从考古发现来看,楼兰 LA 古城中出土的最早的遗物为东汉时期,这说明人们自东汉起已在此居住,城郊平台 MA2 和孤台墓地属于这一时期的墓葬。不过,这一时期 LA 古城可能还尚不存在。结合其他城址来看,城墙朝向与正方向相差在25—30度之间的古城,其建筑年代可能在魏晋时期。可能这一时期当地盛行风向与西汉时期有所不同,因此城墙朝向有所变化。因此,LA 古城的发展应是从东汉时期开始起步,至魏晋时期达到繁荣。

楼兰 LA 古城出土文书中很多提到了"楼兰",因而很多研究者将楼兰

① 张德芳:《悬泉汉简中有关西域精绝国的材料》,《丝绸之路》2009年第24期,第5—7页。

② 史树青:《新疆文物调查随笔》,《文物》1960年第6期,第27页;贾应逸:《"司禾府印"辩》,《新疆文物》1986年第1期,第27—28页。

③ 新疆维吾尔自治区文物普查办公室、阿克苏地区文物普查队:《阿克苏地区文物普查报告》,《新疆文物》1995年第4期,第45—46页。

④ 林梅村:《尼雅汉简与汉文化在西域的初传》,收入氏著:《松漠之间:考古新发现所见中外文化交流》,北京:生活·读书·新知三联书店,2007年,第98页。

城定于此，但LA古城从未出土东汉以前的遗存，是这一说法的重要疑点。我们认为，如前所论，西汉楼兰城为西域土著城郭，在张骞到达之前就已存在，即孔雀河北岸的咸水泉古城；元凤四年尉屠耆迁都扜泥城之后，咸水泉古城废弃；东汉以后，LA古城兴起，人们将LA古城称之为"楼兰城"。据《水经注》记载："河水又东迳墨山国南，治墨山城，西至尉犁二百四十里。河水又东迳注宾城南，又东迳楼兰城南而东注。盖墢田士所屯，故城禅国名耳。"这条河道无疑是指孔雀河，"墨山城"即营盘古城。注宾城的位置仍有争议，未能确认。而这里的"楼兰城"指的应是此时的LA古城，即所谓"城禅国名"，沿用了原来的楼兰国名。至于"盖墢田士所屯"之语，或是指代文献中的"楼兰之屯"。据《后汉书·班勇传》载，东汉班勇曾"遣西域长史将五百人屯楼兰，西当焉耆、龟兹径路，南疆鄯善、于阗心胆，北扜匈奴，东近敦煌"，史称"楼兰之屯"。

据罗布泊科考队的考察结果，LA古城以东10余千米接近孔雀河的位置发现了大面积农耕遗迹，实地探查卫星图片显示存有"目"字形和椭圆放射状两种人工灌溉痕迹，干、支、斗、毛各种灌溉渠系依稀可辨。[1] 这无疑是当地曾进行大规模屯田的痕迹。一般来说，屯田是中原王朝在楼兰及西域地区政治、军事影响力的重要保障和支撑，因此西域长史治所周边必有屯田。这已经为LA古城出土文书中所证实，当时西域长史管理的屯田规模已十分可观。[2]

值得一提的是，关于"注宾城"，《水经注》还有一条记载：

（敦煌索劢）刺史毛奕表行贰师将军，将酒泉、敦煌兵千人，至楼兰屯田。起白屋，召鄯善、焉耆、龟兹三国兵各千，横断注滨河。河断之日，水奋势激，波陵冒堤，劢厉声曰：王尊建节，河堤不溢；王霸精诚，呼沱不流，水德神明，古今一也。劢躬祷祀，水尤未减。乃列阵被杖，鼓噪吹叫，且刺且射，大战三日，水乃回减。灌浸沃衍，胡人称神，大田三年，积粟百万威福外国。

---

① 方云静：《罗布泊科考：科学家不断揭开谜团》，《新疆日报（汉）》2010年11月16日第007版。

② 孟凡人：《楼兰新史》，北京：光明日报出版社，1990年，第140—153页；张莉：《汉晋时期楼兰绿洲环境开发方式的变迁》，收入邹逸麟主编：《历史地理》第十八辑，上海：上海人民出版社，2002年，第186—198页。

　　长期以来,学术界对于这个历史事件发生的时间和地点争论不休,被称为"楼兰考古最深奥的谜之一"。林梅村先生认为,这段文献中提到的王尊和王霸两个人在《后汉书》有传,都是东汉光武帝时的人物,因而他推断索励横断注滨河之事可能发生在东汉,或即班勇派到楼兰的部将之一,而LA古城就是"注宾城"。①这个意见值得参考。不过,由于注宾城本身存在争议,其与索励屯田之处以及LA古城三者的关系若何,尚有待于进一步的考古工作来推进。

　　特征与LA古城近似的LK、LL两座古城,建筑质量较差,平面不规则,城墙与正方向有较大偏角,结合周围有共存关系的LM、LR等遗址来看,其年代应在魏晋时期。从出土物来看,斯坦因在LK发现了带有铁柄脚的木制农具LK.iv.02,可能是刈割苇草的工具;房屋建筑的梁木所用木材也发现有人工种植的沙枣木和白杨木。这些表明LK古城附近曾从事农耕。从环境看,LK和LL古城之间有古河道分布,水源充足,土地肥沃,适于进行屯田。从地理位置看,LK古城在魏晋时期西域长史治所LA古城南偏西约50千米处,是当时规模仅次于LA的城址。在交通上,LK城是LA城—米兰—扜泥城的重要中转站。因此,LK可能是罗布泊西岸的一处屯城,LL性质相同,只是规模更小。

　　且尔乞都克古城是一座较为特殊的城址,遗址破坏严重,前人所做的工作较少,斯坦因的发掘也不充分。不过,尽管考古证据不足,但历史地理学考证已较为充分,学术界一般认为楼兰更名鄯善后的都城扜泥城就坐落于此。②

　　《新唐书·地理志》称:"石城镇,汉楼兰国也,亦名鄯善,在蒲昌海南三百里,康艳典为镇使以通西域者。"此外,敦煌出土的唐代写本《沙州图经》记载:"西去石城镇二十步,汉鄯善城,见今摧坏""石城镇……本汉楼兰国……隋乱其城遂废"。《沙州伊州地志》和《寿昌县地境》也有类似的记载。据日本学者池田温考证,这批敦煌地理文书中以《沙州图经》年代最早,写于公元676—695年,其他两个写本关于石城镇的记载抄自《沙州

---

①　林梅村:《楼兰国始都考》,收入氏著:《汉唐西域与中国文明》,北京:文物出版社,1998年,第286—287页;李宝通:《敦煌索励楼兰屯田时限探赜》,《敦煌研究》2002年第1期,第73—80页。

②　林梅村:《楼兰——一个世纪之谜的解析》,北京:中央党校出版社,1999年,第76—80页。

图经》。这里所谓"汉鄯善城"就是扜泥城。语言学家指出,鄯善得名于车尔臣河,在米兰出土的古藏文简牍中写作"Cercen"。果然如此的话,西汉元凤四年,傅介子刺杀楼兰王安归后,楼兰更名为"鄯善",其原因或即由于其都城迁至车尔臣河流域。

唐代石城镇与鄯善都城——扜泥城的关系在传世文献与出土文书中均有明确记载,因而可以信从。且尔乞都克古城晚期分布有以石块砌出棋盘状基址,是楼兰地区目前发现的唯一的一座石头城,无疑即公元7世纪中叶康艳典所建之石城镇。由此,鄯善国都扜泥城位置所在也得以确定,即且尔乞都克早期的土坯城。

根据《沙州图经》称汉鄯善城在"西去石城镇二十步""见今摧坏""隋乱其城遂废"等语判断,扜泥城在隋乱后被废弃,石城镇是在毗邻扜泥城以东二十步处修筑。汉唐度量衡的一步相当于六尺,唐代一尺约合30厘米,二十步约合36米。由此来看,孟凡人对且尔乞都克的观察,认为其是两座毗邻的城的看法,比较符合唐人的记录。

从平面图来看,且尔乞都克的城墙朝向与正方向偏离不大,存在西汉时期始建的可能,但由于一直未停止使用,早期遗存依然不见,最初的筑城方法也已不得而知。使用土坯的部分可能是魏晋时期修筑的,贝叶及纸文书、泥塑佛像、壁画等为同一时期遗物,这代表了扜泥城的年代下限。

林梅村先生发现,1908年日本大谷探险队成员橘瑞超在若羌县附近发掘并征购到的古物中有一组汉代陶器,它们很可能出自且尔乞都克古城。这组陶器共四件,均为泥质灰陶,现为首尔国立中央博物馆藏品,在博物馆目录说明中被记录为一件博山炉、一件三足香盒和两件三足砚。博山炉出现于西汉中期,早期造型较为复杂,装饰精美;西汉末到东汉时期发生明显变化,炉体以锥形为主,博山形炉盖造型趋于简化,并逐渐变小,炉身已与炉柄融为一体,多数炉柄较粗,炉座为圈足,并增加了承盘,以山东平阴新屯汉画像石墓M1所出酱色釉陶东汉博山炉为代表。[①]韩国首尔国立中

---

① 孙机:《汉代物质文化资料图说》,北京:文物出版社,1991年,第358—364页;惠夕平:《两汉博山炉研究》,山东大学2008年硕士论文;济南市文化局文物处:《山东平阴新屯汉画像石墓》,《考古》1988年第11期,第970页。

图 4-49　若羌出土汉代陶器

央博物馆所藏若羌出土的博山炉,炉体呈锥形,炉盖极为简约,仅有镂孔装饰,炉柄粗短,与炉身合为一体,下有承盘,与山东平阴所出博山炉形制相近,为典型的东汉博山炉。

　　韩国国立中央博物馆藏另两件若羌出土的三足陶器,似非香盒与砚,而是陶奁与承旋,在东汉画像石中十分常见。陶奁实物在洛阳烧沟汉墓中多有出土,有盛梳妆用具和盛食用品两种用途。[①]研究者指出,同形制器物

――――――――――――

① 洛阳区考古发掘队:《洛阳烧沟汉墓》,北京:科学出版社,1959年,第130—133页。

也被用作酒器,称为"樽",铜制、玉制、陶制均有发现。[①]承旋为承托奁或樽之用,常与其配套而出。旋,当为"檈"字之假,即圆形托盘。如故宫博物院收藏的一件鎏金青铜樽,制造精良,器下有承托圆盘,盘口自铭:"建武廿一年(45),蜀郡西工造乘舆一斛承旋⋯⋯"[②]故知若羌所出陶器即此类陶奁或樽及承旋。这组陶器也证明,且尔乞都克古城至少在东汉时期已经存在。

扜泥城位置的确定使得伊循城的地望问题得到解决。伊循是西汉时期经营西域的一个重要据点,在传世文献和出土简牍中均可见到不少记录。研究者充分肯定了伊循屯田对于汉朝经营西域的重要战略价值,并对其性质、职官、起始时间、行政隶属等问题进行了大量深入细致的研究,取得了丰硕的成果。[③]然而,令人遗憾的是,伊循的具体位置所在,迄今仍是一个悬而未决的问题,众多研究者说法不一,争议较大。事实上,对伊循城地望的认识,关涉对其性质的认定和筑城方式的理解。在西域筑城史上,伊循城是从土著城郭发展到土著圆城与汉式方城并存时期的典型代表,因此我们拟专设一节进行集中讨论。

四、伊循城的地望

伊循屯田设置的缘起,是傅介子刺杀楼兰王后,汉宣帝应鄯善新王尉屠耆的请求,《汉书·西域传》原文为:"王自请天子曰:⋯⋯国中有伊循城,其地肥美。"这里明确说到伊循城是在汉兵屯田之前就存在的。值得注意的是,文献中说到伊循时有两种提法,一是"伊循",二是"伊循城",一般认为两者同指一地,而后者似刻意突出伊循是一座"城"。如《汉书·冯奉世传》中"前将军增举奉世以卫候使持节送大宛诸国客。至伊脩城⋯⋯";

---

① 王振铎:《张衡候风地动仪的复原研究(续)》,《文物》1963年第4期,第1—6页;孙机:《汉代物质文化资料图说》,北京:文物出版社,1991年,第313—315页。

② 方国锦:《鎏金铜斛》,《文物参考资料》1958年第9期,第69—70页。

③ 孟凡人:《楼兰新史》,北京:光明日报出版社,1990年,第84—85页;李炳泉:《西汉西域伊循屯田考论》,《西域研究》2003年第2期,第1—9页;贾丛江:《西汉伊循职官考疑》,《西域研究》2008年第4期,第11—15页;张德芳:《从悬泉汉简看楼兰(鄯善)同汉朝的关系》,《西域研究》2009年第4期,第7—8页。

悬泉汉简中"伊循城都尉大仓上书▯"（II90DXT0114④：349）、"七月乙丑，敦煌太守千秋、长史奉憙、守部候修仁行丞事下当用者，小府、伊循城都尉……"（V92DXT1312③：44）等。由前文可知，楼兰是典型的西域土著城郭国家，即"邑有城郭"。在汉军进入前，楼兰国境内至少有两座城，一是楼兰城，二是伊循城。

　　鄯善时期伊循屯田的最高长官是"都尉"，受敦煌太守节制。但伊循都尉并非与屯田同步设置。宣帝在接受尉屠耆的建议之后，先是"遣司马一人、吏士四十人，田伊循以镇抚之"，隔了一段时间之后才"更置都尉"。据《汉书·百官公卿表》载："郡尉，秦官，掌佐守典武职甲卒，秩比二千石……景帝中二年更名都尉"，因此，此时伊循的规模必然远远扩大，职责除保护鄯善王室之外，无疑也是汉朝经营西域的重要据点。敦煌悬泉汉简、土垠汉简中称伊循都尉为"敦煌伊循都尉"，而且曾有敦煌太守派人取其印绶上交朝廷的记录，这说明伊循都尉由敦煌太守节制。西汉都尉可分为郡都尉、部都尉、农都尉、属国都尉、关都尉等多种。[①]据考证，伊循都尉兼具多种性质：从行政隶属关系上说应属敦煌郡的部都尉；也掌管一定鄯善当地事务，有属国都尉性质；此外还存在隶属中央大司农的屯田系统的职官，有农都尉性质。[②]这是西汉王朝在西域设置的第一个行政机构，意义非同一般。孟凡人、李炳泉二先生认为，伊循都尉的始设时间大致在汉宣帝地节二年（前68）或三年（前67），其说甚是。《汉书·西域传》中的"伊循官置始此矣"一句正是指此后伊循的官员由汉朝任命，而此前应是楼兰土著。

　　关于楼兰国时期的伊循首领，文献中未曾提到。居延汉简303.8简，出土于大湾遗址即汉代肩水都尉府遗址，简文经张俊民先生考证为："诏▯伊循候章文▯曰：持楼兰王头诣敦煌。留卒十人，女译二人，留守▯"。[③]从简文内容来看，大多数学者赞同将它与史书所记元凤四年之事联系起来，即汉使傅介子刺杀楼兰王后，伊循候章某奉诏持王头诣敦煌，此残诏遗留

① 陈梦家：《西汉都尉考》，收入氏著：《汉简缀述》，北京：中华书局，1980年，第125—134页。
② 李炳泉：《西汉西域伊循屯田考论》，《西域研究》2003年第2期，第1—9页；贾丛江：《西汉伊循职官考疑》，《西域研究》2008年第4期，第11—15页。
③ 张俊民：《汉简资料中与西域关联的两条史料再检讨》，收入白云翔、于志勇主编：《汉代西域考古与汉文化》，北京：科学出版社，2014年，第208—211页。

在居延。[1]在《居延汉简甲乙编》中，"伊循候"原被释读为"夷虏候"，后者不见于史书，张俊民先生根据较清晰的图版，认为应以《居延汉简释文合校》所释的"伊循候"为是。他粗略估算，楼兰到长安的文书往来至少需要35天，由此推断这条简文应是汉昭帝褒扬傅介子诏书的散简。张德芳先生提出，持楼兰王头诣敦煌一事发生在傅介子刺楼兰王后不久，"驰传诣阙，悬首北阙下"应是立竿见影之事，而彼时伊循尚未屯田，"伊循候"从何而来，颇为费解。[2]

在汉代职官系统中，"候"为低级军官。我们大胆推测，原伊循城在楼兰国时期可能就是一座军事性质的属城。楼兰与长安之间路途遥远，文书往返次数有限。宣帝在接到傅介子捷报的同时，也从尉屠耆处了解到伊循城的情况，随即依照惯例任命了这位伊循候，同时向他下达了送楼兰王首到长安的命令。尉屠耆请求伊循屯田的初衷是"得依其威重"，然而汉朝仅"遣司马一人，屯士四十人"。显然，宣帝应十分清楚，这区区数十人是难以起到威慑前王之子的作用的，而利用伊循城原来的军事力量，这一问题便可迎刃而解。值得注意的是，这位"伊循候"名为"章文□"，似是一位汉人。但居延简文中提到送楼兰王首的队伍中有"女译二人"，也有可能这位"伊循候"就是原伊循城的军事首领，是一位楼兰土著，因而需要翻译同行。

伊循城"更置都尉"后，依例仍设伊循候，掌军事戍守的职责。悬泉汉简中有"四月庚辰，以食伊循候傀君从者二人。"（II90DXT0215③：267）这是伊循候路过悬泉时的接待记录，大致为宣元时遗物。[3]据《汉书·西域传》记录，汉朝在西域都护管辖的诸小国中都设有"辅国侯"，或为专司军事的职位，伊循候的性质可能与此类同。

汉朝在西北边境经营屯田，一般都会因地制宜修筑屯城。屯田策略最早为汉文帝时期晁错提出。据《汉书·晁错传》载：晁错上书"不如选常居者，家室田作，且以备之，以便为之高城深堑，具蔺石，布渠答，复为一城

---

[1]　劳幹：《居延汉简考释之部》，台北：中研院史语所，1960年，第23页；陈直：《居延汉简研究》，天津：天津古籍出版社，1986年，第99页。

[2]　张德芳：《从悬泉汉简看楼兰（鄯善）同汉朝的关系》，《西域研究》2009年第4期，第7—8页。

[3]　张德芳：《从悬泉汉简看两汉西域屯田及其意义》，《敦煌研究》2001年第3期，第115—116页。

其内,城间百五十步。要害之处,通川之道,调立城邑,毋下千家⋯⋯臣闻古之徙远方⋯⋯然后营邑立城,制里割宅,通田作之道,正阡陌之界⋯⋯"明确提出屯田筑城的具体做法。这一策略虽然并未立即得以实施,但却奠定了西汉屯田的理论基础。汉武帝时期,桑弘羊上奏请在故轮台设立三校尉屯田,《汉书·西域传》载:"募民壮健有累重敢徙者诣田所,就畜积为本业,益垦溉田,稍筑列亭,连城而西",筑城与屯田密不可分。迄今为止,考古工作者在新疆地区已确认了大量汉代城址,平面方形,采用中原的夯土版筑技术修筑。尽管这些汉式城址具体与哪次屯田有关,尚有待于更深入的研究和更多的考古工作,但研究者一般赞同它们确是两汉不同时期修筑的屯城。

如前所论,伊循城在汉军屯田之前即已存在。因此,伊循城的最初形制应为土著城郭。不过,中原屯田将士来到后,是否又对伊循城进行了改建,文献中并未明确记载。汉宣帝首次派遣到伊循城的屯田将士仅有"司马一人、吏士四十人",且当时的主要任务仍是平定鄯善内部政局,或许未能修筑或改建屯城。从出土简牍来看,待汉朝的控制力度逐步增强后,伊循"更置都尉",屯田规模有了明显扩大:孟凡人推测"居卢仓的粮食储备主要靠伊循屯田供应";冯奉世护送大宛诸国使节,伊循城是途中重要一站;伊循都尉"宋将""大仓"均为汉人,不同于其他城郭诸国内臣职官系统中的常设职官"左右都尉"。从这些情况来推测,此时作为都尉治所的伊循城必有增筑,并且应该是按照中原筑城方式来修筑的。

伊循城的地望所在,从斯坦因开始,一百年来已经有多位学者进行过深入研究。于志勇将诸家学者的观点总结为位于若羌绿洲的"南道说"和位于罗布泊西北部的"北道说"。[①]由于伊循城的最初设置目的是应鄯善新王尉屠耆之请、保护其不受前王之子的威胁,其地望必然与鄯善国都扞泥城相距不远,以便就近威慑。

由上节可知,研究者多认为且尔乞都克古城是扞泥城。果真如此的话,那么伊循城"南道说"较"北道说"似乎更合乎事实。王炳华先生亦从扞泥城位置、尉屠耆时期鄯善政局、《水经注》相关记载舛误、米兰绿洲

---

① 于志勇:《西汉时期楼兰"伊循城"地望考》,《新疆文物》2010年第1期,第64—65页。

垦殖条件、考古出土材料等多方面展开分析,指出伊循就在南道的米兰绿洲。[①]楼兰国原本"民随畜牧逐水草",对农耕较为陌生,尽管伊循"其地肥美",但未能充分利用。尉屠耆在汉既久,了解到中原先进的农业耕作技术,因而能够提出屯田的建议,并且为了便于受到汉军保护,而将鄯善新都扜泥城迁至早已存在的伊循城附近。

"南道说"又分成两种说法,一是认为伊循城即米兰古城;二是认为伊循城在米兰古城西北。据敦煌写本《沙州都督府图经》载:"石城镇,东去沙州一千五百八十里,本汉楼兰国。……屯城,西去石城镇一百八十里,汉遣司马及吏士屯田伊循以镇抚之,即此城也。胡以西有鄯善大城,遂为小鄯善,今屯城也。"《新唐书·地理志》载:"又一路,自沙州寿昌县西十里,至阳关故城。又西,至蒲昌海南岸千里,自蒲昌海南岸,西经七屯城,汉伊循城也。又西八十里,至石城镇,汉楼兰国也。"冯承钧、黄文弼根据这两条文献认为,"屯城"与"七屯城"均指伊循城,即米兰古城。[②]林梅村则认为《沙州伊州地志》等唐代写本中提到的"在屯城西北五十步"的"古屯城"才是汉伊循城;米兰古城西北曾发现一处早于唐代的遗迹,应是伊循城所在。[③]

考古工作者在米兰古城之西发现有古代灌渠,干、支、斗渠布置合理,其间散布汉代陶片、五铢钱,无疑即汉代伊循开辟屯田的遗迹。[④]至于伊循城的位置,我们认为,唐人对汉城的分布情况应是比较清楚的,敦煌写本中明确记载"七屯城,汉伊循城也",不应轻易否定;传世文献与出土简牍皆强调伊循有城,且更置都尉后,伊循城屯田规模较大,是汉朝重要经营据点,其墙垣应较为坚固,不至于破坏殆尽。如是,则米兰古城是伊循城的可能性更大一些。

---

① 王炳华:《伊循故址新论》,收入朱玉麒主编:《西域文史》第七辑,北京:科学出版社,2012年,第221—233页。

② 冯承钧:《西域南海史地考证论著汇辑》,北京:中华书局,1957年,第25—35页;黄文弼:《罗布淖尔考古记》,北平:国立北京大学出版部,1948年,第28—29页。

③ 林梅村:《1992年米兰荒漠访古记——兼论汉代伊循城》,《中国边疆史地研究》1993年第2期,第12—18页。

④ 陈戈:《新疆米兰灌溉渠道及相关的一些问题》,《考古与文物》1986年第4期,第91—102页;王炳华:《丝绸之路考古研究》(增订本),乌鲁木齐:新疆人民出版社,2009年,第275页。

　　米兰遗址位于若羌县米兰镇以东7千米,为斯坦因于1906年最早发现并发掘。遗址由15处遗迹组成,米兰古城被编号为M.Ⅰ,平面呈不规则方形,南北宽约56米,东西长约70米,城墙残高4—9米,墙体下层夯土版筑夹红柳枝层,上层结构不一,或砌土坯、或土坯与草泥、红柳枝混用。城四隅有角楼台基,东、北、西三面城墙各有一个马面,南城墙向外突出部分较大,有防御设施。西城墙有缺口,或为城门。从斯坦因在城内房屋中发现的吐蕃文书来看,学术界一般认为,这座古城是吐蕃占领时期的军事戍堡。①

　　2010年,为配合文物保护,新疆文物考古研究所对米兰古城遗址进行了前期考古发掘。通过发掘了解到:米兰古城建在早期废弃的遗址之上;最早的墙体为夹板夯筑,夯块呈方形、边长为1米左右;现存东、南、西三面的夯块外侧砌有土坯,北部夯块内外两侧均有土坯;东墙外侧建有斜坡状护坡,系用土坯垒砌于早期城址的废弃堆积之上。城内房屋均为单层土坯横砌而成,大多不规则,房屋之间多有叠压打破关系,并均建筑于早期建筑废弃的堆积层上。城外东西两侧也发现有房屋遗迹,结构和建造方式与城内房屋基本相同,也叠压于早期废弃堆积之上。②

　　从墙垣来看,米兰古城无疑经历过多次修葺。吐蕃时期是古城的最后使用阶段,城内外房屋亦属于这个时期。墙体内外侧的土坯可能是魏晋时期增筑的,因且尔乞都克古城及其邻近的孔路克阿旦古城均流行使用土坯,年代在公元3—4世纪;米兰遗址其他遗迹也主要集中在这个时期,包括绘有壁画的两座佛寺。而米兰古城的年代上限或可早至汉代,即最下层夹板夯筑的墙体的建造年代,城内外房屋遗迹下可能叠压着汉代的堆积,而这与伊循城的年代范围存在重叠的可能。1989年,王炳华在米兰古城东南不到2千米处,发现一处居住遗址,占地约10万平方米,出土绳纹灰陶、西汉五铢、三角形铁镞等,其中陶器表现出三角状唇部特征,年代应大致在东汉后期—魏晋时期,可能也属于与伊循城同存时期的遗存。③

---

① M. A. Stein, *Serindia: Detailed Report of Explorations in Central Asia and Westernmost China*, Vol. 1, Oxford: Clarendon Press, 1921, pp. 346-348; 450-484.

② 国家文物局主编:《2012中国重要考古发现》,北京:文物出版社,2013年,第136—137页。

③ 中国科学院塔克拉玛干沙漠综考队考古组:《若羌县古代文化遗存考察》,《新疆文物》1990年第4期,第8—11页。

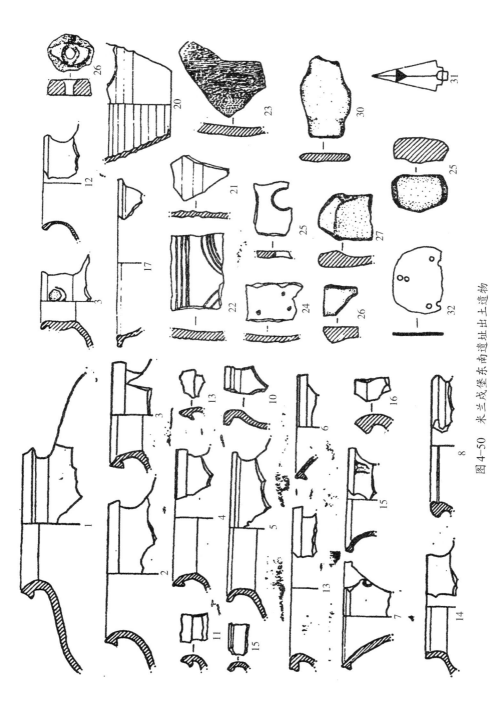

图 4-50　米兰戍堡东南遗址出土遗物

图4-51　米兰古城出土鎏金铜卧鹿

特别的是,当地牧羊人在米兰古城附近、灌区范围内曾采集到一件鎏金铜卧鹿,同类形象多见于北方草原的早期铁器时代文化遗存中,其年代不晚于汉代。王炳华认为,这件卧鹿与鄂尔多斯战国—西汉时期铜鹿造型相近,应与匈奴在此地区的活动有关。①

2014年,若羌考古工作者在米兰古城采集到一件管銎青铜斧,刃部较宽、呈新月形,斧头后部有心形镂空装饰,銎孔位于斧身中央,銎部与斧柄共同表现为一巨喙含珠的鹰首格里芬形象。乌克兰Kherson L'vovo的斯基泰古冢中曾出土过一件风格类似的铜斧,斧柄亦表现为鹰首格里芬,年代在公元前5世纪。刃部呈新月形的管銎战斧可能源于近东地区,公元前一千纪初在高加索地区的科班文化中流行。②据希罗多德的《历史》记载,在斯基泰时期,战斧是斯基泰人的主要武器之一,称之为"萨迦利斯战斧"。巨喙含珠的鹰首格里芬则是阿尔泰巴泽雷克文化中流行的动物纹形象。总体上,米兰战斧无疑反映了战国—西汉时期楼兰与北方草原文化的密切关系。

---

① 王炳华:《"丝路"考古新收获》,《新疆文物》1991年第2期,第23页。林梅村先生认为这件卧鹿属于吐蕃时期遗物,与匈奴无关。参见林梅村:《丝绸之路十五讲》,北京:北京大学出版社,2006年,第273页。

② Jonathan N. Tubb, "A Crescentic Axehead from Amarna (Syria) and an Examination of Similar Axeheads from the Near East", *Iraq*, Vol. 44, No. 1 (Spring, 1982), pp. 1–12; Catalogue of "From the Lands of the Scythians: Ancient Treasures from the Museums of the U.S.S.R. 3000 B.C.–100 B.C.(1973–1974)", *The Metropolitan Museum of Art Bulletin*, New Series, Vol. 32, No. 5, pp. 97–98.

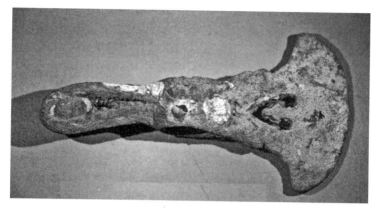

图4-52 米兰古城出土管銎青铜斧（作者摄影）

图4-53 乌克兰出土鹰首格里芬铜斧

鎏金铜卧鹿和鹰首管銎铜斧的发现，进一步证明了米兰遗址的年代上限可早至汉代以前，甚至可能是楼兰更名鄯善之前的伊循城之遗物。当然，这仅仅是推测，确切的结论还有待于进一步的考古工作去证实。

第五章　罗布泊汉晋时期日常生活

　　日常生活内容广泛,包罗万象,包括了人们的衣食住行等方方面面,这是认识过去、了解历史最基本的研究任务之一。近年来,史学界研究发展的特点和趋势之一,就是社会史和社会生活史研究的广泛展开。其中,考古学资料由于其具象性和实证性的独特优势,在这一背景下受到了研究者极大的关注,并推动了相关研究的长足进步。而罗布泊地区在保存日常生活的遗存方面具有得天独厚的自然地理条件,干燥的环境十分有利于古代文物、特别是有机质文物的保存。尤其罗布泊地区又处于丝绸之路的枢纽地带,这些实物资料也为揭示古代东西方文化交流提供了大量弥足珍贵的细节。当然,本章不可能对罗布泊汉晋时期日常生活的全貌进行描绘,在此仅选取若干案例,试图管窥东西文化交流历史之一斑。

一、文　字　书　写

　　自文字发明以后的历史中,以文字记录和传达信息逐渐成为人们最为重视的社会活动之一,无论是政治系统的运转,还是商业贸易的开展,乃至日常生活中的种种活动事项,文字信息的记录和传达都占据着独特的地位,发挥着重要的作用。在文字书写史上,纸的发明和应用是书写材料的一次重大革新,对于人类文化传播产生了不可估量的推动作用。考古发现已经证明,中国人在西汉时期就已经发明了纸。[①]东汉时期,蔡伦创造性地改进了造纸术,大大降低了造纸成本,使得纸和造纸术能够很快被传播开来,最

[①]　潘吉星:《从考古发现看造纸术的起源》,收入中国科学院自然科学史研究所物理化学研究室主编:《鉴古证今——传统工艺与科技考古文萃》,上海:上海科学技术出版社,1989年,第1—16页。

终传遍了世界各地。不过,纸在出现初期的很长一段时间之内,木质书写材料并未完全退出历史舞台,研究者将这段时期称为"纸木并用时代"。①众所周知,罗布泊地区由于特有的环境和气候条件,保存出土了大量汉晋时期的简纸文书,正为我们了解这一纸木并用时代提供了最为直接真实的材料。

按照所写文字,罗布泊出土的简纸文书可分为汉文和佉卢文两大类。罗布泊本地并无土著文字,我们对其语言也无从得知。由此可知,文字书写这一活动是由外部传播而来的,本地社会原来无论是政治管理、经济商贸还是日常生活,都并不诉诸文书的形式。东西方文化的传播将文字书写这种形式带到了罗布泊地区。

就目前的文书材料来看,罗布泊地区首先接受了汉字及其书写形式。楼兰、尼雅遗址出土了大量汉文文书,按照年代可分为西汉、东汉和魏晋三个时期。属于西汉时期的主要出自土垠和尼雅遗址。20世纪初,黄文弼在土垠发现71件木简,其中纪年简最早为黄龙元年(前49),最晚为元延五年(前8)。②据研究者分析,土垠汉简的年代上下限大致与西汉在盐泽一带开始列亭至西汉绝西域之时相当,约从汉武帝时期到王莽新朝后期。③这批西汉简主要反映这一时期西汉王朝对西域的统辖情况。尼雅汉简主要出自N.ⅩⅣ和N.Ⅱ两个遗址,其中大多为西汉简,东汉简可确定的只有两枚。④其中,尼雅N.ⅩⅣ遗址出土的一组西汉简牍(N.ⅩⅣ.ⅲ.1—2、3—9、10,林编718—726号),⑤录文为:

> N.ⅩⅣ.ⅲ.1:大子大子美夫人叩头,谨以琅玕致问(正面)/夫人春君(背面)
>
> N.ⅩⅣ.ⅲ.2:臣承德叩头,谨以玫瑰再拜致问(正面)/大王(背面)
>
> N.ⅩⅣ.ⅲ.4:王母谨以琅玕致问(正面)/王(背面)

---

① (日)大庭修著,徐世虹译:《木简在世界各国的使用与中国木简向纸的变化》,收入中国文物研究所编:《出土文献研究》第四辑,北京:中华书局,1998年,第8—10页。

② 黄文弼:《罗布淖尔考古记》,北平:国立北京大学出版部,1948年,第179—220页。

③ 孟凡人:《楼兰新史》,北京:光明日报出版社,1990年,第62—65页。

④ 林梅村:《尼雅汉简与汉文化在西域的初传》,收入氏著:《松漠之间:考古新发现所见中外文化交流》,北京:生活·读书·新知三联书店,2007年,第90—109页。

⑤ 林梅村:《楼兰尼雅出土文书》,北京:文物出版社,1985年,第88页。

N.XIV.iii.5：奉谨以琅玕致问（正面）/春君,幸毋相忘（背面）

N.XIV.iii.6：休乌宋耶谨以琅玕致问（正面）/小大子九健持（背面）

N.XIV.iii.7：苏且谨以琅玕致问（正面）/春君（背面）

N.XIV.iii.8：苏且谨以黄琅玕致问（正面）/春君（背面）

N.XIV.iii.10：君华谨以琅玕致问（正面）/且末夫人（背面）

　　这些木简应是精绝王公贵族相互送礼问候时所用的函札,正面写赠礼者、所赠何物,背面写受礼者。木简下端两侧有三角形缺口,用以系绳附在礼品盒上,这是战国至汉代中原地区流行的赠礼形式。"玫瑰""琅玕"是产自西方的宝石,"大王"和"王"当指精绝国王,"王母"指精绝王太后,"小大子"和"大子"当指精绝太子,"大子美夫人"则指太子妃,"夫人春君"似为精绝王妃,"且末夫人"似指精绝王妃是且末王之女。从木简涉及的人名来看,"休乌宋耶""九健持""苏且"明显是精绝土著,而"承德""春君"则显然是汉名。木简使用"玫瑰""琅玕"这类中原汉语名字来称呼作为礼物的宝石,显见书写者对于汉文化十分谙熟,或是王室成员左右有来自中原的知识分子存在。[1]考古工作者还在同一遗址中采集到秦汉时期小学字书《仓颉篇》的残片。[2]由此可知,早在西汉时期,汉文就已经成为了西域上层人士使用的文字。

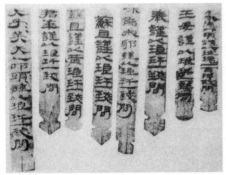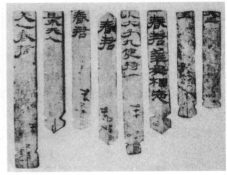

图5-1　尼雅N.XIV遗址出土西汉简牍

①　王炳华:《"琅玕"考》,收入氏著:《西域考古文存》,兰州:兰州大学出版社,2010年,第225—237页。

②　王樾:《略说尼雅发现的"仓颉篇"汉简》,《西域研究》1998年第4期,第55—58页。

汉字与简牍从西汉时期开始进入西域,随着中原王朝的经营,诸国与中原政权的关系日益加深,甚至有时被纳入中原王朝政治体系之中,进而采用汉字来书写官方文书。目前罗布泊地区出土的汉文文书中,数量最多的是魏晋文书,主要出自尼雅和楼兰地区。其中尼雅遗址 N.V 遗址中出土了63件西晋木简,其中很多是官方文书,如"泰始五年十月戊午朔廿日丁丑敦煌太守都"(林编706号)和"晋守侍中大都尉奉晋大侯亲晋鄯善焉耆龟兹疏勒"(林编684号)简等。

除上层人士外,汉字也逐渐为西域本地普通平民所了解和使用。楼兰各遗址出土汉文文书共700余件,均属魏晋时期,年代范围在曹魏嘉平四年(252)到前凉建兴十八年(330)之间。这些文书中,大部分是在楼兰戍边的中原将士留下的,但也有些是楼兰当地人所写。如楼兰LA古城发现的一件纸文书(LA.Ⅵ.ⅱ出土,林编427号),一面写有佉卢文,另一面则用汉文写有"敦煌具书畔毗再拜/备悉自后日遂"的字样。[①]显然,这是一位名为"畔毗"的楼兰人用汉语写的书信,这说明汉语和汉字已经通行于罗布泊地区。

佉卢文传入塔里木盆地是西域汉晋时期历史的重要事件,颇受学术界关注。大多数学者赞同,贵霜文化通过贸易往来和佛教传播等方式毋庸置疑在一定程度上对塔里木盆地的历史进程产生了重要影响。[②]英国学者布腊夫等人曾提出贵霜直接统治鄯善的说法,一度在学术界影响很大;[③]马雍和林梅村先生则认为流寓塔里木盆地的贵霜人是以难民身份到来。[④]据《出三藏记集·支谦传》记载:"支谦字恭明,大月支人也。祖父法度,以汉灵帝世率国人数百归化,拜率善中郎将。"美国学者韩森发现,尼雅出土的佉卢文书中记录的统治者名字大多来自当地土著语言,而书写者的名字则来自梵语,即书写者应是来自贵霜的犍陀罗人,而统治者一直是本地人。

① 林梅村:《楼兰尼雅出土文书》,北京:文物出版社,1985年,第66页。
② 陈晓露:《塔里木盆地的贵霜大月氏人》,收入吉林大学边疆考古研究中心编:《边疆考古研究》第19辑,北京:科学出版社,2016年,第207—220页。
③ J. Brough, "Comments on Third-Century Shan-shan and the History of Buddhism", *Bulletin of the School of Oriental and African Studies,* vol. 28, no. 3(1965), pp. 582–612.
④ 林梅村:《贵霜大月氏人流寓中国考》,收入中国敦煌吐鲁番学国际学术讨论会编:《敦煌吐鲁番学研究论文集》,上海:汉语大词典出版社,1991年,第715—755页。

从这一点来看,贵霜人确实可能是分批进入而非大规模来到塔里木盆地的,每批如《出三藏记集》所载为数百人规模。[1]

西域本地的土著语言,文献无载,它们自身也没有文字记录下来,我们现在已无从知晓。英国语言学家布罗曾提出,本地语言可能是吐火罗语的第三种方言;吐火罗语属于印欧语系,主要发现于丝路北道的库车和焉耆。[2]但是这一说法并未被语言学界广泛接受。

研究者注意到,在鄯善王国境内,楼兰、尼雅两个遗址均出土有汉文和佉卢文两种文书,但楼兰文书以汉文为主,而尼雅则以佉卢文为主。楼兰的汉文文书主要为汉人书写,内容也主要是汉人在当地的公私活动,较少涉及土著居民的事务。而尼雅的佉卢文则被土著居民接受,某种程度上可视为鄯善官方使用的文字。我们推测,佉卢文可能相较于汉文更容易被本地居民接受,或是贵霜进入塔里木盆地的移民中有更多适合承担书写者角色的人,因而尽管佉卢文到达鄯善比汉文晚,但却最终被采纳。不过,在书写材料和书写形式上,佉卢文都受到了前期到达的汉文的诸多影响。

图 5-2　尼雅遗址出土佉卢文长方形木简

佉卢文在中亚的主要书写材料是桦树皮、羊皮或贝叶,但在传入塔里木盆地以后,则改用了木质简牍作为书写材料,无疑是受到汉文竹简和木

① V. Hansen, *Silk Road: A New History*, London: Oxford University Press, 2012, pp. 25–55.
② Thomas Burrow, "Tocharian Elements in the Kharoṣṭhī Documents from Chinese Turkestan", *Journal of the Royal Asiatic Society*, 1935, pp. 667–675.

牍的影响。目前塔里木盆地发现的佉卢文简牍形制可分为楔形（Wedge）、矩形（Rectangle）、长方形（Oblong）、棒形（Stick）、标签性（Label）、Takht形和杂类，其中前三种发现的数量最多。[1]佉卢文简牍还借鉴了汉简中的"封检"形式。检，《说文解字》曰："书署也。"徐铉注："书函之盖三刻其上绳缄之，然后填以泥，题书其上而印之也。"楼兰、尼雅出土的许多佉卢文双简分为底牍和封牍，书写时先从底牍开始写，写不下的内容续写在封牍上，然后把两片木牍合起来，有文字的部分合在里面，再用绳索缠绕，最后加印封泥，形式与汉简中的"封检"几乎完全一样。[2]在内容上，佉卢文书中占比例较大的是国王谕令、籍账、信函、契约等经济法律文书这几大类，涉及政治管理、社会公共事务活动。[3]可以推测，在汉文和佉卢文进入之前，土著居民有自己的语言，但是没有文字，当地社会的文明化程度应是比较低的。文字的使用应对当地社会的行政管理、商业贸易等活动的运行效率提高有极大的推动。

鄯善在使用佉卢文的同时，由于与西晋政权的联系仍然十分重要，因此也需要使用汉文。如尼雅N. V遗址出土的一件汉文木牍，中间为封泥处，刻有三个线槽，封泥座上方有"鄯善王"字样，右边的一个残字沙畹推测为"诏"字，显然是一件具有官方性质的文书。

值得注意的是，楔形佉卢文木简的密封设置，除了在靠近底端的部位采用汉式"三缄其口"的方式外，在楔形尖端的处理，也颇费心机：在尖端部位往往凿出一个小孔，有的楔形简牍还保存下来绳子的一部分，应当与封绳有关，是另外一道密封设置，十分巧妙。[4]这种封缄技术应该是来自西方传统，见于阿富汗北部出土的大夏语文书。后者在20世纪90年代初由收藏家哈里里在文书市场上购得，年代属于4—8世纪，文书共计150余件，内容主要是各种商业文件。大部分文书写于羊皮纸或皮革上，使用类似的

① 莲池利隆：《佉卢文字资料与遗迹群的关系》，收入中日日中共同尼雅遗迹学术考察队：《中日日中共同尼雅遗迹学术调查报告书》第二卷，乌鲁木齐/京都：中日日中共同尼雅遗迹学术考察队，1999年，第245—259页。
② 王国维著，胡平生、马月华校注：《简牍检署考校注》，上海：上海古籍出版社，2004年。
③ 林梅村：《沙海古卷：中国所出佉卢文书（初集）》，北京：文物出版社，1988年，第31页。
④ M. A. Stein, *Ancient Khotan: Detailed Report of Archaeological Explorations in Chinese Turkestan*, vol. 1, Oxford: Clarendon Press, pp. 344–358.

封缄方式：文书写好后被卷起，用线绳缠绕捆好，绳结处覆盖封泥；如果是信函，封印旁还会写下地址信息；而契约、收据类经济法律文件则会抄写一式两份，底本在上，写好后被卷起，封泥多达3—5块，包括经手人和见证人的印章或指甲印痕；副本则在下，保持公开以供阅读。这种封缄形式起源于古埃及纸草文书，后被希腊罗马人传承。[①]阿富汗大夏语文书虽然年代较晚，但无疑与尼雅佉卢文楔形木简上使用的这种封缄方式具有一致的来源，即贵霜文化的传承。尼雅出土的佉卢文书中也有写在皮革和桦树皮上的，它们也采用了相同的密封方法，并也被楔形木简使用。

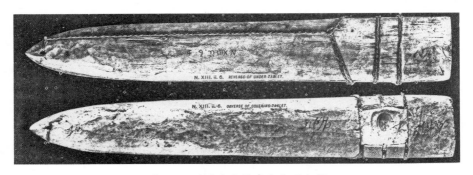

图5-3　尼雅出土佉卢文楔形木简

在书写材料方面，楼兰遗址出土的佉卢文书除了用木简，也与汉文文书一样使用纸张，这应是由于楼兰受汉文化影响较深所致；而尼雅遗址则几乎不见佉卢文纸文书。不过，即便在楼兰，绝大多数文书仍然采用木简的形式，即使是很重要的公文。刘文锁认为这说明纸张在西北地区仍属于珍贵的物品，除此之外可能还有保密的需要，纸张在使用上受到了严格的限制，以防止技术泄露。[②]韩森则发现，楼兰出土文书中，一般民间交易都用纸做记录，而戍堡的官吏则用木简，她认为这表明民间比官方更早使用纸张。[③]

---

① 罗帅：《汉、贵霜、罗马之间的贸易与文化交流》，北京大学博士学位论文，2014年，第155—156页。

② 刘文锁：《楼兰的简纸并用时代与造纸技术之传播》，收入吉林大学边疆考古研究中心：《边疆考古研究》第2辑，北京：科学出版社，2003年，第406—413页。

③ V. Hansen, *Silk Road: A New History*, London: Oxford University Press, 2012, p. 42.

营盘墓地1999年发掘的M59和M66，年代约在魏晋时期，两座墓葬出土的奁盒中都发现有佉卢文麻纸，李文瑛认为是被二次利用来做粉扑的。[①]M66奁盒中的佉卢文纸文书已经被释读，原是一封家书。[②]显见这一时期西域土著上层人士也了解到纸这一书写材料，并用于私人书信，但纸确实仍比较贵重，大多经过多次利用。新疆博物馆1959年在尼雅遗址发掘的东汉夫妻合葬墓中，也发现有一张麻揉成一团的麻纸，还经过染色。[③]这张纸出自一个黄绸小包中，包内还有朱粉少许，说明这团纸可能也是被二次利用作为化妆涂粉的工具。值得一提的是，1993年中日共同尼雅遗迹学术考察队在93A27遗址发掘出一个用毛绳捆扎起来的小包，原认为是羊皮佉卢文书，后打开经解读发现实为一件墨书的粟特文纸文书，内裹着黄褐色粉末，可能是植物籽实。这应是一封粟特人从河西或中原地区寄到西域的信件，后被当地人用来做包装纸。[④]由此看来，纸对本地人来说，除了书写还发挥着其他功用。事实上，也有研究者认为，纸在最初发明时就是用来包装而不是书写的。[⑤]

刘文锁先生指出，佉卢文的书写形式，虽然借鉴自汉文，但表现得较汉文简牍远为复杂，而汉文由于此时造纸技术早已得到改进、普遍采用纸张书写、故而木简这种书写方式已经衰落。另外，除简牍外，佉卢文也采用皮革、桦树皮等书写材料及其封缄方式，事实上是融合了中国内地与印度两种文化传统，并在当地发扬光大。这正是东西方文化在鄯善相互交流、又进一步本地化发展的结果。[⑥]

东西文化的交流与融合还体现在作为封缄处理重要组成部分的封泥上。在汉文化中，封泥与印章除了与西方类似的作为凭信的功能之外，更具

---

① 李文瑛：《新疆尉犁营盘墓地考古新发现及初步研究》，收入殷晴主编：《吐鲁番学新论》，乌鲁木齐：新疆人民出版社，2006年，第398页。

② 林梅村：《新疆营盘古墓出土的一封佉卢文书信》，《西域研究》2001年第3期，第44—45页。

③ 李晓岑、郭金龙、王博：《新疆民丰东汉墓出土古纸研究》，《文物》2014年第7期，第94—96页。

④ Nicholas Sims-Williams、毕波：《尼雅新出粟特文残片研究》，《新疆文物》2009年第3—4期，第53—58页。

⑤ V. Hansen, *Silk Road: A New History*, London: Oxford University Press, 2012, p. 15.

⑥ 刘文锁：《佉卢文的书写体系》，收入氏著：《沙海古卷释稿》，北京：中华书局，第15—53页。

有一重身份、权力的代表和象征的意义,特别是在重视等级、规制的汉代,不仅官印、私印具有明确的区分,而且不同等级的官印在形制上也有着严格的规定,印纽、印文都有明显差别。楼兰、尼雅地区出土了不少公私汉印,如土垠遗址出土"韩产私印"、楼兰 LA 古城出土"吉安阴游"木印、近年在楼兰古城附近采集的"张市千人丞印"[①]以及前述尼雅遗址出土"司禾府印"等,为我们了解汉晋时期罗布泊地区的汉人生活提供了鲜活的一手材料。在纸张普及以前,印章主要施之于简牍封泥之上,起到密封的作用。在官方文书中,在简牍封泥上钤印官印是必不可少的步骤。例如制作程序烦琐的封检,往往应用于具有法律效力的官方文书,封泥印记一般也是官印。

相较之下,与汉式文字印章不同的是,西方的传统则是图像印章,主要表现为人像、神像和一些动物形象,尼雅出土的佉卢文书中亦屡见不鲜。其中一些印章表现希腊罗马的人像和雅典娜、美杜莎等神像,带有古典艺术风格;另一些带有大象、三头神等形象,则表现出印度艺术风格;还有的表现动物图案,风格与本地出土的一些木印戳子[②]类似,可能是本地制造的;但它们都明显深受贵霜艺术的影响。[③]

而佉卢文书在借鉴汉式简牍作为书写材料的同时,也受到了汉式印章的影响。尼雅遗址出土了三件带有篆体汉字"鄯善郡印"的简牍,其中一件是土地买卖契约。[④]研究者认为,这种文字印也被本地所吸收和效仿。例如第 331 号佉卢文书,残留有一个带有佉卢文字的图像印章,文字内容为

---

① 吴勇、田小红、穆桂金:《楼兰地区新发现汉印考释》,《西域研究》2016 年第 2 期,第 19—23 页;吴勇:《楼兰地区新发现"张市千人丞印"的历史学考察》,《西域研究》2017 年第 3 期,第 41—48 页。

② M. A. Stein, *Serindia: Detailed Reporat of Explorations in Central Asia and Westernmost China Carried out and Described under the Orders of H. M. India Government*, vol. 4, Oxford: Clarendon Press, pl. XIX.

③ 刘文锁:《中亚的印章艺术》,收入中山大学艺术学研究中心编:《艺术史研究》第四辑,广州:中山大学出版社,2002 年,第 389—402 页。

④ M. A. Stein, *Serindia: Detailed Reporat of Explorations in Central Asia and Westernmost China Carried out and Described under the Orders of H. M. India Government*, vol. 1, Oxford: Clarendon Press, p. 230;马雍将其读作"鄯善郡尉",参见马雍:《新疆所出佉卢文书的断代问题——兼论楼兰遗址和魏晋时期的鄯善郡》,收入氏著:《西域史地文物丛考》,北京:文物出版社,1990 年,第 92 页。

1.美杜莎　2.鄯善郡印　3.大象

图5-4　尼雅遗址出土封泥

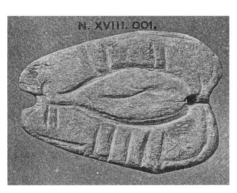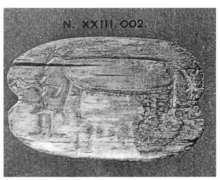

图5-5　尼雅出土木印戳

"kala Pumnabala之印",该印章在制作时并没有这圈铭文,而是在传到尼雅之后,受到汉式文字印启发而添加的。[1]

二、建　筑　家　具

西域地区古建筑总体特征基本一致,突出特点是除少量高等级房屋为土坯垒砌外,绝大多数采用了木构建筑,木材是房屋建筑的主干,辅助材料有

---

[1]　罗帅:《汉、贵霜、罗马之间的贸易与文化交流》,北京大学博士学位论文,2014年,第155—156页。

芦苇、红柳枝等。这是西域的自然环境所决定的。当地自然生产的树木主要是胡杨，其次是红柳，有些地方如尼雅遗址还人工种植了白杨和各种果木。由于木材相对比较容易获取，当地高温、干旱的气候又使得木材不易腐烂、变形，因而成为了首选的建筑材料。[①] 尼雅遗址规模相对较大，保存下来的建筑较多，这里以尼雅为例说明其具体结构，其他地区的建筑均与其大同小异。

　　房屋大都修建在坚固的沙质黏土丘阜上，地势较高。用大木料结成地栿埋入沙土中作为房基，这是沙漠地区古代房屋建筑的一大特点。一方面，地栿增加了与地面之间的受力面面积，克服了当地土质疏松的缺点，使墙基更为牢固；另一方面，屋墙可以通过榫卯结构直接联结在地栿上，使整个建筑浑然一体，增加整体的稳定性，有利于抵抗风沙的侵蚀。地栿的长度根据房屋布局而定，上、下两面均加工较为平整，向上的一面插柱构筑墙壁，底面则埋置于沙土之中。地栿之间的横向和纵向联结均采用搭榫方式相互结合。在房屋的拐角或是房屋隔墙下的地栿，除采用搭榫方式垂直联接外，在地栿的结合处还采用承重木柱竖直地以榫卯方式将两地栿固定，增加房屋的稳定性。

图 5-6　尼雅木结构建筑的地栿

---

① 　王宗磊：《尼雅遗址古建工艺及相关问题的初步考察》，《西域研究》1999 年第 3 期，第 67—72 页；李吟屏：《尼雅遗址古建筑初探》，《喀什师范学院学报》2000 年第 21 卷第 2 期，第 41—46 页。

　　使用地栿为房基,这一结构也决定了每个单元房间的形状必为方形或长方形,利于室内空间的分割和不同功能房间的组合。一般居住址由寝室、厨房、储藏室、廊道等几部分构成。从地栿的铺设可以看出,有些房屋是一次性加工设计而成的,显得布局合理、结构严谨;有些房屋则经过改建,增设房间的地栿大多较短小,与原地栿相分离,因而房屋布局较为松散,结构不尽合理。

　　建筑墙壁的基本筑造方式为"木骨泥墙"式:在地栿上以榫卯结构联结等距离的承重木柱,用于支撑房梁或屋顶,一般较粗大,截面呈亚腰形,两个侧面分别凿有凹槽,即"企口",用以安插木桯及红柳枝、芦苇等。承重木柱顶端与一横置的木梁榫卯联结。承重木柱之间中部横置木桯,两端呈楔形插入承重木柱侧面,木桯上下两个侧面与地栿、横梁之间则插入围护木柱。紧贴围护木柱的外侧横置芦苇或红柳枝,再用草绳或毛绳将芦苇或红柳枝捆绑在围护木柱上,最后在内外两侧分别抹以草拌泥,其厚度为3—5厘米,晒干后表面再涂刷白灰,有些建筑墙面还绘有装饰图案。此外,有些承重木柱的两侧还以斜撑木柱加固,分散其受力点,增加稳定性。

　　红柳枝和芦苇的使用方式有两种:有的以红柳枝结成股,再交叉编织成篱笆,称为"编笆墙";有的只以芦苇横置绑于壁柱上;有的综合使用这两种材料。红柳枝韧性强,芦苇既耐潮湿、又有很好的保暖性。

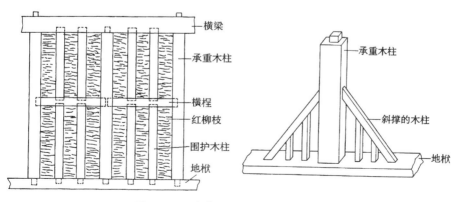

图5-7　尼雅建筑的木骨泥墙示意图

221

屋顶为平顶,也用苇草铺成。屋顶中部有用木棍搭成的天窗。跨度较大的房屋中央和天窗旁,立一根大木柱,配合各个墙角下的小木柱共同支撑整个屋顶的重量。木柱角下垫长方形的木柱础,以增加木柱的牢固性和受力能力。这种柱础因其形状类似斗,又被称为"斗形础",其构造为柱础的底部呈长方形,上部凿成半圆形,中心为安插木柱的榫眼。

图5-8 楼兰LB.Ⅳ中心柱

房门一般为单扇或双扇的转轴门,采用细腰嵌榫的方法将长方形木板组合而成,即在两块木板相对的侧面插入榫木使其连接,再用梢木将榫木与木板做垂直穿透来加固。门的一侧上下两端做出门轴,相应地在门框和门槛上分别凿有轴窝。有的门楣上还插入护口,将门轴穿过其中,使房门保持水平转动。房屋的窗户是木骨泥墙中围护木柱留出的空档。此外斯坦因在楼兰LB遗址发现了一些"透雕木板",上下都有榫头,应即窗格木。窗格的设计包括菱格纹和穿璧纹两种,前者可见于汉代明器中,后者常见于汉代画像石中,装饰性强,可能受到了中原文化的影响。

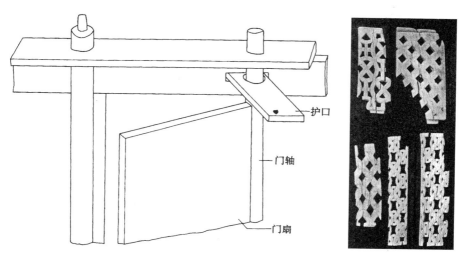

图5-9 尼雅木门复原示意图与楼兰LB出土窗格木

另外，一些建筑学者认为，西域木构建筑中已经普遍使用了"斗"，而"栱"的数量较少，但也有发现。我国古代建筑学中将"斗"从上到下分为斗耳、斗腰、斗底，三者高度比例为2：1：2，而西域实际发现的许多"斗"的比例正好与此相符。从"斗"的形状及作用看，多数"斗"应是放在柱子上作为"坐斗"（也称栌斗）使用的，除此之外，在N.V遗址还发现有柱头上置带榫眼的替木（类似短木枋）以及在柱头上置坐斗和替木的木构件组合。这些木构件在中原地区最早见于战国时期，它是斗栱的最初表现形式，其作用在于加固建筑材料的衔接点，加大柱头的支承面，缩短所承托构件的

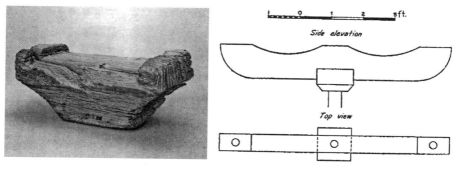

图5-10 尼雅出土木斗与尼雅N.Ⅳ遗址中心柱斗栱示意图

图 5-11　桑奇塔门浮雕中的椅子

净跨。斯坦因在楼兰 LB.Ⅳ 发现过一件木构件,已初具"一斗三升"式斗栱的形状,栱眼、栱头卷杀等形象特征与中原同时期的斗栱已经十分接近。[1]

　　木材不仅是罗布泊地区最主要的建筑材料,也是家具及日常生活用品的主要用材,并且有装饰十分精美的木雕纹样。得益于罗布泊地区特殊的自然条件,这些家具能够十分完好地保存到了今天,为我们了解当时人们的日常生活提供了绝佳实例。

　　众所周知,在中国家具史上,椅子的传入是一个重要的转折。中国传统的坐姿是席地而坐,椅子出现后逐渐转向垂足而坐,这一转变对中国人生活方式的各方面都有着十分深远的影响。目前所知关于中国早期出现椅子的材料主要见于北朝时期,如开凿于东魏兴和元年(539)的敦煌第285窟壁画和东魏兴和四年(542)的一件造像拓片。[2]学术界一般认为,椅子的传入与佛教的东渐入华有关,其传播路线也应与佛教一样,从印度经中亚传入中原地区。在印度,目前所知最早的佛教艺术作品——桑奇大塔和巴

---

[1]　丁垚:《西域与中土:尼雅、楼兰等建筑遗迹所见中原文化影响》,《汉唐西域考古:尼雅—丹丹乌里克国际学术讨论会会议论文提要》,第108页。

[2]　柯嘉豪:《椅子与佛教流传的关系》,《中研院历史语言研究所集刊》第六十九本第四分(1998年12月),第727—763页。

图 5-12　犍陀罗石刻中的椅子

尔胡特大塔雕刻中均已出现了椅子的图像,年代在公元前 2—前 1 世纪。坐在椅子上的人物通常是身份尊贵的国王或王子的形象。桑奇西门第二横梁背面左端,表现悉达多出家前的宫廷生活场景,王子坐在一把扶手椅上。北门第二横梁背面的"降魔成道"场景中,则表现了坐在椅子上的菩萨,也是以世俗王子装束出现,有研究者则认为这个人物表现的是阿育王的形象。

犍陀罗石刻艺术中所见的椅子,形制基本与桑奇类似,椅腿做成很多节圆盘形装饰。斯瓦特出土的"占梦图"石刻中,国王端坐于一把高背椅上,椅子没有扶手,靠背宽大,满饰四瓣花纹样,椅座上铺有垫布,并向前垂下,座前还放置有脚踏。马尔丹出土的一件浮雕石刻则表现了将菩萨的头巾放在扶手椅上崇拜的场景。犍陀罗艺术中更常见的是佛或王子坐在没有靠背及扶手的台座上,但台座支脚的表现方式与椅子如出一辙。

这种椅子及椅腿装饰方式的源头在波斯。在古波斯阿契美尼德王朝浮雕石刻中,国王往往被表现为正襟危坐在高背椅上的形象,这种装饰精致的椅子应称为"王座",具有象征君主至高无上权威的特殊含义。显然,印度早期艺术和犍陀罗石刻中的椅子也沿袭了这一含义,一般坐在椅子上的只能是佛、菩萨或王子等身份较高的人物,座前放置的脚踏亦来自波斯传统。公元前 3 世纪,阿萨息斯一世取代塞琉古王朝控制了波斯,建立起帕提亚王朝,中国史书称之为"安息"。安息继承了波斯文化的很多因素,如安息钱币背面的国王形象就采取了古波斯式端坐于王座上的方式表现。王座形象及其表现尊贵人物的含义应该是在帕提亚时期被传入桑奇、巴尔胡特和犍陀罗艺术中。

　　值得注意的是,古波斯浮雕中的王座,椅腿装饰分为两个部分,一部分是多重圆盘及瓜棱等几何形装饰,另一部分则表现为狮足形式。犍陀罗和帕提亚钱币上的王座省略了狮足装饰的部分。不过,在犍陀罗艺术中也有狮足台座出现,一般作为佛像的台座或用于佛塔塔基装饰,亦部分保留了王座崇高、权威的含义。

图5-13　古波斯浮雕中的王座

图 5-14 犍陀罗艺术中的狮足台座

　　幸运的是,几何形和狮足这两种形式的椅腿在罗布泊地区出土家具中都有保留,证明这类"王座"并非只是艺术图像中的表现形式,而是在实际生活中也真实存在。斯坦因在楼兰遗址发掘出土的几件椅腿,造型简洁,做工十分精良,显然已经采用了简单车床一类工具进行加工,做出圆盘状装饰,外形与古波斯、犍陀罗图像中所见椅腿完全一致。楼兰古城出土木柱及 LB 佛寺中的佛陀围栏亦采用同样工艺旋制而成。

　　楼兰 LB. Ⅳ 遗址出土的另两件椅腿,外表通体上漆髹饰,一件上部表现为怪兽状,下为狮足,分作三趾;另一件雕成人面兽身,背后有曲翼,下为蹄足,后面还保留着与椅身连接的部分。[①]尼雅 N. Ⅳ 遗址也发现了十分

---

① M. A. Stein, *Serindia: Detailed Reporat of Explorations in Central Asia and Westernmost China Carried out and Described under the Orders of H. M. India Government*, vol. 1, Oxford: Clarendon Press, pp. 447–448; vol. 4, pl. XXXIV .

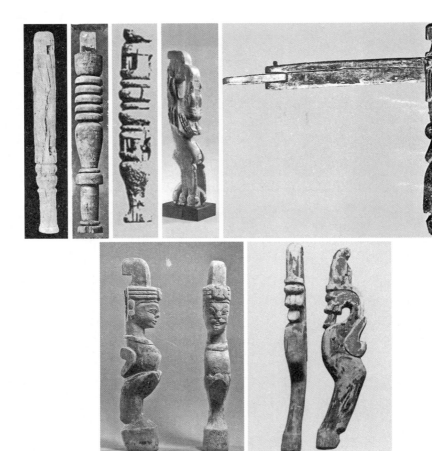

图 5-15　楼兰、尼雅遗址出土椅腿

类似的椅腿，蹄足上方表现出有翼的人物、动物形象，透露出浓郁的波斯艺术风格。[①]这几件椅腿无论是外观、尺寸、雕刻风格、上漆技术都非常相似，似出自一人之手或是一种规范化的制造，造型复杂，曲线流畅，制作极其精致。

　　尼雅 N.Ⅲ 遗址还出土有一件完整的雕花木椅：四椅腿内直外弓，以镶

---

① M. A. Stein, *Ancient Khotan: Detailed Report of Archaeological Explorations in Chinese Turkestan*, vol. 2, Oxford: Clarendon Press, 1907, pl. LXX .

板榫接在一起,侧面两椅腿之间又以横撑支撑;每条椅腿顶部各有一榫头,上面可能连接把手或安装侧板;通体装饰四瓣花纹。①尼雅N.Ⅲ是一处规模较大的住宅,由多个小房间构成,包括会客厅、厨房、贮藏室等,雕花木椅就出土于中心会客厅的前厅中。无疑,这些用于垂足坐的椅子都是当时西域地区实际使用的。

图5-16　尼雅出土雕花木椅

尼雅N.Ⅲ雕花木椅的支脚造型仍有蹄足的意味,但已大大简化;而尼雅N.Ⅳ和楼兰LB.Ⅳ所出椅腿,雕工极尽精细奢华,显非一般用具。与古波斯、犍陀罗图像中的椅子相比,我们认为,罗布泊地区这一时期椅子已经成为了普通人也可以使用的家具,而不再只是权贵阶层独享的坐具。但普通人座椅形制简单,而高规格椅子则采用狮足或蹄足,装饰繁复,与前者相区别。

据暨远志先生研究,佛教文献中提到的"师子座"或"金狮床",一般是高僧大德的座位,在佛教图像中表现为有狮子装饰的座位,其来源即国王的宝座,最早出现在古埃及,后来在希腊、波斯、印度等地都有传播,除了狮子外,也用牛、羊、骆驼等动物装饰。这种坐具经佛教传入中国后,以宝座的形式为中国古代帝王所接受。②从罗布泊的发现来看,这类高等级座椅并不仅限于佛教坐具,而是在世俗世界也一直使用。《宋云行纪》中记述嚈哒"王着锦衣,坐金床,以四金凤凰为床脚""王妃出则舆

---

① M. A. Stein, *Ancient Khotan: Detailed Report of Archaeological Explorations in Chinese Turkestan*, vol. 2, Oxford: Clarendon Press, 1907, pl. LXVⅢ. 1960年新疆考古工作者在尼雅也曾发现类似木椅,参见韩翔、王炳华、张临华:《尼雅考古资料》,新疆社会科学院内部刊物,乌鲁木齐,1988年,第42页。

② 暨远志:《金狮床考——敦煌壁画家具研究之二》,《考古与文物》2004年第3期,第82—87页。

三,入坐金床,以六牙白象四狮子为床";《隋书》记述当时西域国家国王坐"金驼座""金羊座"等。罗布泊出土兽足髹漆木椅,应即这类宝座的实例。

　　除木椅外,西域许多遗址都发现了一种四足木柜,尤以楼兰、尼雅遗址出土最多,可能是厨房用具,形制大同小异,制作技术与椅子有共同之处,表面均装饰精美木雕,应是当时最常用的家具之一。[①]这里仅以楼兰LB.Ⅲ出土木柜为例说明其形制:木柜以榫卯拼接而成,高约1米;前后板雕刻十分精细的四瓣花纹,左右侧板为素面;前面右部留有方形空缺,应是取物窗口;腿曲,最上部有三道凸棱,凸棱下出牙,蹄足。

图5-17　楼兰、尼雅出土木柜

　　新疆博物馆收藏的一件尼雅出土的木雕饰板,长30厘米,呈门扉状,门面以几何形花边雕饰分为上下两格,上层刻人物牵象图,下层刻格里芬图

<hr />

①　M. A. Stein, *Ancient Khotan: Detailed Report of Archaeological Explorations in Chinese Turkestan*, vol. 1, Oxford: Clarendon Press, 1907, photo. Ⅷ~Ⅸ; M. A. Stein, *Serindia: Detailed Reporat of Explorations in Central Asia and Westernmost China Carried out and Described under the Orders of H. M. India Government*, vol. 3, Oxford: Clarendon Press, plan 11; vol. 4, pl. ⅩⅨ, ⅩLⅦ; 韩翔、王炳华、张临华:《尼雅考古资料》,新疆社会科学院内部刊物,乌鲁木齐,1988年,第42页;中日日中共同尼雅遗迹学术考察队:《中日日中共同尼雅遗迹学术调查报告书》第一卷,乌鲁木齐/京都:中日日中共同尼雅遗迹学术考察队,1996年,图版五三;中日日中共同尼雅遗迹学术考察队:《中日日中共同尼雅遗迹学术调查报告书》第二卷,乌鲁木齐/京都:中日日中共同尼雅遗迹学术考察队,1999年,第93页。

图 5-18　尼雅出土木雕柜门

图 5-19　楼兰 LK 遗址出土木门

231

案,一侧上方存留着嵌入门框的长轴,可能是橱柜或其他家具的拉门。①罗布泊科考队还在楼兰LK遗址采集到一件木门,残长120厘米,由两块木板拼合而成,表面先刷一层白色涂料,然后涂红彩,上部残存6朵团花,下部描绘一个佛教人物形象,圆脸大耳垂,颈部有蚕节纹,脑后有头光。②总体上看来,无论是形制还是装饰风格,罗布泊地区木质家具都表现出了较多的西方影响。

三、生 业 饮 食

关于罗布泊地区经济生业形态,在张骞凿空之前,楼兰王国的基本经济情况如《汉书·西域传》所记录,"当白龙堆,乏水草""地沙卤,少田,寄田仰谷旁国,国出玉,多葭苇、柽柳、胡桐、白草,民随畜牧逐水草,有驴马,多橐它,能作兵",基本依靠畜牧业,同时存在一定的绿洲农业。不过,相较于塔克拉玛干沙漠其他绿洲,汉晋时期罗布泊地区的自然环境相对还是不错的,塔里木河、孔雀河、车尔臣河等大小河流在这一时期的水资源较为充沛,为当地农业的发展奠定了基础。因此,在中原的灌溉与牛耕技术及铁犁铧等先进的生产工具传入后,鄯善农业生产得到了长足的进步。得益于大量的考古发现和出土文书,前人对于鄯善农业的研究已经相当充分。楼兰LA古城以东10余千米发现有大片农耕和人工灌溉痕迹,③米兰古城之西也发现古代灌渠,均可依稀辨别出干、支、斗、毛各种渠系,④一般认为这是利用中原灌溉技术在罗布泊地区进行屯田的遗迹。

法国学者童丕曾根据圆沙古城附近发现的灌溉渠道,认为西域绿洲在西汉经营之前存在相当规模的灌溉工程,如《汉书·西域传》中桑弘羊向

① 新疆维吾尔自治区文物事业管理局等:《新疆文物古迹大观》,乌鲁木齐:新疆美术摄影出版社,1999年,第54页;中日日中共同尼雅遗迹学术考察队:《中日日中共同尼雅遗迹学术调查报告书》第三卷,乌鲁木齐/京都:中日日中共同尼雅遗迹学术考察队,2009年,第87页。
② 新疆文物考古研究所:《2016年度新疆古楼兰交通与古代人类村落遗迹调查报告(下)》,《新疆文物》2017年第4期,第91—92页。
③ 方云静:《罗布泊科考:科学家不断揭开谜团》,《新疆日报(汉)》2010年11月16日第007版。
④ 饶瑞符:《米兰古代水利工程与屯田建设》,《新疆地理》1982年第Z1期,第61页。

汉武帝的建议中提到的"故轮台东捷枝、渠犁皆故国,地广,饶水草,有溉田五千顷以上"。张波先生则根据《水经注》中对索励横断注宾河的记载认为西域土著仍采用较为原始的撞田灌溉法,而西域大型水利工程多为中原屯田戍卒所建。李艳玲女士认同这一看法,并根据《汉书·西域传》记载西域诸国的人口数量指出,汉人来到之前西域土著开发大规模水利工程的可能性不大。[①]此外,Arnaud Betrand 通过对尼雅水利设施体系的考察,认为尼雅遗址使用了渠道、水塘和水井三种技术,体现了中原、贵霜和西域土著三种水资源利用传统的交流。[②]

　　由于处在东西方交通枢纽的地理位置,当地的农业种植品品种表现出多元化特征,既包含了源自中原的粟、糜子等,也有西方传来的葡萄、石榴等作物。[③]从考古发现来看,1980年新疆考古工作者在楼兰LA古城的一些房屋遗址中,发现了许多核桃;特别是距离佛塔东侧的30米处,在一堆散乱的木材下,埋藏着深达70厘米的糜子堆积,其中还发现有裸大麦,即青稞;其西南的垃圾堆中,亦有不少的麦草和糜壳。在楼兰古城城郊东北4千米处小型佛塔的甬道中,考古人员还清理出了小麦的穗轴。[④]斯坦因在1901年首次进入尼雅遗址时,在 N.Ⅶ 的一个小房间中发现了大量保存良好

---

① 李艳玲:《田作畜牧——公元前2世纪至7世纪前期西域绿洲农业研究》,兰州:兰州大学出版社,2014年,第49—50页。

② Arnaud Bertrand, "Water Management in Jingjue 精絶 Kingdom: The Transfer of a Water Tank System from Gandhara to Southern Xinjiang in the Third and Fourth Centuries C.E.", *Sino-Platonic Papers*, no. 223, Apr. 2012.

③ 王炳华:《从考古资料看新疆古代的农业生产》,收入氏著:《丝绸之路考古研究》,乌鲁木齐:新疆人民出版社,1993年,第261—284页;陈戈:《新疆米兰灌溉渠道及相关的一些问题》,《考古与文物》1986年第4期,第91—102页;王欣:《古代鄯善地区的农业与园艺业》,《中国历史地理论丛》1998年第3期,第77—90页;李艳玲:《公元3、4世纪西域绿洲国农作物种植业生产探析——以佉卢文资料反映的鄯善王国为中心》,收入余太山、李锦绣主编:《欧亚学刊》第10辑,北京:中华书局,2012年,第212—231页;张驰:《两汉西域屯田的相关问题——以新疆出土汉代铁犁铧为中心》,《贵州社会科学》2016年第11期,第70—75页。

④ 新疆楼兰考古队:《楼兰古城址调查与试掘简报》,《文物》1988年第7期,第19页;侯灿:《楼兰出土糜子、大麦及珍贵的小麦花》,《农业考古》1985年第2期,第225—227页。

的麦草,其中混有黍子,另一只木碗中盛有谷粒,即小米。[①]1959年新疆博物馆对尼雅的调查中,在59MN003房址中的一间发现了谷物堆,大多是粟类,其中也有麦粒,已经压成块状,推测这间房屋属于储藏室;在59MN008中发现一根麦粒与芒俱全的麦穗。[②]1995年新疆文物考古研究所发掘的尼雅95MN1号墓地多个墓葬中均发现墓主人棺木周围填充了大量麦秸草,用以防止沙土渗入,里面含有小麦粒(穗)、糜粒。[③]95MN1M3号墓的一个双系罐中还发现了黍谷粥,已经干结成饼状。[④]

斯坦因在尼雅N.Ⅳ和N.Ⅷ等遗址附近均发现了果园,种植的果树品种包括桃树、杏树、桑树、沙枣树等,还有专门栽种葡萄的葡萄园。考古人员在N.ⅩⅥ遗址东北清理了一处长50米、宽30米的葡萄园,周缘用篱笆墙围起,其内保存有从东向西排列九行已经干化的葡萄根部,以及当时用以搭葡萄架的木桩。[⑤]整个尼雅遗址总计发现果园6处,证实了《汉书·西域传》中"有蒲陶诸果"的记载。此外,据西晋张华《博物志》云:"汉张骞出使西域,得涂林安石国榴种以归。"西域尽管未能发现石榴遗存,但在佉卢文书中有专门登记拖欠石榴账目的籍账文书,[⑥]推测当时石榴可能也被食用或种植。营盘墓地M15出土箱式木棺表面装饰描绘出了石榴图案,墓主人所穿罽袍也织出果实累累的石榴树纹样。[⑦]楼兰孤台墓地出

---

① M. A. Stein, *Ancient Khotan: Detailed Report of Archaeological Explorations in Chinese Turkestan*, vol. 1, Oxford: Clarendon Press, p. 375.

② 李遇春:《尼雅遗址和东汉合葬墓》,收入韩翔、王炳华、张临华主编:《尼雅考古资料》(内部刊物),乌鲁木齐:新疆社会科学院,1988年,第20—22页。

③ 新疆文物考古研究所:《新疆民丰尼雅遗址95MNI号墓地M8发掘简报》,《文物》2000年第1期,第36页。

④ 王炳华、吕恩国等:《95MN1号墓地的调查》,收入中日日中共同尼雅遗迹学术考察队:《中日日中共同尼雅遗迹学术调查报告书》第二卷,乌鲁木齐/京都:中日日中共同尼雅遗迹学术考察队,1999年,第92页。

⑤ 沙比提·阿合买提:《从尼雅遗址考古调查看其畜牧业、农业和手工业的发展状况》,收入中日日中共同尼雅遗迹学术考察队:《中日日中共同尼雅遗迹学术调查报告书》第二卷,乌鲁木齐/京都:中日日中共同尼雅遗迹学术考察队,1999年,第224—225页。

⑥ 林梅村:《沙海古卷:中国所出佉卢文书(初集)》,北京:文物出版社,1988年,第242页。

⑦ 新疆文物考古研究所:《尉犁县营盘15号墓发掘简报》,《文物》1999年第1期,第6—8页。

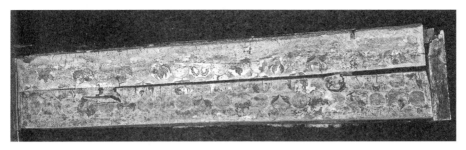

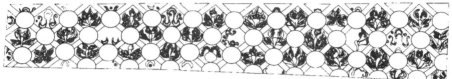

图 5-20　营盘 M15 木棺侧板纹样

图 5-21　营盘 M15 出土罽袍纹样

图 5-22　孤台墓地出土缂毛织物

土缂毛织物,织出石榴花图案,两侧有对称草叶纹,图案两边又有对称的彩虹样条纹,各色晕间排列,色彩艳丽典雅。彩虹条带内侧还装饰有希腊风格的浪尖纹。[①]

　　对于鄯善的畜牧业,研究者主要依靠佉卢文书材料,对鄯善王室经营

————————
① 　新疆楼兰考古队:《楼兰城郊古墓群发掘简报》,《文物》1988 年第 7 期,第 36 页。

畜牧业中涉及的一些问题进行了讨论。①不过，有研究者认为，尽管随着丝
路的开通与汉文化的传入，鄯善王国的农业获得了较大进步，但限于其复
杂的自然条件，当地农业自始至终未能得到全面发展，畜牧业一直是经济
支柱。②如尼雅遗址虽然发现有铁镰，但大部分生产工具仍然是木制的。
考古工作者在尼雅遗址发现了很多牲口棚，棚内的牲畜粪便堆积很厚，这
些畜棚多就在人们居住的房屋附近，几乎每个房屋遗址内外都发现有动物
粪便，遗址内到处可见骆驼、马、牛、羊的骨骸。③1959年，考古人员在尼雅
遗址采集到十余牲畜颈栓和骆驼鼻栓，并在59MN010房舍柱础旁发现一
副饿死的狗骨架。④斯坦因还曾在N.Ⅲ发现一副驴鞍架。⑤这些牲畜除被
用作畜力之外，无疑也是人们主要的肉食来源。尼雅许多墓葬中都随葬盛
放在木器中的羊肉，有的上面还插着小刀。⑥

　　遗址中出土的大量木制品，多为饮食器皿，包括木杯、木碗、木托盘等，
非常具有沙漠地区特点。墓葬中出土的器物与遗址所出器物形制样式相
同，无疑是以实用器物入葬。木碗、木桶、木杯等容器多为手工旋制而成，
木纹清晰，表现出鲜明的本土特征。很多木杯和木碗带有把手，把手上还
做出指垫。长方形和椭圆形木托盘在楼兰诸遗址中出土尤其多，很多带有
四足，不少足部还做出几何形或兽足的造型。还有亚腰型的木器座，用于
放置食具。带足木托盘和木器座都是西域独有的器物，将食器放置在高处
以减少沙尘进入食物，这是因适应沙漠环境而特别出现的。前述四足高木
柜理应也有这一作用。

①　王欣、常婧：《鄯善王国的畜牧业》，《中国历史地理论丛》2007年第2期，第94—
　　100页。
②　刘源：《汉晋鄯善国社会经济史研究述要》，《吐鲁番学研究》2017年第1期，第119页。
③　中日尼雅遗址学术考察队：《1988—1997年度民丰县尼雅遗址考古调查简报》，《新疆
　　文物》2014年第3—4期，第3—5页。
④　李遇春：《尼雅遗址和东汉合葬墓》，收入韩翔、王炳华、张临华主编：《尼雅考古资料》
　　（内部刊物），乌鲁木齐：新疆社会科学院，1988年，第25、28页。
⑤　M. A. Stein, *Ancient Khotan: Detailed Report of Archaeological Explorations in Chinese
　　Turkestan*, vol. 1, Oxford: Clarendon Press, p. 397.
⑥　王炳华、吕恩国等：《95MN1号墓地的调查》，收入中日日中共同尼雅遗迹学术考察
　　队：《中日日中共同尼雅遗迹学术调查报告书》第二卷，乌鲁木齐/京都：中日日中共
　　同尼雅遗迹学术考察队，1999年，第88—132页。

　　汉式食器主要为在西域生活的汉人使用,也部分地进入土著居民的生活器物组合中。由于气候干燥,罗布泊地区保存下来的汉式漆器也较多,楼兰、尼雅、营盘等墓地出土了不少漆杯、漆盒、漆奁等。漆器或为较为贵重的器具,而普通平民则使用陶器。墓葬中出土的汉式轮制灰陶器应是汉人移民在本地烧造的实用器。至于贵霜式器具,则尚未能从实物遗存中辨识出来,但我们在楼兰壁画墓中可见到贵霜人饮酒的场景。

第六章　鄯善世俗佛教

　　公元5世纪初,法显西行求法,从敦煌度沙河到达了罗布泊以西的鄯善国。他在其行纪《法显传》中描述了自己见到鄯善佛教盛行的情况:"行十七日,计可千五百里,得至鄯善国。其地崎岖薄瘠,俗人衣服粗与汉地同,但以毡褐为异。其国王奉法,可有四千余僧,悉小乘学,诸国俗人及沙门尽行天竺法,但有精粗。从此西行,所经诸国,类皆如是,唯国国胡语不同。然出家人皆习天竺书、天竺语。"在法显到达之际,鄯善已成为塔里木盆地的佛教中心之一,这亦为一百余年来考古发现的大量佛教遗存和出土的佉卢文书所证实。特别是佉卢文书中保留了很多鄯善佛教徒日常生活的一手记录,揭示出鄯善佛教的信仰形态表现出高度世俗化的特征。

　　"世俗佛教"是李正宇先生用来形容敦煌佛教信仰情况的一个词语,认为从晋唐到宋元时期的敦煌佛教,是一个逐渐世俗化的过程,具体表现为:"入世合俗,戒律宽松;既求来世,尤重今生;亦显亦密,亦禅亦净,和合众派,诸宗兼容;诸经皆奉,无别伪真"。[1]事实上,佛教从诞生开始,就无法完全与世俗社会脱离关系。佛教及其同时期各种沙门思潮的出现是当时印度社会各种矛盾作用的结果,释迦牟尼倡导佛教教义也有解决当时社会问题的初衷。[2]佛教徒也从一开始就有出家信徒与在家信徒两大类。到了贵霜时期,佛教由于统治者的崇信而大为兴盛,更是不可避免地涂上了浓重的世俗化色彩。而鄯善佛教作为贵霜佛教直接继承者,更是表现出强烈的世俗化倾向。

---

① 李正宇:《敦煌佛教研究的得失》,《南京师大学报(社会科学版)》2009年第5期,第49—55页。
② 季羡林:《原始佛教的历史起源问题》,收入氏著:《佛教与中印文化交流》,南昌:江西人民出版社,1990年,第1—14页。

事实上,关于东传入华初期的佛教信仰形态,由于历史上存留下来的资料寥寥无几,因而研究者对其所知甚少。前贤汤用彤、许理和等人在这一时期佛教研究中取得了巨大成就,但也大多依靠佛教文献,而较少涉及一般佛教徒的日常信仰。幸运的是,20世纪初以来国内外探险家和考古工作者在鄯善发现的大量出土文献与考古资料,其中包含不少佛教的内容,这极大地丰富了我们对于东传早期佛教的认识,特别是对于鄯善佛教的世俗化特征有了较为深入的了解。本章拟从佛教与酒的关系、伎乐供养人与佛教仪式两方面对佛教在初传时期的特殊形态进行讨论。

一、鄯善佛教与酒

1. 鄯善佉卢文文献所见僧人饮酒的情况

佉卢文是鄯善使用的官方文字之一。这种文字是印欧语系中印度雅利安语的一种俗语方言,起源于印度西北的犍陀罗地区,后来成为称雄中亚的贵霜帝国的官方文字。公元2世纪中叶,贵霜王朝发生内乱,数以千计的大月氏人流亡东方,许多人定居于鄯善,佉卢文随之进入塔里木盆地,在短时间盛行于鄯善,并成为官方文字。[①]目前,新疆塔里木盆地发现的佉卢文文书中,绝大部分都出土于鄯善。

由于贵霜王朝立佛教为国教,贵霜内乱又一部分与佛教内部教派的斗争有关,因此流亡到塔里木盆地的贵霜大月氏人中许多是佛教徒,他们在鄯善继续坚持自己的信仰,兴建佛寺,奉法修行。鄯善佉卢文文书中有不少是佛教文献。从中可以看出,鄯善僧人普遍存在饮酒的情况。杨富学先生列举了四件保存较好、意思比较明确的涉及该情况的文书,[②]这里转引于下:

> 1. Kh. 345号文书提到僧人阿难陀先那(Anaṃdasena)向主瞿波(Cuġupa)借谷物30米里马之后,他又向主瞿波借酒15希。

---

① 林梅村:《贵霜大月氏人流寓中国考》,收入氏著:《西域文明》,北京:东方出版社,1995年,第33—67页。
② 杨富学:《鄯善国佛教戒律问题研究》,《吐鲁番学研究》2009年第1期,第59—76页。

2. Kh. 652号文书记载说僧人达摩罗陀（Dhamalada）把地卖给司书莱钵多迦（Lyipatga），得到了十希酒和三 aġjasdha。

3. Kh. 655号文书称僧人佛陀尸罗（Buddhaśira）及其子将misi地一块买给僧人佛陀钵诃摩（Buddhapharma），该地拥有大面积葡萄庄园，可作酿酒之用。

4. Kh. 358号文书载："汝处寺主（Viharavala）正在挥霍和浪费自己领地的酒肉。"

这四件文书分别记录的是古代鄯善国佛教僧侣借酒、买酒、酿酒与饮酒的史实，是古鄯善国佛僧普遍饮酒现象的具体反映。

众所周知，酒是佛教五戒之一。佛教在初创时期就规定了五戒，被称为"诸戒之本"，最初的戒律《十诵律》《四分律》《五分律》对戒酒均有明确阐说。如《十诵律》卷十七载："如是过罪若过是罪，皆由饮酒故。从今日若言我是佛弟子者，不得饮酒，乃至小草头一滴亦不得饮。"鄯善僧人普遍饮酒，明显违背了戒律。

然而，佛经之中对于饮酒也有通融的解说。在佛教五戒之中，前四种（不杀生、不偷盗、不邪淫、不妄语）都属于"性戒"，而不饮酒则属于"遮戒"。遮为防范之意，饮酒本身并不是罪恶，但饮酒容易使人神志不清，智慧不明，往往会招致其他四种罪恶的产生，触犯其他的戒律，故需"遮"。若饮酒并不行恶，则不算违戒。如《佛说未曾有因缘经》卷下载：

> 尔时会中，国王太子名曰祇陀，闻佛所说十善道法、因缘果报，无有穷尽。长跪叉手，白天尊曰："佛昔令我受持五戒，今欲还舍受十善法。所以者何？五戒法中，酒戒难持，畏得罪故。"世尊告曰："汝饮酒时，为何恶耶？"祇陀白佛："国中豪强，时时相率，赍持酒食，共相娱乐，以致欢乐。自无恶也。何以故？得酒念戒，无放逸故。是故饮酒，不行恶也。"佛言："善哉，善哉！祇陀，汝今已得智慧方便。若世间人能如汝者，终身饮酒，有何恶哉！如是行者，乃应生福，无有罪也。夫人行善，凡有二种：一者有漏，二者无漏。有漏善者，常受人天快乐果报；无漏善者，度生死苦，涅槃果报。若人饮酒，不起恶业，欢喜心故；不起烦恼，善心因缘，受善果报。汝持五戒，何有失乎！饮酒念戒，益

增其福。先持五戒,今受十善,功德倍胜十善报也。

由此可以看出,佛陀对饮酒问题的看法并不是绝对的。因此,鄯善僧侣在饮酒问题上无疑开启了此"善巧之门",根据实际情况来灵活执行戒律。

许多研究者注意到,从佉卢文文书看来,鄯善僧侣的生活与俗人几无二致,不仅饮酒食肉,而且娶妻生子、置产敛财、役奴使婢,表现出明显的世俗化倾向。[①]就饮酒问题而言,一方面,鄯善僧侣是出于本地特殊的生态环境而形成饮酒习俗。鄯善位于沙漠绿洲上,据《汉书·西域传》载,其"地沙卤,少田,寄田仰谷旁国……多葭草、柽柳、胡桐、白草,民随畜牧逐水草",自然条件十分恶劣。酿酒是鄯善经济的一个重要来源,佉卢文文书中记载了政府机构不仅对酒进行征税,而且还设置有专门的酒库和账目。佛寺经济收入有限,僧人参与造酒业、进而饮酒是十分正常的。此外,鄯善冬季的自然气候应十分干冷,饮酒也能够帮助僧人滋养健身、抵御寒冷,集中心智研习佛法。

另一方面,更深层的原因,我们认为,鄯善佛教对于饮酒本身的看法受到了中亚贵霜佛教的影响,他们眼中的佛教极乐天堂就是饮酒作乐的世界。由考古发现的图像材料中,我们可以清晰地看到这一点。

2. 鄯善考古材料所见饮酒图像

楼兰LE古城东北约4千米处的前后双室土洞墓,墓葬规格较高,墓壁发现有佉卢文题记,应是一座移居鄯善的高等级贵霜大月氏人的墓葬。该墓在墓室结构和壁画上都可见到明显的佛教文化特征:前室立有中心柱,表面满绘法轮,象征佛塔;前室东壁绘有"佛与供养人"图像;后室更是四壁满绘法轮图案。这些说明,墓主人无疑是一位佛教信徒。

值得注意的是,墓葬的前室东壁描绘了一幅"六人饮酒图":三男三女,人物头像皆被毁,右起第一男像右手抬起、伸出食指,其余人物均手持饮器;男性着圆领窄袖长袍、系腰带,女性着开襟半长袖上衣、胸前有花束状装饰。图中饮器的器形,与阿富汗西北的大月氏王陵出土的器物一致,

---

① 夏雷鸣:《从佉卢文文书看鄯善国佛教的世俗化》,《新疆社会科学》2006年第6期,第116—122页。

图6-1　鄯善壁画墓前室东壁"六人饮酒图"

均为贵霜的典型器物。男子服饰,特别是腰带的联结方法,也体现了典型的贵霜服饰特征。图像上方残留了一小段佉卢文题记,经专家释读为壁画画家的签名。综合看来,这幅壁画表现的应为贵霜人饮酒的场面。

在贵霜犍陀罗艺术中,饮酒图是十分常见的图像,来源于古典艺术中的"大酒神节"题材。"大酒神节"指的是古希腊人对酒神狄奥尼索斯(Dionysus,相当于古罗马酒神Bacchus)的祭典活动,每年3月举行,人们在筵席上为祭祝酒神而饮酒。公元前4世纪,亚历山大东征将希腊文化带到了犍陀罗地区,这一艺术题材随之也植根下来。在犍陀罗石雕中,饮酒图是"大酒神节"题材最常见的构图模式,表现男女人物手持酒杯的场景。如巴基斯坦塔克西拉(Taxila)遗址中发现的帕提亚时期石雕黛砚,许多都装饰了这一图案,最早可以追溯到公元1世纪。[①]贵霜人占据犍陀罗后,将艺术中的这一题材发扬光大,大量使用。鄯善壁画墓的墓主人是贵霜人,因此在墓室壁画中采用了贵霜常见的饮酒图。

鄯善壁画墓中还出土了一件彩绘绢衫,用素绢作面料,周围衣身及两袖上满绘花卉、璎珞,胸襟处以手工描绘了一尊人像,颈部及上半身部分

---

① 这类黛砚并非为女子化妆之用,而是均发现于佛寺,学术界对其用途为何至今未得出明确结论,有供奉、祭奠、宗教饮器等说法。参见J. Marshall, *The Buddhist Art of Gandhara*, Cambridge: Cambridge University Press, 1960, pp. 33–39; K. Behrendt, *The Art of Gandhara in the Metropolitan Museum of Art*, New Haven/CT: Yale University Press, 2007, pp. 8–10.

缺失,可见其着对襟红衫与长至膝部的
灯笼裤,赤足踩莲花,左手执一长过其
身高的细长杆状物,有背光和头光。[①]
从艺术风格看,人像先以手描线条勾
勒,再平涂填色,眼部以较粗的线条勾
画大睁的眼睛和眉毛,略微弯曲,创作
手法都表现出了明显的犍陀罗艺术的
影响。

图6-2　鄯善壁画墓绢衫人像

　　对于这一形象,研究者多认为是一
尊佛像。[②]但是,人像头顶中部佩戴的头
冠一类饰物与佛像的肉髻差异较大,人
像左手所执杆状物、所着服饰也不见于
佛教艺术中。我们认为,绢衫上绘制的
是酒神狄奥尼索斯的形象,与墓葬前室
的饮酒图相呼应。人像左手持的细长杆状物,应为顶端饰有松果的权杖,
这正是狄奥尼索斯的标志之一。[③]而头光、背光、脚踩莲花等特征则是借鉴
自佛教的俱毗罗形象。

　　在中亚地区,各种文化密切交流融合,不同宗教神祇的艺术形象常常
互相借用。[④]在印度艺术中,药叉神常以手持酒杯或醉酒的形象出现。后
来,这种形象又被用来表现药叉的首领——财神般阇迦(Pancika),佛教中
称俱毗罗(Kubera),以酒杯象征财富。[⑤]因此,来自希腊的酒神狄奥尼索斯

①　伊弟利斯・阿不都热苏勒、李文瑛:《楼兰LE附近被盗墓及其染织服饰的调查》,收
　　入赵丰、伊弟利斯・阿不都热苏勒:《大漠联珠》,上海:东华大学出版社,2007年,第
　　60—61页。

②　赵丰:《中国丝绸通史》,苏州:苏州大学出版社,2005年,第119页。

③　Thomas H.Carpenter, *Dionysian Imagery in Fifth-Century Athens*, Oxford: Clarendon
　　Press, 1997.

④　J. R. Zwi Werblowsky, "Synkretismus in der Religionsgeschichte", Walther Heissig
　　& Hans-Joachim Klimkeit, *Synkretismus in den Religionen Zentralasiens*, Wiesbaden:
　　Verlag Otto Harrassowitz, 1987, pp. 1–7.

⑤　R. C. Sharma, *Buddhist Art of Mathura*, Delhi: Agam Kala Prakashan, 1984, pp. 133–
　　134.

图6-3 米兰M.V佛寺壁画

常与印度的财神俱毗罗互相借鉴艺术形象。脚踩莲花在印度艺术中最早也是药叉的特点,后来才成为佛像专用。[①]鄯善绢衫上的酒神无疑融合了狄奥尼索斯和俱毗罗两方面的特征。

移民东方的贵霜人将犍陀罗的"大酒神节"题材带入了鄯善艺术之中,这一题材还可见于米兰佛寺壁画。米兰遗址是一处佛教建筑群,位于新疆若羌县城东北约50千米处,以"有翼天使"、希腊神话故事壁画等及其表现出来的强烈希腊古典艺术风格而闻名于世,年代约在公元2世纪末到3世纪上半叶。其中,M.V是一座外方内圆的小佛寺,佛寺外墙边长约12米,内殿为圆形,中心是一座圆形佛塔,佛塔四周为环形礼拜道。内殿内壁满绘壁画,供信徒绕塔礼拜之时瞻仰。壁画推测分为三层,仅中层和下层残存,用黑色粗栏隔开,中层描绘《须大拏太子逾城出家》本生故事画,下层为花纲装饰,以波浪形条带串联起一系列人物:其中一位女子正在演奏曼陀林,一个男青年手持一串葡萄,一位长胡须的男性手持玻璃高脚杯,另一位戴头巾的女子则一手持长颈瓶、一手端饮器,这些人物的相貌特征与穿着打扮,表示出他们来自印度、伊朗的不同民族,显然表现中亚人饮酒作乐、庆祝"大酒神节"的题材。其中手持饮器的女性形象和手持高脚杯的男子形象,几乎与楼兰壁画墓宴饮图的人物的姿势完全一致。

---

① 林良一:《东洋美术的装饰纹样(植物纹篇)》,京都:同朋舍,1992年,第74—79页。

图6-4　楼兰壁画墓与米兰壁画人物形象对比

3. 由酒神信仰看佛教传播形态

由上文的讨论可知，鄯善佛教僧侣饮酒、佛教艺术中流行饮酒图像这些与佛教戒律明显相背离的现象，均是贵霜移民所带到塔里木盆地的，其根源来自犍陀罗地区。犍陀罗地区深受希腊文化的影响，塔克希拉西尔卡普的塞人和帕提亚地层中出土了银酒杯和狄奥尼索斯的银像，表现出强烈的希腊艺术风格，这无疑是亚历山大东征留下的希腊侨民或其后裔所带来的。[①]有研究者曾推测，对希腊酒神狄奥尼索斯的信仰在犍陀罗地区已经蔚成风气。如下文所述，这一观点主要是基于犍陀罗地区出土的大量"装饰盘"材料得出。不过，我们认为，犍陀罗地区的希腊移民及其后裔无疑继承了对狄奥尼索斯的直接信仰，但除希腊后裔之外的犍陀罗民众中，对酒神的信仰程度尚待讨论。

当佛教传至犍陀罗地区时，印度原始佛教戒律中对酒的抵制，在此发生了巨大的转变。犍陀罗佛教艺术中大量使用酒神和大酒神节图像。在许多石雕中，酒神被塑造成卷发、大胡子的典型西方人形象，这无疑直接来自希腊艺术。如日本私人藏一件犍陀罗石雕中，酒神骑在狮子上，由两位头戴花冠的女性搀扶着，呈现醉态，与希腊艺术中的同类题材几无二致。

在艺术中，除直接表现酒神外，"大酒神节"题材也被用来表现对佛的供奉。犍陀罗发现了大量佛塔台阶浮雕，通常刻画较多的人物，横向排列

---

① J. Marshall, *The Buddhist Art of Gandhara: The Story of the Early School, Its Birth, Growth and Decline*, Cambridge: University Press, 1960, pls.29, 42.

图6-5　西尔卡普银酒杯和酒神银像

图6-6　犍陀罗酒神石雕

成一排，多表现为欢歌畅舞的"大酒神节"形式。关于"大酒神节"，下一节中还将详细集中讨论。我们认为，用音乐舞蹈来庆祝大酒神节，这种希腊式举行节日庆典的形式可能也影响到了大型佛事活动中的庆祝仪式。在这里，图像艺术形式的借用无疑也表现了希腊酒神精神对于中亚佛教观念的影响。印度佛教的涅槃境界是指从痛苦中解脱出来的"无我"状态，超越生住异灭的具体情状。但犍陀罗的希腊后裔们显然难以理解这种植根于印度文化的思想，他们在接受佛教时，很自然地将涅槃境界与希腊的天堂观念等同起来，即庆祝大酒神节式的饮酒狂欢的极乐世界。同时，佛教作为一种哲理性、思辨性极强的宗教，在教团发展壮大的阶段不得不对教义进行一些技术层面的改造，使之便于为普通大众所接受。犍陀罗佛教是佛教在历史上蓬勃发展的阶段，其与希腊酒神信仰的结合正是适于发展需要的一种转变。佛教源自印度，经犍陀罗地区而东渐入华，先及西域，后至中原内地。在西域地区，早期佛教的传播与贵霜犍陀罗文化的东传是密不可分的。鄯善作为汉晋时期西域佛教中心之一，其信徒主体实为贵霜移民，他们传播的佛教实为犍陀罗佛教，保留了后者对酒神和大酒神节的信仰。

　　事实上，佛教在入华的过程中，也存在着为适应实际情况而在教义、法门、戒律等许多方面进行变通的情况。据《魏书·卢水胡沮渠蒙逊传》载，罽宾高僧昙无谶到鄯善传教，并非以教义吸引信众，而是以"能使鬼治病、令妇人多子"闻名。佛教史研究者亦早已注意到，佛教在进入中原初期，也不得不依附于方术、神通等来传播，这与犍陀罗佛教不顾戒律、融合酒神信仰的传播策略是一致的。

图6-7　犍陀罗出土饮器及其铭文

图6-8　达尔维津·特佩饮酒图
　　　　壁画

至于佛教徒在日常生活中对于酒的态度，德国柏林自由大学的Harry Falk教授通过对犍陀罗地区出土几件容器上所刻佉卢文铭文的释读和分析，指出犍陀罗佛寺经济中存在酿酒行为。这些容器体量较大，明显不同于僧人日常乞食所用器皿，一些铭文中有过滤、发酵的内容。不过，他认为犍陀罗僧人可能只是制造和出售酒，他们通过经营酒业生意牟利，尚无明确证据表面他们违反戒律饮酒。[①]无论如何，贵霜佛教徒对酒无疑是相当熟悉的。中亚地区早在佛教传入之前就有着悠久的酿酒饮酒传统。乌兹别克斯坦贵霜时期的达尔维津·特佩（Dalverjin Tepe）神殿壁画中就有饮酒的场景。

图6-9　尼雅N. XLIV附近的葡萄园遗址

① Harry Falk, "Making Wine in Gandhara under Buddhist Monastic Supervision", *Bulletin of the Asia Institute*, New Series, Vol. 23 (2009), pp. 65-78.

贵霜佛教徒移民塔里木盆地后，或许也将酿酒技术和酒业经营一同带入。如前述尼雅出土第655号佉卢文书就是一对佛教徒父子与另一位佛教徒之间交易葡萄酒庄的合同，并记录了成交价格。[①]1913年，斯坦因在尼雅N. XLIV遗址附近还发现了一个葡萄园，他认为尼雅种植葡萄的技术与20世纪初相差不大。

二、伎乐供养人与佛教仪式

供养是佛教徒的重要修行活动，可根据供养物种类大致分为衣食行等物质性供养和崇敬、赞叹、礼拜等精神性供养两大类。伎乐即音乐，并多伴有舞蹈。伎乐供养即用乐舞艺术的形式来歌颂、赞扬、礼敬佛教，属于精神性供养行为。从佛经来看，伎乐供养大致可分为两种类型：一是"不鼓自鸣"的诸天伎乐供养佛，二是人间世的以弹奏乐器作为供养。[②]这两种类型也对应于佛教石窟壁画中的伎乐图像，即郑汝中所划分的"伎乐天"与"伎乐人"两大类。[③]前者来自佛经中的各种天神，尤其以属于"天龙八部"护法神的"乾达婆"和"紧那罗"为代表；后者则代表现实生活中的供养人，随着佛教世俗化发展，逐渐成为佛教艺术中很重要的一个部分。对于"伎乐天"及相关飞天形象，研究者进行了大量研究，其源流、演变和发展已较为清楚，[④]兹不赘述；相较之下，对"伎乐人"的研究主要集中于北朝以后，对早期则关注不多。本节拟通过对早期佛教艺术中的世俗伎乐人形象的考察，探讨中亚希腊化文化对佛教实践、佛教仪式的影响，由此窥视鄯善佛教世俗化的来源。

1. 印度早期佛教伎乐供养人图像

从佛教戒律的角度看，伎乐属于"声色之娱"，与修行的宗旨背道而驰。佛陀在世时，对音乐、舞蹈一般持否定态度，并严格禁止弟子参与这类

---

① T. Burrow, *A Translation of the Kharoshti Documents from Chinese Turkestan*, London: The Royal Asiatic Society, 1940, pp. 135–136.

② 李美燕：《从云冈石窟第六窟的天宫伎乐考察北魏佛教音乐供养的实践》，《艺术评论》第二十九期，台北：台北艺术大学，2015年，第45—79页。

③ 郑汝中：《敦煌乐舞壁画的形成分期和图式》，《敦煌研究》1997年第4期，第36页。

④ 赵声良：《飞天艺术：从印度到中国》，南京：江苏美术出版社，2008年。

活动。不过，印度原有的音乐传统十分发达，甚至佛陀本人也精通音乐、戏剧等艺术；从佛教典籍来看，佛陀并非一味禁止一切艺术活动，他反对的是所谓"世间歌颂"，而赞成好音声赞呗，即禁止以娱乐为目的的伎乐，而允许供养为目的的伎乐。①《四分律》中有舍利弗、目连入灭后，佛陀应允其弟子起塔并用伎乐等供养的记载，尽管此事未必真实发生过，但反映了佛陀并不反对伎乐供养的态度。从传教的角度来说，佛教要吸引的目标信徒中包括大量原本靠音乐伎艺为生的下层民众以及专业的演员，他们是伎乐供养的主要提供者，也是佛教艺术中伎乐供养人的原型。现存最早的佛教艺术以印度中央邦的巴尔胡特大塔和桑奇大塔石雕为代表，两座佛塔都保留了大量伎乐供养人的形象。巴尔胡特大塔建于公元前2世纪的巽伽王朝时期，从塔门和栏楯上的铭文来看，捐资者均为当地居民，并无来自皇室显贵的支持。佛塔石栏面向佛塔的一面，雕满了真人大小的浮雕，这些形象表现的就是当地部落和城镇中的供养人，其中也包括乐伎形象。

巴尔胡特佛塔南门石柱下层外侧的浮雕，表现了一幅伎乐供养的场景：画面左侧描绘了一组八人乐队，其中五位乐手持七弦琴、钹等乐器，其他三人或背对观众、或双手交握，可能是歌唱者；右侧是四位跳舞的女子，手臂或伸或屈，展示着典型的印度舞蹈动作；舞女脚下又有一小儿形象；外围刻写了四位舞女的名字，并都冠以"阿卜莎罗（Apsarase）"的称号。②

"阿卜莎罗"是印度民间传说中来自海洋的仙女，以美貌和歌舞著称，《梨俱吠陀》中即有记载，在佛传故事中曾被天魔派去引诱和阻止佛陀悟道，后来成为了因陀罗天宫中的天女。她们的故事被记录在巴利文佛经《天宫事》（Vimānavatthu）中，多为曾在人间受苦受难的艺伎，因诚信佛教死后进入因陀罗天宫。因陀罗原为婆罗门教众神之首，在佛教中成为释迦牟尼的追随者。一些信徒生前没有来得及积累足够功德进入涅槃境界，死后成为天人，升入因陀罗天宫。巴尔胡特浮雕中的四名阿卜莎罗，前三人的

---

① 孙尚勇：《佛陀的音乐观与原始佛教艺术》，《南亚研究季刊》2004年第2期，第77—80页。

② A. Cunningham, *The Stupa of Bharhut: A Buddhist Monument Ornamented with Numerious Sculptures*, London: W. H. Allen and Co. etc., 1879, pp. 11; 27–29.

名字见于《天宫事》中因陀罗天宫的天仙乐队名单上。

刘欣如指出，这些阿卜莎罗的形象来源于现实社会中的乐伎、舞女等下层供养者。当时居住在巴尔胡特和桑奇佛塔所在地区的土著，与主流婆罗门社会交往不多，语言也存在障碍，很难沟通和弘法，此时表演艺术和雕刻艺术成为了重要的媒介。《天宫事》中因陀罗天宫中大量天女的故事，应该是以真实人物为原型创造出来的，她们虽然社会地位低下，但因诚心信奉佛教，被作为正面典型编入佛经中，形象刻在佛塔浮雕上，鼓励更多的信仰者。[①]

这幅浮雕整体表现出强烈的写实性，应该是世俗伎乐供养实践的真实写照。浮雕左上方破损，从残存的图案来看应是象征佛陀的菩提树。刘欣如认为画面主题是庆祝佛诞生的舞剧，舞女脚下的小儿代表着刚刚诞生的佛。[②]戏剧在印度有着十分悠久的传统，配合大量的音乐、舞蹈。浮雕中的人物大都辫发披于脑后、腰系披帛，舞女扎着头巾、丰臀细腰，均为典型的印度装束；右下方的小儿，体现出强烈的舞台叙事色彩，展现出了当时的戏剧表演方式。以戏剧演绎佛传故事，这是现实生活中以伎乐、戏剧艺术为职业的底层佛教徒用自己擅长的方式来供养，同时也是以这种形式宣传佛教、吸引更多的信众。

同时，铭文中将四位舞女的名字都加上"阿卜莎罗"天女的称号，即"伎乐天"与"伎乐人"的身份在她们身上是合二为一的。这是印度艺术的一个十分显著的特点，即在表现宗教世界和世俗世界之间缺乏鲜明的界限。美国学者瓦尔特·考夫曼指出："这种观点在造型艺术之中表现得尤为明显；世界上的一切，无论多么'现实'，也都充满了神性；而所有神圣的事物也都带有世俗的闪光。"[③]

距离巴尔胡特不远的桑奇大塔，始建于阿育王时期，约公元前1世纪扩建了塔门和栏楯，其装饰浮雕略晚于巴尔胡特。大塔北门西柱正面的伎乐

---

① 刘欣如：《飞天伎乐来自何方》，收入孟宪实、朱玉麒主编：《探索西域文明：王炳华先生八十华诞祝寿论文集》，上海：中西书局，2017年，第109—115页。

② 孔宁汉（Cunningham）认为画面主题表现的是阿卜莎罗引诱悟道前的佛陀。

③ （美）瓦尔特·考夫曼：《古印度的音乐文化》，收入王昭仁、金经言译：《上古时代的音乐：古埃及、美索不达米亚和古印度的音乐文化》，北京：文化艺术出版社，1989年，第133页。

图6-10　巴尔胡特佛塔南门浮雕　　　图6-11　桑奇大塔北门西柱正面浮雕

供养人浮雕,形式则较之巴尔胡特出现了较大的变化。画面正中是供养的对象——佛塔,其形制与桑奇大塔十分相似,外有塔门和三重栏楯。早期佛教艺术禁忌直接表现佛陀的形象,而代之以各种象征符号,佛塔一般代表佛陀的涅槃,因而画面的主题应是涅槃。佛塔两侧的上方有四位供养天人紧那罗——"伎乐天",中间为四位供养人,画面前景还有两排手持各种乐器的世俗供养人——"伎乐人"。

与前述的巴尔胡特伎乐供养浮雕相比,桑奇浮雕中区分了"伎乐天"与"伎乐人"两种身份,天人世界与世俗世界存在着明显的界限。值得注意的是,供养天人均后背双翼、身着典型的印度装束;而世俗供养人的发式、服饰等都明显迥异于印度式样:其中两个戴着尖帽,应该表现的是塞人或帕提亚人;而穿凉鞋、着半身裙、斗篷等的人物可能是希腊人形象;前排乐手所吹奏的双管长笛,是典型的希腊乐器,名为奥洛斯(Aulos);第二排乐手怀抱的箜篌,也是希腊式竖持箜篌(lyre),而非印度式横持的七弦琴

(vina)；前排鼓手用鼓槌击鼓的方式也不是印度艺术中习见的。[①]整体上，这幅浮雕描绘出一幅十分热烈的庆祝场景，叙事性色彩较弱，更多地表现了对佛塔的崇拜、礼赞，供养的意味浓重。桑奇典型的印度风格供养图像，大多表现众多戴头巾、披帛等传统服饰的人物，双手合十赞叹，动作整齐划一、千篇一律。[②]而这幅浮雕尽管整体采用了传统式的对称布局，但人物的动作、姿势、神态各异，画风显得较为自由活泼。

　　桑奇大塔浮雕装饰所表现出的异域色彩早已为研究者所注意，如波斯风格的有翼对狮、狮身鹫首怪兽，希腊风格的植物纹装饰等题材，与印度传统的莲花蔓草、大象孔雀等图案混杂在一起，融合成一种独特的式样。[③]无疑，桑奇的这些异域元素，是亚历山大东征以及之后几个世纪中亚、西亚外来文化不断渗入的结果，其中又以来自希腊化世界的影响最大。在亚历山大之前，通过波斯帝国的中介，印度人对希腊人就有所了解，称其为"Yavanas"；希腊人在印度的大规模出现，当始于亚历山大东征；此后，孔雀王朝的开创者月护王曾与塞琉古王朝有过直接接触并建立外交关系；巽伽王朝时期，印度西北的希腊大夏王国曾遣使驻节桑奇附近的毗舍离并树立石柱。[④]了解到印度文化的希腊人也自然地接触到了佛教信仰。阿育王就曾向他们宣扬佛教，阿富汗坎大哈老城发现了他颁布的用希腊语书写的石刻诏令；汉文佛经《那先比丘经》（巴利文版本名为《弥兰陀王问经》）记录了皈依佛教的印度希腊君主米兰德（公元前2世纪中叶）；希腊大夏的一位总督也曾经供奉斯瓦特的佛舍利。[⑤]

[①]　F. C. Maisey, *Sanchi and Its Remains: A Full Description of the Ancient Buidings, Sculptures, and Inscriptions*, London: Kegan Paul, Trench, Trubner & Co., Ltd, 1892, pp. 31–32.

[②]　如桑奇大塔北门东柱西侧浮雕，参见 http://dsal.uchicago.edu/images/aiis/aiis_search.html?depth=Get+Details&id=40179。

[③]　J. Marshall, *A Guide to Sanchi, Calcutta: Superintendent Government Printing*, 1918, pp. 10–16.

[④]　杨巨平：《希腊化还是印度化——"Yavanas"考》，《历史研究》2011年第6期，第134—155页。

[⑤]　J. Harmatta, B. N. Puri & G. F. Etemadi ed., *History of Civilizations of Central Asia: The Development of Sedentary and Nomadic Civilizations, 700 B.C. to A.D. 250(Vol. Ⅱ)*, Paris: UNESCO, 1994, pp.114–115.

　　桑奇上述浮雕表明，当地确实存在信仰佛教的外国供养人。画面中将来自塞人或帕提亚的尖帽与希腊式服饰、乐器混杂在一起，说明工匠的意图可能只是展现一组外国供养人的群像，而并未着力于区别他们不同的身份。尽管如此，图像中最为突出的还是众多的希腊元素：前排乐手使用奥洛斯、竖箜篌等典型的希腊乐器；第二排右侧三人单腿抬起的舞蹈动作，与巴尔胡特浮雕中舞女主要表现手部和上肢变化的动作完全不同，却与希腊艺术中表现"大酒神节"的画面十分相似。"大酒神节"是希腊人的传统节日，最初是为祭祝酒神而举行的大型庆典活动，人们组成游行队伍、高唱赞歌、载歌载舞，并逐渐演化成了戏剧这种表演形式。这个题材在希腊古典艺术、希腊化艺术中都十分盛行，表现为游行的歌舞队列，画面中的人物很多手中都持有奥洛斯、鼓、钹、长号等各类乐器，与桑奇浮雕的热闹场景风格相仿。

图 6-12　哈佛大学希腊瓶画（BC440—430）与大英博物馆罗马公元 1 世纪石雕

　　希腊文化与佛教的碰撞在佛教史上具有划时代的意义。偶像崇拜观念被引入佛教，不仅形成了著名的犍陀罗艺术，彻底改变了早期佛教的"不设像（Aniconism）"原则，而且对佛教大乘化、佛陀从人变成神的过程有着深远的影响。因此，希腊人对佛教观念的理解和认同过程耐人寻味。从桑奇上述浮雕来看，早期皈依的希腊人，似乎是很自然地基于原生的文化背景来诠释佛教概念，在宗教实践上就表现为用庆祝大酒神节载歌载舞的形式来作为供养，这一点在中亚伎乐图像中体现得尤为明显。

2. 中亚佛教伎乐供养人图像

中亚的希腊移民及其后裔如何看待佛教,我们可从《那先比丘经》中管窥一斑。在这部问答体经典中,沙竭国的希腊人国王与那先比丘之间展开了一系列深刻的讨论,话题涉及世界观、生命观、善恶观等许多哲学问题。那先比丘以深入浅出的理论和形象生动的比喻对佛教的许多核心问题进行了详细的阐述,最终以弥兰王心悦诚服地皈依告终。研究者对对话内容进行了详细分析,认为弥兰王所接受的佛教带有浓厚的希腊哲学色彩,那先比丘的观点正是由于与希腊哲学思想相通才得到了弥兰王的认同。[1] 也就是说,希腊人仍是从自身原有的宗教观出发去理解和接受佛教的。

希腊人的宗教生活中,以"大酒神节"为代表的各种节日庆典活动最具特色。人们举行各种祭祀、娱乐、竞技和宴饮活动,向众神表示敬意,这也是保持社会政治、生活秩序的一种十分重要的手段。法国考古工作者20世纪60年代在阿富汗东北部、阿姆河上游发掘的希腊化城址阿伊哈努姆(Ai Khanoum,约公元前4世纪—前2世纪中叶)中,就保留着一座依山坡而建的典型的希腊式剧场,观众席呈半圆形向上延伸,复原后半径约达42米,可容纳6 000人。城中还发现了一个建筑的水管出水口以希腊喜剧人物面具做装饰。[2] 这说明,在移民东方的希腊人中,对酒神的信奉依然深入

图6-13　塔克蒂桑金出土阿姆河神铜像

---

① 许潇:《巴克特里亚与希腊化的佛教——以〈那先比丘经〉为中心》,《中南大学学报(社会科学版)》2014年第6期,第21—25页。

② Paul Bernard, "Ancient Greek city in Central Asia", *Scientific American*, vol. 246 (Jan. 1982), pp. 148-159; Fredrik Hiebert & Pierre Cambon ed., *Afghanistan: Hidden Treasures from the National Museum, Kabul*, Washington D. C.: National Geographic, 2008, p. 127, fig. 33.

人心,观赏戏剧、庆祝大酒神节的习惯应该也仍原汁原味地保留着。

　　无论是节日庆典还是祭祀、颂诗、供奉等,希腊这些宗教仪式的共同目的都是取悦神祇,也就是说,信徒与天神(信仰对象)之间是一种互相交换恩惠的关系。[①]对于普通信徒来说,这种互惠的宗教观念更加易于接受。因此,随着希腊化国家的建立、希腊文化的推行,希腊的宗教观念深深影响到中亚本土的宗教。位于塔吉克斯坦阿姆河上游的塔克蒂桑金(Tankhti-i-Sangin)神庙,兴建于希腊大夏时期,供奉对象是本地的阿姆河河神,但这里出土的河神青铜像采用的是希腊河神玛尔绪阿斯(Marsyas)吹奏双管长笛的形象,年代约在公元前2世纪。神像下的大理石底座刻有希腊语铭文,供奉者名叫Atrosauka,是个典型的伊朗名字,并非希腊后裔。[②]这些表明大夏本土宗教也采用了希腊宗教的崇拜形式。

　　贵霜人于公元前2世纪进入大夏地区后,同样也受到了希腊宗教的较多影响。贵霜翕侯时期和建立帝国后发行的很多钱币上都加铸有希腊神的名字和形象。乌兹别克斯坦苏尔汉河西岸的卡尔查延(Khalchayan)贵霜王宫遗址(约公元1世纪)中,贵霜君主及眷属塑像的上方,还表现了尼斯、赫拉克勒斯、雅典娜等希腊神的形象,说明这些希腊神似乎已被视作贵霜王室的守护神。[③]特别的是,王宫墙壁还装饰了舞者、乐师、赤足小男孩等人物形象连接的花纲,这是典型的大酒神节题材之一,证明这一传统的希腊宗教仪式在贵霜时期可能仍然继续流行。

　　从阿育王时代起,佛教开始向中亚地区传播,到公元前后,中亚地区佛教已经较为兴盛。这一过程中,佛教的理论和实践发生了重大转变,大乘佛教在这一时期形成。相较于原始佛教强调个人修行、追求解脱境界,大乘佛教的教义、组织和实践明显更加迎合商人的价值观念,表现出浓厚的商业色彩。佛教僧团因不事生产,从诞生之日起就与供养者有着密不可分的关系。但直到贵霜时期,丝路贸易和商品经济的发展使得物质丰盈程度

---

① (英)西蒙·普赖斯著,邢颖译:《古希腊人的宗教生活》,北京:北京大学出版社,2015年,第31—53页。

② B. A. Litvinskii & I. R. Pichikian, "The Temple of the Oxus", *The Journal of the Royal Asiatic Society of Great Britain and Ireland*, No. 2 (1981), pp. 133–167.

③ (俄)普加琴科娃、列穆佩著,陈继周、李琪译:《中亚古代艺术》,乌鲁木齐:新疆美术摄影出版社,1994年,第28—29页。

图6-14　卡尔查延王宫墙壁装饰复原图

极大提高，同时大乘佛教又将一切物质皆"空"的概念推向极致，这些推动了职业僧人与供养者之间转变成了简单的兑换关系，供养者通过施舍来兑换功德。[①]这一点与前述希腊宗教庆典仪式的目的正是一致的。这种一致性也是佛教与希腊文化得以交流、融合的基础之一。

　　位于乌兹别克斯坦南部、阿姆河北岸的阿伊尔塔姆（Airtam）佛寺，南距古铁尔梅兹城8英里，是大夏地区目前所知最早的佛寺之一。佛寺叠压在希腊大夏地层之上，属于贵霜早期，约公元1—2世纪。佛寺大门两侧的八件石雕，用高浮雕技法表现了多位人物胸像，其中五位为女性乐师，手持竖琴、短琵琶、桶形鼓、双管长笛、铙等五种不同的乐器，人物之间相互以莨苕叶隔开，雕工精美，表现出大夏希腊化艺术的强烈影响。部分研究者认为，这些石雕图像本身描绘的是世俗场景或只是单纯的装饰，与佛教并无直接关联。[②]不过，发掘者之一、苏联考古学家马松曾指出，这些石雕的原

---

① 刘欣如：《贵霜时期东渐佛教的特色》，《南亚研究》1993年第3期，第40—48页。

② C. Lo Muzio, "On the Musicians of the Airtam Capitals", Antonio Invernizzi ed., *In the Land of the Gryphons: Papers on Central Asian Archaeology in Antiquity*, Firenze: Le Lettre, 1995, pp. 239–257.

图 6-15　阿伊尔塔姆佛寺出土伎乐供养石雕

生环境不是阿伊尔塔姆佛寺，它们被放置于这里是二次利用。[①]这个意见值得重视，石雕被有意再次摆放于佛寺门口，正表达了用"伎乐"来供养佛的意图。

在犍陀罗地区，从印度—希腊时期开始流行一类圆形石雕盘，被称为"装饰盘""化妆盘"或"黛砚"，经塞人、帕提亚时期延续使用到了贵霜早期，表面装饰十分丰富，呈现出多种不同的风格，被艺术史研究者分为"希腊化式""帕提亚式""印度式"等几组；其中以"希腊化组"数量最多、年代相对较早，多表现希腊神话故事主题，而又尤以与酒神狄奥尼索斯信仰、大酒神节相关的题材最为常见。有的研究者据此认为狄奥尼索斯信仰已在当地盛行。[②]由于盘面装饰风格多样、文化内涵不一，研究者对其实际功用的认识存在较大争议，有化妆用具、纯装饰品、佛教法器、祭仪用具等多种说法。[③]其中，田边胜美格外强调了这些装饰盘的佛教意味，认为它们是一种家用礼拜物，使用者是城市里的希腊系在家佛教徒，盘面的各种图像代表着希腊人理解的"彼岸"或"极乐世界"。我们认为，这一解释尽管受到一些研究者的质疑，[④]但仍不乏一定的合理性。从早期的图像题材多与希腊神话有关这一点来看，这类装饰盘的用途可能还是应与希腊人的宗教仪式、对佛教的理解密不可分。这一时期也正处于犍陀罗艺术吸收希腊艺术的影响、逐渐形成的过渡阶段。

犍陀罗佛教艺术石雕作品中，亦发现了大量庆祝大酒神节主题的图

[①]　Galina A. Pugachenkova, "The Buddhist Monument of Airtam", *Silk Road Art and Archaeology*, vol. Ⅱ (1991/92), pp. 23–38.

[②]　S. R. Dar, "Toilet Trays from Gandhara and Beginning of Hellenism in Pakistan", *Journal of Central Asia*, vol. 2, (Dec. 1979), pp. 141–184; Henri-Paul. Francfort, *Les palettes du Gandhāra*, Mémoires de la Délégation Archéologique Francaise en Afghanistan, vol. 23, Paris: Presses Universitaires de France, 1979; Ciro Lo Muzio, "Gandharan Toilet-Trays: Some Reflections on Chronology", *Ancient Civilizations from Scythia to Siberia*, Vol. 17 (2011), pp. 331–340.

[③]　Harry Falk, "Libation Trays from Gandhara", *Bulletin of the Asia Institute*, New Series, Vol. 24 (2010), pp. 89–113.

[④]　在马歇尔在塔克西拉科学发掘的装饰盘中，出土于佛寺环境的极少，大多来自城市遗址斯尔卡普；非发掘品中，直接表现佛教主题的，也仅有一件"梵天劝请"图像；因此很多学者认为这类装饰盘与宗教无关。

图6-16 喀布尔博物馆旧藏佛像底座石雕

像,表现为欢歌乐舞的游行队伍。①如阿富汗喀布尔博物馆旧藏一件石雕,两侧表现一对兽足,应为一件佛像的底座,中间描绘了一组四人手持各种乐器、且行且舞的场景。②这件石雕中,人物头发卷曲、肌肉线条鲜明,雕刻技法表现出典型的古典艺术特点,构图风格也与希腊同类题材如出一辙,只是画面中不再出现戏剧表演、角色扮演的成分(希腊图像中常出现面具、神的形象等来表明戏剧表演的主题),而是仅突出了音乐、舞蹈,即"伎乐",应该是把希腊宗教文化中的歌舞庆典移植到了佛教图像上,表达对底座上方佛像的供养。

① 艺术史研究者注意到,犍陀罗艺术中与酒神相关的图像十分丰富,多描绘世俗场景,大致可分为饮酒图、乐舞图、装饰性题材(花纲与厄洛斯、葡萄藤蔓等)等几大类,并进行了大量讨论。部分学者认为,酿酒、饮酒的传统在印度本土早已有之、犍陀罗艺术是借用西方的图像形式来表达本地的文化内涵,如药叉信仰等。我们认为,酒神信仰在犍陀罗已有较大影响是毋庸置疑的,不过,考虑到这些图像出土于佛寺环境的背景,还是应从佛教信仰去理解此类图像。参见 Martha L. Carter, "Dionysiac Aspects of Kushān Art", *Arts Orientalis*, Vol. 7 (1968), pp. 121–146; Martha L. Carter, "The Bacchants of Mathura: New Evidence of Dionysiac Yaksha Imagery from Kushan Mathura", *The Bulletin of the Cleveland Museum of Art*, Vol. 69, No. 8 (Oct., 1982), pp. 247–257.

② Francine Tissot, *Catalogue of the National Museum of Afghanistan 1931–1985*, Paris: UNESCO, 2006, p. 529.

　　特别之处在于，很多庆典场景图像都用来装饰佛塔塔基阶梯，无疑是表达对佛塔的供养之意。自公元前后开始，佛塔从原来的覆钵坟丘状向纵高发展，塔身下建数层方形塔基，形成阶梯。阶梯表面用大量浮雕装饰，一般正面用长方形石板、转角处则用三角形石板装饰。庆典场面是早期佛塔阶梯正面最常见的装饰题材之一。如巴基斯坦马尔丹东北部的贾玛尔嘎西（Jamal Garhi）佛塔，塔基装饰分为四层，其中最上面一层即载歌载舞的人物队列，其中一些乐器如双管长笛、箜篌、鼓等与桑奇浮雕十分接近，年代约在公元1世纪。①

图6-17　贾玛尔嘎西佛塔阶梯浮雕石板

　　阿富汗东部哈达（Hadda）遗址的查克里巩迪佛塔（Chakhil-i-Ghoundi Stupa C1），1928年由法国考古队发掘，现复原后在巴黎集美博物馆展出。②

———————————

① 除庆典场面外，贾玛尔嘎西佛塔阶梯的其他装饰题材主要是佛教本生故事，这是印度北部早期佛教艺术的特点，与桑奇较为接近；公元1世纪以后犍陀罗石雕逐渐流行从佛传故事中取材。参见Kurt A. Behrendt, *The Buddhist Architecture of Gandhara*, Leiden & Boston: Brill, 2004, pp. 58−59, fig. 62.

② Pierre Cambon, "Monuments de Hadda au musée national des arts asiatiques-Guimet", *Monuments et mémoires de la Fondation Eugène Piot*, tome 83, 2004, pp.168−184.

图6-18　查克里巩迪佛塔阶梯浮雕石板

　　这座佛塔塔基分为三层：上中两层装饰佛传故事场景；最下层即是以大酒神节构图形式表现的供养图像。由于石雕是石灰石材质，风化较为严重，下层三块浮雕中仅最右侧一块石板保存较为清晰：人物均身着希腊式服饰，手持酒器、乐器，横向排成一列，与喀布尔博物馆藏石雕十分相似。

　　类似装饰有歌舞人物队列的佛塔阶梯石雕数量十分丰富，在加拿大安大略皇家博物馆[1]、美国纽约大都会博物馆[2]、巴基斯坦白沙瓦博物馆[3]、英国牛津大学阿什莫林博物馆[4]、苏格兰爱丁堡大学[5]等许多机构均有收藏，年代约在公元1—3世纪。值得注意的是，这些图像在构图上均采用了大酒神节题材的队列形式，同时又清晰地刻画出了不同群组人物在相貌、服饰

---

①　参见安大略皇家博物馆网站 https://www.rom.on.ca/en 藏品编号 924.27.1、930.19.2。

②　Kurt A. Behrendt, *The Art of Gandhara in the Metropolitan Museum of Art*, New Haven & London: Yale University Press, 2007, pp. 25–30.

③　Benjamin Rowland Jr., *Gandhara Sculpture from Pakistan Museums*, New York: The Asia Society Inc., 1960, p. 42.

④　http://jameelcentre.ashmolean.org/collection/921/per_page/100/offset/300/sort_by/date/object/11199.

⑤　http://collections.ed.ac.uk/art/record/20478.

上的特点,似乎是为了表达不同民族都服膺佛法的情况。如美国克利夫兰博物馆所收藏的来自犍陀罗巴奈(Buner)地区一组佛塔阶梯,由三块石板构成,可能出自同一座佛塔,装饰形式相同,均为两侧以科林斯柱子为界、中间分别有六个人物的形式。不过,三块石板却分别雕刻表现了三组不同民族人物作乐的场景:第一块石板上的人物穿着长袍,头戴花冠,是典型的希腊人形象;第二块石板上的人物头戴尖帽,身着伊朗式长衫,衣袖挽起,下穿长裤,是典型的帕提亚装束;第三块石板则是几个小男孩形象,都戴着脚钏,有的裸体,有的披帛带,有的以一块布裹住全身,表现出印度人的特点。这三块台阶石板清晰地表现出犍陀罗佛教兼收并蓄的特点,各种文化都在"大酒神节"这一题材之下共同出现和相互影响。① 这种形式在贵霜时期尤为流行,后来固定成为了犍陀罗艺术表现众多供养人形象的一种构图模式,影响深远,且充分体现了这一地区的文化多样性。

　　与印度早期佛教艺术表现出较为浓厚的宗教性不同,中亚佛教艺术中的伎乐供养人图像充满了生活气息和世俗情趣,各种人物形象丰满生动,画风活泼自由,带有节日庆典的喜庆味道,这无疑来源于希腊化文化的影响。② 与印度的轮回观念不同,希腊人注重现世生活,艺术作品的主题,即便是表现神话世界的题材,也是由人的生活领域所确定。希腊艺术很少使用印度式的象征手法,一般都采用现实主义手法直接表现对象,富有人性化色彩。特别是到了希腊化时期,东西方文化的融合带来人们价值观的解放,艺术上进一步突破了古典时期的典范图像,题材扩展到生活的方方面面,从神、英雄、君主到普通平民,各种形象都出现在艺术中。③ 希腊的艺术理念在中亚被佛教吸收后,也最终引起了佛教艺术的重大发展——佛像的创造。从某种程度上说,犍陀罗艺术的繁荣也与希腊化艺术的世俗倾向有着密不可分的关系。犍陀罗工匠热衷于刻画各种佛传故事,应当受到了希

---

① 栗田功:《ガンダーラ美術・Ⅱ佛陀の世界》,东京:二玄社,1990年,第186—187页,图534—535,537。
② 犍陀罗艺术也有大量"伎乐天"图像,主要在"舍卫城大神变""说法图"等图像中作为佛的背景出现,表现为手持各种乐器的乾达婆和紧那罗形象。本章主要讨论"伎乐人"即世俗的伎乐供养人,故不赘述前者。
③ (德)托尼奥·赫尔舍著,陈亮译:《古希腊艺术》,北京:世界图书出版公司,2013年,第107页。

图6-19 克利夫兰博物馆所藏巴奈出土佛塔台阶石板浮雕

腊艺术在题材选择方面的影响。当然,佛教向通俗化发展,是受到历史上一系列内外因共同作用的结果,而希腊文化因素在其中应当起到了一定的助推作用。

3.鄯善佛教伎乐供养人图像

目前所知西域最早的伎乐供养人图像见于米兰M.V佛寺壁画。米兰是鄯善王国的一处重要佛寺,年代在公元2—3世纪。如前所述,其中第M.V号佛寺最下层护壁的装饰壁画中,以"大酒神节"的形式表现了一条花纲围绕着的各种人物。

花纲(Garland)来自希腊古典艺术,属于大酒神节题材的典型表现形式之一,由多个半圆花环连接起来,半圆上方填充各种人物形象,如卡尔查延贵霜王宫墙壁装饰中即可见到。佛教艺术亦很早就将其作为装饰纹样,如前文桑奇浮雕中的佛塔表面即装饰着花纲,形式从多个半圆演变为规则的波浪形,并被犍陀罗艺术沿袭。

米兰佛寺的花纲装饰串联起多位不同相貌特征、穿着打扮的男女供养人形象,其中许多手持酒器、乐器,与犍陀罗艺术中佛塔阶梯浮雕上的供养人群体大体类同。特别是,二者都将多种不同民族特征的人物形象混杂在

图6-20　米兰花纲与查克里巩迪佛塔阶梯的伎乐供养人

同一个画面中,表现手法和艺术旨趣都极其相似。尤其是其中一位怀抱四弦琵琶的女性伎乐供养形象,与阿富汗查克里巩迪佛塔阶梯上的最右侧的弦乐演奏者形象如出一辙。

　　值得注意的是,米兰壁画中的伎乐人所持为四弦琵琶。据研究,四弦琵琶起源于伊朗,经犍陀罗传入于阗,区别于龟兹后来流行的五弦琵琶。[①]和田约特干遗址出土了一些猴子弹奏四弦琵琶的陶俑。同属西域南道的鄯善,无疑也流行经于阗传来的四弦琵琶。尼雅遗址曾出土四弦琵琶的实物。鄯善和于阗佛教艺术中多见四弦琵琶,而龟兹石窟壁画中则是五弦琵琶更为常见。日本学者岸边成雄指出,西域音乐中心大致在5世纪前后发生了一次转移,5世纪之前在南道的于阗,5世纪之后转至北道的龟兹。[②]西域音乐的兴盛无疑与佛教的伎乐供养传统密不可分。就西域而言,总体上佛教在南道的传播和兴盛略早于北道。而乐器上的这一微小差别或许反映了南北两道佛教渊源有异。

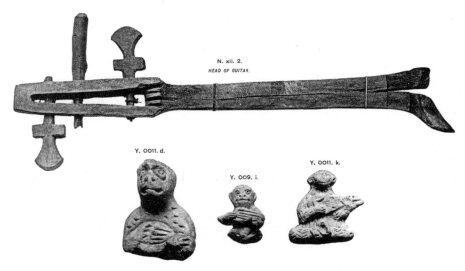

图6-21　尼雅出土四弦琵琶与和田约特干出土猴子弹奏四弦琵琶陶俑

---

①　赵维平:《丝绸之路上的琵琶乐器史》,《中国音乐学》2003年第4期,第34—48页。
②　(日)岸边成雄著,王耀华译,陈以章校:《古代丝绸之路的音乐》,北京:人民音乐出版社,1988年,第2—3页。

　　米兰佛寺所在的鄯善王国，是早期西域南道除于阗外的另一个重要的佛教中心。除米兰外，鄯善辖境内的尼雅、楼兰等遗址，亦有大量佛教遗存发现。公元5世纪初，西行求法的东晋僧人法显路过鄯善时，这里仍是"其国王奉法，可有四千余僧"。(《法显传》)研究表明，公元2世纪末以降，大批贵霜人来到了鄯善，直接推动了当地佛教的兴盛。米兰佛寺壁画上留有画师的签名，从名字看画师似是希腊后裔，很可能就来自贵霜。可以推知，鄯善佛教在佛寺形态、艺术表现、佛教仪式等方面都理应与其直接源头——贵霜佛教较为接近。因而米兰花纲装饰的题材、风格都与犍陀罗同类题材作品一脉相承。

　　需要注意的是，犍陀罗佛塔阶梯浮雕与米兰花纲虽然都采用了"大酒神节"题材的表现方式，但无疑表现的是佛教庆典仪式。由于文献记载的缺失，仅从图像上，现在已无从得知这些庆典仪式的内容和细节。关于前者，因佛塔是保存舍利之处，阶梯上的浮雕可能是表现舍利供养的场面。法显路过中亚时，曾在那竭国界醯罗城(即阿富汗哈达遗址)目睹了供养舍利的过程："出佛顶骨，置精舍外高座上。……每日出后，精舍人则登高楼，击大鼓，吹蠡，敲铜钹。王闻已，则诣精舍，以华香供养。"(《法显传》)其中描述的供养场面与犍陀罗图像中的庆典场景并无二致，伎乐是其中不可或缺的一个部分。而米兰花纲，尽管只是一种装饰纹样而并非表现真实情景，但应该也一定程度上反映了当地佛教仪式的情景。

　　西域早期流行的佛教庆典仪式，目前我们所知的有浴佛和行像两种。浴佛是指用香水灌洗佛像；行像则是指用宝车载着佛像巡行。尼雅出土的第511号佉卢文文书即当地举行浴佛活动的赞文，列举了浴佛的种种好处。[①]行像则是法显在于阗所亲身经历，并在其行纪中十分详细地记录了整个过程。从文献中的记述来看，相较之下，浴佛是一种较为严肃的宗教活动，而行像则具有更多的世俗性质。刘文锁根据《佛说灌洗佛形像经》《佛说温室洗浴众僧经》等相关经论对浴佛仪式进行了复原，大致包括奉供、集会、洗浴佛像、祈愿几项程序，没有明确提到伎乐。而行像仪式则大都包括伎乐供养的环节。法显对于阗行像的描述中虽然并未专门指出有伎乐供养，但强调了于阗"其国丰乐，人民殷盛，尽皆奉法，以法乐相娱"。他在印度摩竭提国巴连弗邑观看的行像也是"境内道俗皆集，作倡伎乐，华

---

① 刘文锁：《尼雅浴佛会及浴佛斋祷文》，《敦煌研究》2001年第3期，第42—49页。

香供养""通夜燃灯,伎乐供养"。及至行像后来传至中原,则更是演变成为一种规模盛大、场面隆重的娱乐活动,《洛阳伽蓝记》记载景明寺的行像活动,已经"宝盖浮云,幡幢若林,香烟似雾,梵乐法音,聒动天地"。

对于浴佛的起源,研究者多引用《过去现在因果经》中悉达多诞生后双龙灌顶的记载,这种说法未必真实可信,但浴佛习俗始于印度的推断恐与事实大致不差。古印度原有精神清洁的思想,婆罗门教早有类似的风俗。至于行像,赞宁《大宋僧史略》认为:"行像者,自佛泥洹,王臣多恨不亲睹佛,由是立佛降生相,或作太子巡城相。"这却仅是后世的一种推测了,与事实差距较大。虽然法显在于阗和印度都观看了行像,然而于阗这一仪式并非一定来源于印度。在佛教史上,印度并无偶像崇拜的传统,制作佛像是在佛涅槃几百年后在中亚地区最早出现,行像仪式的出现无疑应当更晚。从两种仪式后来在中国的流传来看,行像也确实出现得较晚。《三国志·吴志》中即提到了笮融浴佛之事,而行像则最早仅见于法显的记录。[①]从其强烈的世俗性来看,行像仪式无疑是在大乘佛教流传、佛教通俗化的过程中出现的。犍陀罗艺术中诸多伎乐供养图像透露出的世俗化倾向与此完全一致。语言学的研究已经表明,西域佛教的直接源头是中亚地区,早期的译经人大多并非来自印度而是来自中亚。因而,西域佛教仪式很可能也是来自中亚。当然,这只能是一种推测,我们目前已无法得知行像仪式是否在中亚地区也曾流传。

图6-22 龟兹苏巴什佛寺出土舍利盒

公元7世纪时,玄奘赴印度求法路过西域北道的龟兹,见到当地亦流行行像仪式:"大城西门外,路左右各有立佛像,高九十余尺,于此像前,建五年一大会处,每岁秋分数十日间,举国僧徒皆来会

---

① 罗华庆:《9至11世纪敦煌的行像和浴佛活动》,《敦煌研究》1988年第4期,第98—103页。

集,上自君王,下至士庶,捐废俗务,奉持斋戒,受经听法,竭日忘疲;诸僧伽蓝庄严佛像,莹以珍宝,饰之锦绮,载诸辇舆,谓之行像,动以千数,云集会所。"(《大唐西域记》)此时龟兹已成为西域佛教中心,石窟成群、僧尼众多。佛教艺术中伎乐供养图像极为发达,对此相关研究著述十分丰富,这里不再赘述。值得注意的是,龟兹石窟壁画中的伎乐图像大都是飞天、供养天人、天宫伎乐,即"伎乐天";[①]世俗供养人主要是王侯、比丘肖像或礼拜像;[②]"伎乐人"见于佛传图或说法图中的乐舞人物,多为烘托主要情节的背景出现,单纯的世俗伎乐供养或佛教仪式场景几乎未见。

目前所仅知的龟兹世俗乐舞图,见于苏巴什佛寺出土的舍利盒上。这具舍利盒由日本大谷光瑞探险队于1903年发掘所得,现藏于东京国立博物馆。初发现时,盒身覆涂有三种颜色的外层;半个世纪后,人们才发现其外层下另有一层十分精美的绘画。舍利盒整体呈蒙古包状;盒盖有尖顶,装饰四个联珠圈,内绘四身带翼童子,肤色两白两黑,手持箜篌、琵琶等乐器;盒身圆柱形,描绘了一幅21人组成的乐舞图;年代约在公元6—7世纪。

关于盒身所装饰的乐舞图案,霍旭初进行了详细的考证,认为表现的是文献中所记的"苏莫遮"舞蹈。[③]对此扬之水提出异议,认为苏莫遮的重要表演特色在舍利盒上并不存在,并进一步指出该乐舞图是表现佛典所载佛灭后末罗族的礼赞供养。[④]无论该乐舞图是否"苏莫遮",它无疑反映的是对舍利的伎乐供养之意。在一定程度上,乐舞图反映了龟兹佛教兴盛的真实情况,即参与大型庆典仪式已成为佛教徒的重要实践活动。玄奘记录的行像也属于同类仪式,并且"举国僧徒皆来会集,上自君王,下至士庶",吸引了社会各个阶层信徒的广泛参与,世俗化程度已经比较高。当然,此时龟兹的佛教仪式与希腊宗教庆典已相去甚远,而是佛教自受希腊化影响以来客观发展的产物,与其自身的通俗化过程相一致。

① 霍旭初:《论克孜尔石窟伎乐壁画》,收入氏著:《龟兹艺术研究》,乌鲁木齐:新疆人民出版社,1994年,第85—121页。

② (日)中川原育子著,彭杰译:《关于龟兹供养人像的考察(上)》,《新疆师范大学学报(哲学社会科学版)》2009年第1期,第101—109页。

③ 霍旭初:《龟兹舍利盒乐舞图》,收入氏著:《龟兹艺术研究》,乌鲁木齐:新疆人民出版社,1994年,第239—250页。

④ 扬之水:《龟兹舍利盒乐舞图新议》,《文物》2010年第9期,第66—74页。

　　不过，在盒盖所绘童子形象上，我们还能看到希腊艺术的最后一丝影子。四位童子各位于一个联珠圈内，这是萨珊波斯的典型纹样；但其中两个白色皮肤童子的绘画手法却与米兰壁画中的"有翼天使"十分接近，对额顶的一缕黑发、背后双翼以及眼睛、身体线条的描绘都完全一致，仍带有明显的希腊艺术风格。这是目前所见年代最晚的仍可见希腊影响的童子形象，且仅见于新疆。再往东的甘肃敦煌以及中原地区，从北朝以降，童子形象已经逐渐本土化，不流行希腊式造型了。①

图6-23　龟兹舍利盒盖上的童子形象　　　　图6-24　米兰有翼天使

　　本节分析了早期佛教艺术中的世俗供养人图像与希腊大酒神节题材在表现程式上存在的渊源关系，进而结合文献的相关记载，提出希腊宗教举行节日庆典的习俗与其世俗化倾向，对佛教艺术对中亚、西域地区的佛教实践可能产生了一定影响。佛教从印度传入中亚，逐渐兴盛并发生了一系列深刻的变化，如大乘思想的出现、佛像的创造、崇拜实践与宗教仪式的改变等。对于希腊化艺术对佛教的影响，研究者进行了大量扎实的研究，硕果累累。本节在前贤丰厚成果的基础上，试图借助世俗供养人图像的这一个案研究，对于除在图像程式之外，佛教艺术所反映出的宗教实践乃至思想教义上的世俗化发展做进一步思考。

————————

① 　陈俊吉：《北朝至唐代化生童子的类型探究》，《书画艺术学刊》2013年第15期，台北：台北艺术大学，第184页。

第七章　后鄯善时代的罗布泊

由传世史料可知,魏晋南北朝时期,罗布泊在西域与河西之间各种军事政治力量的角逐中扮演着十分重要的角色。罗布泊地区自然条件恶劣,难以通行,往往作为军事上的独特屏障而被利用,如北凉就曾多次西击鄯善以期利用罗布泊抵挡北魏的征伐。公元5世纪初,法显到达西域时,称鄯善"有四千余僧",由于僧人不事生产、需要俗人信徒的供养,因而可以推想鄯善当时应该是人口数量众多、经济较为繁荣的。不过,如前文所述,整个罗布泊地区却甚少发现公元4世纪中叶以后的墓葬。与此相对应的是,公元4—5世纪这里的佛教遗存却十分丰富,佛寺规模宏伟、盛饰浮图。我们推测,这或许是由于佛教传入后,罗布泊地区已经普遍采用了火葬制度的缘故。法显曾提到于阗"家家门前皆起小塔",这些小塔很可能是建于墓葬的墓上建筑。楼兰壁画墓所在雅丹之上就建有一座土坯垒砌的佛塔;库车昭怙厘西大寺佛塔下也见有高等级洞室墓。这与《宋云行纪》所称于阗"死者以火焚烧,收骨葬之,上起浮图……唯王死不烧,置之棺中,远葬于野,立庙祭祀,以时思之"的记录完全一致。后来北魏皇族陵墓建造大型墓上灵图的做法可能也是源于西域佛教的影响。[①]

到了公元5世纪,鄯善在西域群雄争夺之中逐渐走向衰亡。公元442年,北凉沮渠氏西渡流沙,攻占鄯善,时鄯善王比龙率领"国人之半奔且末"(《北史·西域传》)。公元445年,北魏成周公万度归抵达鄯善,"其王真达面缚出降",被解至京都平城;此后北魏又派假节征西将军韩拔领护西戎校尉、鄯善王,驻守鄯善,"赋役其人,比之郡县"。公元5世纪下半叶之后,漠北的柔然强大起来,并在与北魏对西域的争夺中逐渐占据了上风,"西域诸国焉耆、鄯善、龟兹、姑墨东道诸国,并役属之"(《宋书·芮芮传》)。在

---

① 林梅村:《丝绸之路十五讲》,北京:北京大学出版社,2006年,第193—194页。

这种形势下,北魏将鄯善镇内迁至西平郡(今青海乐都),后改镇立鄯州。公元5世纪末,出使高车的南齐使者江景玄途经西域,已见到"鄯善为丁零(高车)所破,人民散尽"。至此,鄯善王国的历史基本终结,其国民陆续移居伊吾、高昌以及中原。吐鲁番、洛阳、长安等地出土有不少鄯姓人墓志,其主人应即鄯善覆没后以国为姓的鄯善遗民,不少原鄯善贵族还在中原王朝入仕为官。①

鄯善灭国之后,罗布泊地区为吐谷浑所占据。吐谷浑原为鲜卑的一支,西晋末由首领吐谷浑从慕容鲜卑分离出来,先至内蒙古阴山,后南下抵达甘肃、青海之间,并以首领之名为姓氏、族名以至国号。公元5世纪末至6世纪初,吐谷浑在首领伏连筹统治时期,向西占据了鄯善之地。公元518年,宋云、惠生出使西域,记录了鄯善为吐谷浑占领的史实。《宋云行纪》中记载:"从吐谷浑西行三千五百里,至鄯善城,其城自立王,为吐谷浑所吞。今城是吐谷浑第二息宁西将军,总部落三千,以御西胡。"伏连筹死后,其子夸吕继位,并自号为可汗,在西域的势力进一步增强,"其地东西三千里,南北千余里"(《魏书·吐谷浑传》)。在此期间,在吐谷浑统治之下的鄯善移民曾设法与中原政权取得联系。梁普通五年(524),且末王安末深盘曾遣使向梁朝贡献;西魏大统八年(542),且末王兄鄯米率部众内附。从姓名分析,安末深盘与鄯米都应是鄯善遗民,或是公元5世纪中叶西奔且末的鄯善人后代。之后,隋朝在与吐谷浑的争夺中一度取得优势,曾于大业五年(609)设鄯善郡,置显武、济远二县;唐贞观年间,太宗也曾征讨吐谷浑,但应均未建立长期有效的控制,罗布泊地区仍是在吐谷浑的控制之下。

可想而知,从5世纪中叶以来,罗布泊地区的人口构成已经发生了巨大变化,楼兰鄯善土著移民成分已经很少,而北魏、隋等中原王朝经营期间的中原移民和柔然、高车、吐谷浑等统治下的游牧民族则大大增加。然而由于文献无载、考古材料亦缺失,我们对这一时期罗布泊历史发展详情尚无从得知。

唐初,外迁伊州的鄯善人曾一度归还本土。据《沙州伊州地志》记载:

---

① 林梅村:《楼兰——一个世纪之谜的解析》,北京:中央党校出版社,1999年,第186—199页;刁淑琴、朱郑慧:《北魏鄯乾、鄯月光、于仙姬墓志及其相关问题》,《河南科技大学学报(社会科学版)》2008年第6期,第13—16页。

"纳职县……唐初有土人鄦伏陀属东突厥,以征税繁重,率城人入债奔鄯
善,至并吐谷浑居住,历焉者,又投高昌,不安而归;胡人呼鄯善为纳职,既
从鄯善而归,遂以为号耳。"伯希和曾指出,纳职古读Napčik,后一音是语
尾变化,意为Nap人或地,与米兰出土藏文写本中Nob、近代蒙古语Lop(罗
布)同源。纳职县应在今哈密拉布楚克(Lapčuk),拉布来自Nap,楚克为突
厥语表示地名的词尾。[①]鄦伏陀率城人入居鄯善的时间也不长,研究者推
测可能是在粟特人康艳典的压力下被赶出。[②]大约在贞观年间,中亚康国

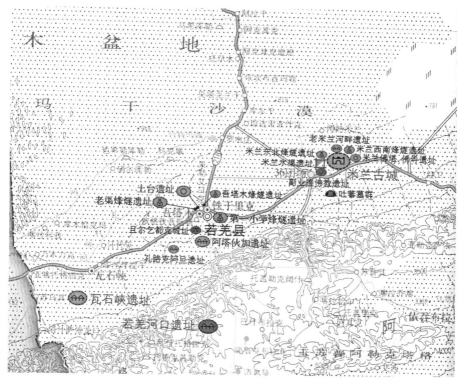

图7-1　后鄯善时代罗布泊地区遗址分布图

---

①　冯承钧:《鄯善事辑》,收入氏著:《西域南海实地考证论著汇辑》,北京:中华书局,
　　1957年,第21页。
②　郑炳林:《〈沙州伊州地志〉所反映的几个问题》,《敦煌学辑刊》1986年第2期,第70页。

的粟特人首领康艳典也率众来此定居，建立聚落，凡筑四城：典合城（石城镇）、新城（弩支城）、蒲桃城、萨毗城。贞观末年，康艳典降唐，唐以其为镇使，将鄯善更名为石城镇，隶属沙州。此事见于《沙州伊州地志》《沙州图经》《寿昌县地境》等敦煌写本。公元645年，留学印度的玄奘取道西域南道归国，途中所见南道诸国故地已呈衰败荒芜景象："行四百余里，至睹货逻故国，国久空旷，城皆荒芜。从此东行六百余里，至折摩驮那故国，即沮末地也，城郭岿然，人烟断绝。复此东北行千里，至纳缚波故国，即楼兰地也。"（《大唐西域记》）在此之后，由于地理环境和社会文化的变迁，罗布泊鄯善故地的人类活动越来越少，传世史料中基本不再见到相关的记载，唯有考古发现揭示了公元8—9世纪时期吐蕃的占领。

总体上，由于文献记载和考古材料的缺失，我们对后鄯善时代的罗布泊历史了解甚少，大量细节都已湮没在历史的尘埃之中。本章拟对目前发现的这一时期的考古材料进行概述。

一、石城镇与弩支城

如第三章所讨论，楼兰更名鄯善后，其都城迁至车尔臣河的扜泥城，即今若羌县城南、若羌河西岸的且尔乞都克遗址。在北朝隋唐的文献中，这座城被称为"鄯善城"。宋云于公元518年到达的"鄯善城"应该也是指这座城，由吐谷浑第二子统治。其后，《隋书·地理志》记载："鄯善郡，大业五年平吐谷浑置，置在鄯善城，即古楼兰城也。"那么，隋代鄯善郡治亦设置于此。不过，隋代对罗布泊的控制并不稳固，未能持续。据敦煌出土唐代写本《沙州伊州地志》记载："隋置鄯善镇，隋乱，其城遂废。贞观中，康国大首领康艳典东来，居此城；胡人随之，因成聚落，亦曰典合城。其城四面皆是沙碛。上元二年改为石城镇，隶沙州。"《新唐书·地理志》和敦煌写卷《沙州图经》《寿昌县地境》对此事也均有记载。

且尔乞都克古城经橘瑞超、斯坦因、黄文弼、孟凡人等人先后考察过，众人观察结论存在一定分歧。我们实地调查后发现，该遗址现在地表破坏十分严重，仅余少量土坯遗迹，原貌如何不经发掘已经无法判断。从前人的考察报告来看，该城址大致分为两个部分，一为土坯所建，二为石块垒砌，只是由于遗址被破坏，土坯城与石城的关系尚未弄清。土坯城的部分

图7-2　且尔乞都克遗址残存土坯建筑(作者摄影)

可能是魏晋时期修筑的,而汉代扜泥城的遗存已经不存。

土坯城内残存一座方形佛塔塔基,编号为Koy.Ⅰ,以土坯垒砌而成,边长约9米,佛塔北、南、东三面带回廊道,西面有阶梯与两处僧房建筑相连。僧房东壁残存灰泥壁柱和立佛像,还出土了大量莲花和茛苕纹壁画、木雕佛像等。佛塔西南约30米处还有一些土坯垒砌的僧房建筑Koy.Ⅱ,中间为一间方形大房间(黄文弼认为是庭院),周围又区分成很多小房间,其中几间有可坐或可睡的土台,还有谷穗、黍穗等,以及泥质灰陶、红陶片和少量黑紫色硬陶,应该是生活区,从陶片看年代在公元3—4世纪。此外还出土有梵文和早期笈多体婆罗谜文的贝叶文书,据考证是公元4世纪前后所写。[①](参见前章图4-17)

土坯城以北发现有卵石垒砌的墙基,斯坦因、黄文弼认为是土坯城的

---

① M. A. Stein, *Innermost Asia: Report of Exploration in Central Asia Kan-su and Eastern Iran*, Oxford: Clarendon Press, vol. 1, 1928, pp. 164-166; 黄文弼:《新疆考古发掘报告(1957—1958)》,北京:文物出版社,1983年,第48—49页。

外城,孟凡人则认为是一座与土坯城毗邻的石城。他们在石城内均观察到棋盘状的石砌基址,横纵交错,布置并不匀称。对于这些石砌基址,斯坦因曾根据《沙州伊州地志》等唐代写本中康艳典在石城镇附近筑"蒲桃城"的记载,猜想可能是葡萄园遗迹。从其所绘且尔乞都克石城的平面图来看,城内西部还有一处水塘。不过,斯氏曾在尼雅遗址发现过一处保存较好的葡萄种植园,那里并无此类石砌基址。且尔乞都克的石砌基线几乎遍布于城内,对于葡萄园来说似乎无此必要。而黄文弼则推测且尔乞都克即康艳典所筑"典合城",后改称"石城镇",就是来自这些石砌基址。多数学者更倾向于后一种看法。

根据文献记载,除石城镇外,康艳典还在鄯善修筑了另外三座城,据《沙州伊州地志》记录为:"新城,东去石城镇二百卌里。康艳典之居鄯善,先修此城,因名新城,汉为弩支城。蒲桃城,南去石城镇四里,康艳典所筑,种蒲桃此城中,因号蒲桃城。萨毗城,西北去石城镇四百八十里,康艳典所筑,其城近萨毗泽,山险阻,恒有吐蕃及吐谷浑来往不绝。"其中,蒲桃城距离石城镇最近,只在其北四里,但对其具体地望,目前学术界仍没有任何线索。萨毗城距离石城镇最远,在其东南四百八十里,其名字无疑来源于"苏毗",当与苏毗人有关。尼雅等地出土的佉卢文书中常出现苏毗人侵扰且末、于阗等地的记载,可知其势力在公元3—4世纪时已到达南疆,唐书中称之为"孙波"。吐谷浑占据鄯善后,苏毗受到削弱,但应仍有一部分人遗留在南疆。[1] 米兰出土藏文木简中也提到了萨毗城。[2] 根据文献所记方位,有研究者认为萨毗泽当指今新疆若羌县东南的阿雅库木湖,湖处昆仑山与阿尔金山衔接处,萨毗城当在其附近。[3]

---

[1] 伯希和:《苏毗》,收入冯承钧译:《西域南海史地考证译丛》第二卷,北京:商务印书馆,1962年,第20—21页;黄盛璋:《于阗文〈使河西记〉的历史地理研究》,《敦煌学辑刊》1986年第2期,第7—9页;高永久:《萨毗考》,《西北史地》1993年第3期,第46—52页;不过,孟凡人先生则认为佉卢文中的"supiya"与苏毗人无关,而是与婼羌有一定的渊源关系。参见孟凡人:《SuPiya人与婼羌的关系略说》,《新疆大学学报》(哲学社会科学版)1991年第3期,第57—63页。

[2] (英)F. W. 托马斯编著,刘忠译注:《敦煌西域古藏文社会历史文献》,北京:民族出版社,2003年,第115—119页。

[3] 王仲荦:《敦煌石窟出〈寿昌县地境〉考释》,《敦煌学辑刊》1992年第1、2期,第4页;郑炳林:《〈沙州伊州地志〉所反映的几个问题》,《敦煌学辑刊》1986年第2期,第72页。

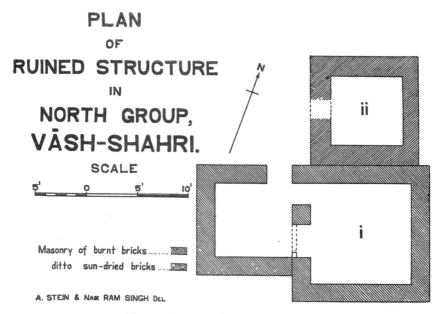

图7-3　斯坦因发掘烧砖建筑平面图

　　至于弩支城,除《沙州图经》等唐代写本外,《新唐书·地理志》引贾耽《道里记》也有记载:"(石城镇)又西二百里至新城,亦谓之弩之城。"清人陶葆廉最早将其考订为瓦石峡古城。陶氏在其所著《辛卯侍行纪》卷五卡克里克(若羌)西行二百里凹石峡处注:"古城,周三里,盖唐弩支城也。"这一观点后来受到了学术界的一致认可。

　　斯坦因1906年实地测得瓦石峡到若羌的道路里程为50英里,他认为符合文献记载的距离,并采集到开元通宝、宋代钧窑瓷片以及青铜小件、玻璃、珠子等遗物,由此他判断瓦石峡遗址始于唐代,到12世纪才被废弃。另外,斯氏还在此地发掘了一处建筑,其中两个房间由烧制的硬砖砌成,其他三个房间由普通土坯垒砌。烧砖在塔里木盆地南部较为少见,其他建筑普遍使用土坯建造。该建筑位于一处黏土城堡的西南缘,城堡周长约165米。①

---

① M. A. Stein, *Serindia: Detailed Reporat of Explorations in Central Asia and Westernmost China Carried out and Described under the Orders of H. M. India Government*, Oxford: Clarendon Press, 1921, vol. 1, pp. 304–309.

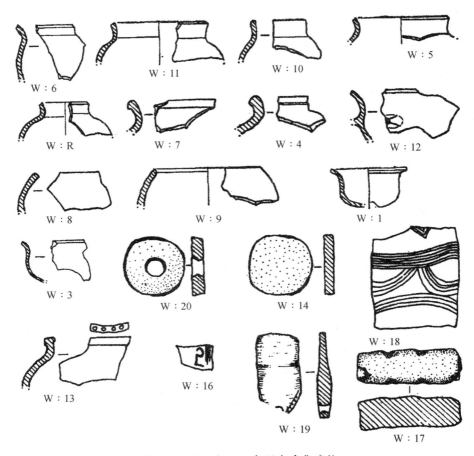

图 7-4 瓦石峡 1989 年调查采集遗物

伯希和指出,"新城"由粟特人建造,其名称用粟特语写作"Nöc-Köθ","弩支"应该就来自"Nöc"的译写,与前述贞观初年伊州鄯善人所在的"纳职"同源。《沙州伊州地志》中称"胡人呼鄯善为纳职",胡人应即粟特人。[①] 米兰出土藏文文书中的"klu rtse"、钢和泰藏卷中的"klu-rce",被认为也是"弩支"的音译,前者还提到了弩支城斥候官、士兵、伙夫及送往该城的信

---

① 李志敏:《"纳职"名称考述:兼谈粟特人在伊吾活动的有关问题》,《西北史地》1993 年第 4 期,第 36—38 页。

件，显见吐蕃占领时期弩支城也是鄯善要塞之一。[①]成书于982年的波斯文地理学著作《世界境域志》中提到罗布淖尔地区有一个名叫"NavīJkath"的城市，后者应该就是粟特语"新城"的波斯语形式。[②]如果这一结论成立，那么始建于唐代的弩支城，至少到了公元10世纪仍是一座较为兴盛的城市。

　　1978—1979年，黄小江、张平两位先生两次到瓦石峡遗址调查，并进行了试掘。遗址内未见城墙，约有三十几处较为集中的房址、三处窑址、两处集中的墓葬区和一处冶铁遗址，采集到陶片、石磨盘、玻璃片、瓷片、钱币、纺织品、木梳等大量遗物。发掘者初步判断遗址年代上限在鄯善国后期（公元4—5世纪），下限在宋元时期。[③]1989年塔克拉玛干沙漠综考队也在此采集了一些遗物，陶器以红陶砂质罐为主，还有鱼坠、石杵。[④]从出土物看来，宋元时期遗物为大宗。其中，遗址中部和西南部的居址出土玻璃器皿较多，应是一处玻璃制品作坊遗址，产品为无模自由吹制成型的钠钙玻璃，表现出与葱岭以西地区玻璃制品相同的特征。[⑤]对遗址出土炉渣、坩埚残片、木炭等冶金遗物的分析表明，瓦石峡冶金技术已经较为发达，使用了生铁炉与炒铁的联用技术，但炼铁燃料仍采用木炭。[⑥]居址中还出土有两件元代汉文文书，年代在1284—1293年之间，内容涉及元初蒙古在西域的军事活动，为我们了解这一时期的历史提供了重要材料。[⑦]

　　此外，1988年，考古工作者又在若羌河出山口勘查到一处唐代城堡遗

---

① 哈密顿著，耿昇译：《仲云考》，收入《西域史论丛》编辑组：《西域史论丛》第二辑，乌鲁木齐：新疆人民出版社，1985年，第169页；(英) F. W. 托马斯编著，刘忠译注：《敦煌西域古藏文社会历史文献》，北京：民族出版社，2003年，第140页。

② (法)伯希和著，田卫疆译，胡锦洲校：《喀什噶尔考（下）》，《喀什师范学院学报》1986年第2期，第59页。

③ 黄小江：《若羌县文物调查简况（上）》，《新疆文物》1985年第1期，第23—26页。

④ 中国科学院塔克拉玛干沙漠综考队考古组：《若羌县古代文化遗存考察》，《新疆文物》1990年第4期，第12—13页。

⑤ 张平：《若羌县巴什夏尔遗址出土的古代玻璃器皿》，《新疆社会科学》1986年第3期，第87—92页。

⑥ 袁晓红、潜伟：《新疆若羌瓦石峡遗址出土冶金遗物的科学研究》，《中国国家博物馆馆刊》2012年第2期，第141—149页。

⑦ 张平：《瓦石峡元代文书试析》，《新疆文物》1985年第1期，第98—101页。

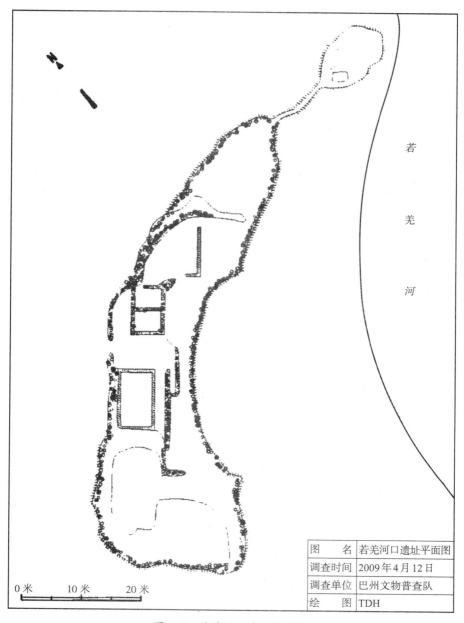

若
羌
河

图　　名	若羌河口遗址平面图
调查时间	2009年4月12日
调查单位	巴州文物普查队
绘　　图	TDH

0 米　　　10 米　　　20 米

图 7-5　若羌河口遗址平面图

址,称为"若羌河口遗址",又称"石头城",应与隋唐、吐蕃时期这一地区的
军事建置有关。遗址坐落在若羌河口西岸洪水冲刷而成的独立山崖的顶端,
西、南、东北为深沟悬崖,仅西南有陡坡与河床冲积扇端部相接,地势十分险
峻,不易攀登。城堡利用崖顶的天然砂岩垒砌而成,平面依地形呈自然形状,
周长约30米,北侧有城门一座。石垒围墙残高2.5—3米,墙基宽约2米,内有
石垒房屋数十间及冶炼遗迹等。城堡西部保存有灰褐色砖砌的建筑居址多
处,方砖火候较高,制作粗糙,大小不规则。各处石垒的居址皆塌陷呈凹形,
暴露出的文化层断面含有大量的木炭、灰烬等。城堡内采集有红陶片、残块
铁、炼渣及残坩埚等遗物。其中最为引人注目的是大小不等、数量较多、磨制
规范而精致的方形或长方形大理石小石片,石质洁白细腻,四角各有圆形小
钻孔,孔内尚残存有锈蚀铜丝,极似铠甲片。该遗址所处位置居高临下,地势
险要,易守难攻,显然是一处具有良好的瞭望与防守功能的军事设施,并为探
讨鄯善通往西藏的交通路线走向,提供了十分重要的线索。①

图7-6 若羌河口石头城遗址残存烧砖(作者摄影)

---

① 张平:《若羌县"石头城"勘查记》,《新疆文物》1990年第1期,第20—22页;新疆维
   吾尔自治区文物局编:《不可移动的文物:巴音郭楞蒙古自治州卷(2)》,乌鲁木齐:
   新疆美术摄影出版社,2015年,第182—184页。

二、米兰吐蕃戍堡

公元7世纪中叶开始,崛起于青藏高原的吐蕃王国向北、向东扩张,先后征服了驻牧于今青海、甘肃、四川西北一带的吐谷浑、党项、白兰等,并进军西域,联合西突厥与唐朝争夺安西四镇,染指塔里木盆地南部的鄯善。唐高宗、武则天时期,唐蕃双方在河陇、西域长期对峙,时战时和。神龙年间,唐经略使周以悌、于播仙曾劝阙啜忠节联络吐蕃,以击其主。从当时的形势看,鄯善旧城至萨毗一线已非唐所有,而为吐蕃及附蕃的吐谷浑控制。玄宗天宝十四载(755),"安史之乱"爆发,唐朝抽调河陇驻军东向平叛。吐蕃军队趁机乘虚而入,前后占据了河西、陇右诸州以及西州、于阗。到唐玄宗大中二年(848)张议潮起事为止,吐蕃统治河陇地区及西域南部达到百余年。结合传世史料和出土文献来看,从公元7世纪后半期起,鄯善成为吐蕃进出西域的交通要道和控制西域的中心据点。[①]

1906年和1914年,斯坦因在若羌县米兰镇以东7千米、老米兰河畔发掘并清理了米兰遗址,其中编号为M.Ⅰ的唐代古城址最受瞩目,城内清理出的古藏文木简证实,这是一座吐蕃统治时期的军事戍堡,年代在公元8—9世纪。[②]此后,黄文弼、新疆博物馆、新疆文物考古研究所等先后对米兰戍堡进行过多次调查和清理,出土了大量吐蕃文木简及木梳、毛织品等遗物。[③]

米兰城址平面呈不规则四边形,东、北两面墙体较长,约70米,西、南两面墙较短。墙垣底部残宽4—8米不等,最高部分达7米许,多已坍塌,部分残缺,东、北墙局部保存较好。墙体采用夯筑、土坯夹红柳枝、垛泥夹红柳

---

① 杨铭:《唐代吐蕃统治鄯善的若干问题》,《新疆历史研究》1986年第2期,第20—30页。

② M. A. Stein, *Serindia: Detailed Report of Explorations in Central Asia and Westernmost China*, Vol. 1, Oxford: Clarendon Press, 1921, pp. 346–348; 450–484; M. A. Stein, *Innermost Asia: Report of Exploration in Central Asia Kan-su and Eastern Iran*, Oxford: Clarendon Press, vol. 1, 1928, pp. 169–180.

③ 黄文弼:《新疆考古发掘报告(1957—1958)》,北京:文物出版社,1983年,第50—53页;彭念聪:《诺羌米兰古城新发现的文物》,《文物》1960年第8—9期,第92—93页;新疆维吾尔自治区文物局编:《不可移动的文物:巴音郭楞蒙古自治州卷(2)》,乌鲁木齐:新疆美术摄影出版社,2015年,第179—181页;国家文物局主编:《2012中国重要考古发现》,北京:文物出版社,2013年,第136—137页。

枝等多种不同方式、多次修葺而成。城址四角均有向外突出的角楼建筑遗迹，多为夯筑，仅东北角者为土坯砌筑；四墙之外侧又各有一向外突出的棱堡或马面建筑。其中南墙中段向外突出的部分十分高大，平面呈 U 字形，墙体底部为夯筑，上部为土坯、垛泥夹红柳枝砌筑，高达 13 米，是整个城址的制高点，应是该城的主堡所在。城门开在西墙北侧，斯坦因调查时在附近发现有粗大木桩，可能是城门构筑。斯氏沿墙基外还发现许多散布的大石头，他推测可能原来是保存在墙上的防御物。

城内北侧和东侧发现有大量土坯和垛泥筑就的房屋，建造较为粗糙，墙体厚薄不均，由胡杨木柱支撑，屋顶为平顶，以红柳枝、垛泥、胡杨木、芦苇草层构成。东墙内侧很多房屋是半地穴式，其中一些废弃后被用来存放垃圾或被用作厕所。北墙内侧的房屋包括一些起居室和储藏室。这些房屋起建高度相当不一致，表明其建造较为随意，有些相互叠压，应是不同时期所建。主持 1973 年米兰古城调查的穆舜英女士认为，这种阶梯形的建筑，与拉萨布达拉宫构造类似，与《新唐书·吐蕃传》称吐蕃"屋皆平上，高

图 7-7　米兰戍堡南侧棱堡（作者摄影）

图 7-8　米兰戍堡内房屋（作者摄影）

至数丈"的描述相吻合。① 城外东西两侧也发现有房屋遗迹，结构和建造方式与城内房屋基本相同，也叠压于早期废弃堆积之上。从墙垣来看，米兰古城应该经历过多次修筑，可能包含至少两个主要使用时期。吐蕃时期应是古城的最后使用阶段，城内外房屋亦属于这个时期。

出土物中最为重要的是大量的古藏文木简和写本。根据杨铭先生的统计，现在能见到斯坦因获得的米兰古藏文写本共 342 件、简牍 169 件；新中国成立后新疆考古单位在米兰遗址发掘所得的古藏文简牍共 78 件。文书的内容涉及了公元 8—9 世纪吐蕃统治下当地经济、军政、部落、宗教、社会生活等的各个方面。② 结合敦煌、于阗等地出土的藏文文献可知，吐蕃统治下鄯善地区有大鄯善、小鄯善、弩支城、且末城、萨毗城五城，其中萨毗可能是吐蕃驻鄯善最高长官的治所，大鄯善即若羌石城镇、藏文文书称"nob

① 穆舜英：《新疆出土文物中有关我国古代兄弟民族的历史文化》，收入《新疆历史论文集》，乌鲁木齐：新疆人民出版社，1977 年，第 63—66 页。
② 杨铭：《吐蕃统治鄯善再探》，《西域研究》2005 年第 2 期，第 39—46 页。

图7-9　米兰戍堡出土陶罐

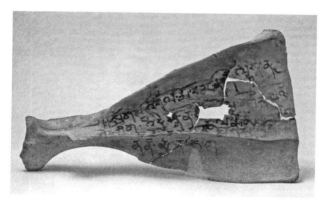

图7-10　米兰戍堡出土古藏文卜骨

ched po（大罗布）"，小鄯善即米兰、汉之伊循、唐之"七屯城"，藏文文书记为"rtse mtong（七屯）"，又称"nob chung（小罗布）"。吐蕃设置了节度使、万户长、节儿、千户长等官吏来管理这一地区，在沿用本土部落制的基础上有所变化。这些官吏既掌军政，又管民事。生活在这一地区的居民，民族成分也十分复杂，除吐蕃人外，还有大量吐谷浑人、粟特人、突厥人、回纥人和汉人，而吐蕃人又来自十余个不同的部落。因而，吐蕃戍堡及其周边地区表现出来的应是一种多元交汇的文化。

除文书外, 戍堡中还出土了大量的生活用品, 包括木制的日用器皿 (碗、盘、勺、匙等), 小米、小麦等食物, 牛、羊、狗等兽骨, 石磨盘、陶器(罐、釜、瓮壶、纺轮)、木梳、芦秆笔等生活用具, 皮制的毛裤、皮靴、毛绳、毛皮带、毛毯、织花毛毯残片, 还有木弓、刀鞘、三棱形铁镞、骨镞等武器及大量漆皮甲片。遗址区还清理出了相当数量的卜骨, 骨料是羊肩胛骨, 经过烧灼, 灼洞成规则排列, 其中一块卜骨上还保留了吐蕃文卜辞。[①]据推测, 占卜可能来自吐蕃的原始信仰苯教。[②]

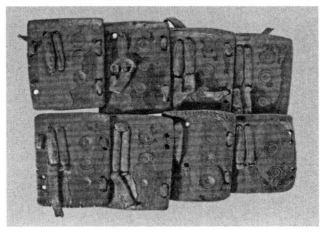

图 7-11 米兰戍堡出土毛织物与皮甲片

① 中国科学院塔克拉玛干沙漠综考队考古组:《若羌县古代文化遗存考察》,《新疆文物》1990年第4期, 第6页。
② 王忠:《新唐书吐蕃传笺证》,北京: 科学出版社,1958年, 第13页。

　　吐蕃的铠甲在中世纪享有盛名。据《新唐书·吐蕃传》记载："其铠胄精良，衣之周身，窍两目，劲弓利刃不能甚伤。"这种备受史家赞誉的铠甲，指的应是覆盖全身、只留两目的"锁子甲"。《通典·吐蕃传》记载："人马俱披锁子甲，其制甚精，周体皆遍，唯开两眼，非劲弓利刃之所伤也。"同一时期的阿拉伯文献中亦有记录：公元729年，在突骑施与大食争夺中亚卡马尔加要塞的战役中，突骑施苏禄可汗就是由于身穿吐蕃锁子甲，虽中箭却未致命。[①]而米兰戍堡中出土的大多是皮甲片，均呈长方形，四角有孔，以便于系连，外表通常被漆成红色或黑色，表面还装饰各种图案花纹。

　　1989年，塔克拉玛干综考队考古工作者还在米兰戍堡以南约800米处，发现了吐蕃墓葬。墓葬都是挖建在淤沙土层中，距离地表很浅，为竖穴偏洞室墓，即先挖一个长圆形竖穴，然后在其旁掏挖一个长圆形洞室，尸体置于墓室中。在竖穴与墓室之间用泥块堆砌隔墙。墓葬葬式有两种，一种是侧身屈肢葬，周身用毛毡、毛布和麻布包裹；另一种将头骨、胸骨、肢骨、足骨等分别用毛毡、毛布和麻布包裹，按顺序排放，头发保存得很好，为单辫或双辫。随葬品非常贫乏，仅在头部放置一只木碗，或者没有，但每座墓葬都有一个山羊头置于头侧。经过对比发现，这些墓葬中的毛毡、毛布、麻布和木碗均与吐蕃戍堡中所出土的完全一样。根据墓主人辫发和实行土葬的情况来看，发掘者认为这些墓葬的主人当为米兰戍堡中的吐蕃人。

　　我们认为，从西藏地区发现的墓葬来看，吐蕃早期墓葬中确实存在偏洞室墓，但并非主流葬俗，仅在拉萨河谷有少量发现。[②]这批墓葬中用毛毡、毛布等将尸骨分别包裹的做法也十分特别。拉萨辛多山嘴墓地还见有将颅骨等骨骼装入陶罐的二次葬葬俗，与前者有相似之处。在头部随葬羊头、木碗的习俗则见于楼兰—鄯善王国时期墓葬中。如前所述，吐蕃统治之下生活在罗布泊地区的居民，成分较为复杂。这批墓葬或属于吐蕃某部落的成员或本地鄯善王国的遗民。

---

① （美）白桂思著，付建河译：《吐蕃在中亚：中古早期吐蕃、突厥、大食、唐朝争夺史》，乌鲁木齐：新疆人民出版社，2012年，第77页。

② 霍巍：《西藏古代墓葬制度史》，成都：四川人民出版社，1995年，第94—96页。

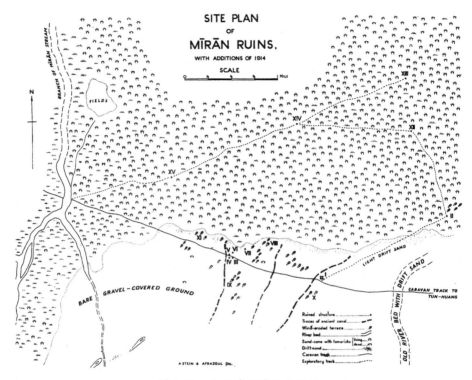

图 7-12　米兰遗址遗迹平面图

　　如第四章所述,根据敦煌出土唐代地理写卷及相关种种信息综合判断,米兰古城最早应是汉代伊循屯城所在。伊循城废弃后,该城址又被其他人群占据使用。米兰遗址共发现15处遗迹,除 M. I 外,其他遗迹主要是佛教建筑,根据分布位置大致可分为两组:第一组在西南部,遗迹较为集中,共9处遗迹,分别编号为 M. III—M. XI;第二组在遗址东北部,遗迹相对分散,包括 M. II 和 M. XII—M. XV。两组遗迹在年代上也表现出差别。①第一组以 M. III 和 M. V 为代表,二者均为形制外方内圆的佛寺,顶部已塌毁,推测应为穹隆顶;寺内中心为圆形平面佛塔、单层塔基,佛塔四周回廊绘有蛋彩壁画,表现出强烈的古典艺术风格,上有佉卢文题记,年代当在公

————————

① 林立:《米兰佛寺考》,《考古与文物》2003年第3期,第47—55页。

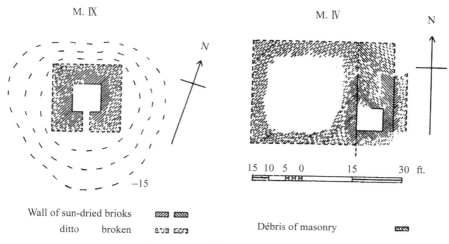

图 7-13 M.Ⅸ与 M.Ⅳ平面图

元 2 世纪末至 3 世纪上半叶。其余遗迹残毁较为严重：M.Ⅳ、M.Ⅵ、M.Ⅶ、M.Ⅺ应是平面方形的佛塔，仅余塔基；M.Ⅷ是一处建筑，其中一面东西向的墙保留了约 24 米长，可能是一处僧房；M.Ⅸ则是一处边长约 2 米的小建筑，保存相对完整；这几处遗迹均为土坯垒砌而成，年代应与 M.Ⅲ、M.Ⅴ佛寺接近，其中一些使用的土坯尺寸还与后者相同。M.Ⅹ较为特殊，也以土坯砌筑而成，下部约为边长 2 米的正方形、高 1.3 米，顶部先设置突角拱呈八边形、其上又建成穹隆顶，这种顶部建筑方式常见于波斯早期建筑，应与 M.Ⅲ和 M.Ⅴ内侧壁画表现出的古典艺术风格一样来自新疆以西的影响。

　　第二组遗迹中，最重要的是 M.Ⅱ，这是一处规模较大、结构复杂的寺院，由一以塑像坛为中心的寺庙和一僧房并列组成：东部为长方形僧房，仅存两面墙和两间小房间；西部为长方形塑像坛，残高 3.35 米，分上下两层，下层约 14 米×11 米，表面残存灰泥塑成的成排壁龛装饰，内有略比真人小的泥塑佛像；上层 5.3 米×4.8 米，保存较差，紧靠下层的西侧；基坛的东北面有一条约 3 米宽的走廊，廊外墙内壁有一排禅定印巨型坐佛像，每尊宽约 2.3 米，身材较为健壮，表现出犍陀罗艺术风格。我们推测塑像坛上层南部位置可能原来供奉有大型塑像，整个佛寺以大佛像为中心，结合塑像坛的列龛装饰和佛像风格来看，M.Ⅱ佛寺的年代在大约公元 5 世

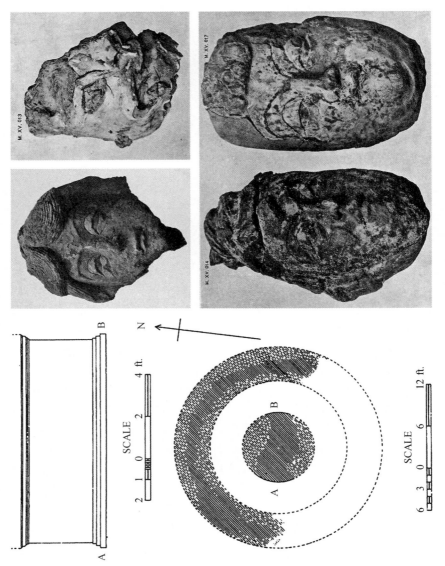

图 7-14　米兰 M. XIV 佛塔平面图与 M. XV 出土泥塑头像

纪。[①]M. XIV为一座带围廊的圆形佛塔,出土了一些犍陀罗风格的灰泥佛像残块、木雕等;M. XV则是一座穹隆顶的圆形佛殿,出土有真人大小的泥塑头像及艺术风格与M. Ⅱ坐佛相似的巨型佛头;二者内壁均发现有彩绘装饰,总体上看年代与M. Ⅱ佛寺一致。斯坦因在M. XIV还发现了5件吐蕃文小木简,并据此认为该佛寺可能在吐蕃时期仍在使用。不过,我们认为,这些木简可能只是后期混入的,M. XIV的建造和主要使用年代应在公元5世纪。M. XⅡ和M. XⅢ被斯坦因认为是瞭望塔或烽燧,因损毁较严重、缺乏出土物,尚难以判断。林梅村先生指出,罗布泊地区在鄯善王国消亡之后被吐谷浑人占据,《梁书》中曾称吐谷浑"国中有佛法"。由此看来,米兰M. Ⅱ、M. XIV、M. Ⅴ三座佛寺可能是公元5世纪吐谷浑人在此修建。[②]

　　在此之后,米兰遗址再次被废弃,直到公元8世纪被吐蕃人占据。斯坦因在M. Ⅰ戍堡的夯土中发现了大量早期陶片,证明该戍堡修筑时确曾从早期遗存中取土,以节省劳力和运输成本。

---

① 陈晓露:《鄯善佛寺分期初探》,《华夏考古》2013年第2期,第97—104页。
② 林梅村:《唐蕃古道》,收入氏著:《丝绸之路十五讲》,北京:北京大学出版社,2006年,第255页。

结　　语

　　罗布泊位于塔里木盆地东端，是西域地区地理环境演变和历史文化演进最为典型的一个区域，又位于丝绸之路上东西文化荟萃交流的交通枢纽之地，历来深受学术界关注。在西域地区的考古学研究中，罗布泊地区也占据着特殊地位。西域地区考古遗存的堆积形态与其他地区存在相当大的差别，很少见到连续叠压地层；同时，西域地区的历史进程也十分特殊，深受来自不同方向各种文化的浸润和影响，考古学文化面貌极其复杂。因此，西域考古研究开展的难度极大，至今建立西域考古编年序列这一基础工作尚未完成。罗布泊地区历史文化内涵丰富，是西域多元文化的代表性区域，但相较其他地区而言，这里自然条件特殊，是一个相对较为独立的地理板块；这里的考古工作起步较早，积累的材料已相当丰富，而各时期的遗存性质又大都较为单纯，族属、年代相对都比较明确；同时地理位置与河西走廊邻近，受汉文化影响颇深，能够充分利用中原地区已取得的丰硕的考古学研究成果，是从区域角度推动西域考古深入的最理想的突破口。在这一情况下，本书尽可能全面地搜罗了目前所能够掌握的考古材料，在此基础上从考古学文化角度探讨了罗布泊地区历史进程和文化交流状况。

　　细石器遗存是罗布泊地区发现的较为特殊的一类遗存。目前已有相当一批地点被确认，研究者对细石器的分布范围及规律、细石器的制作技术、形态与用途已经建立了一定的认识，但由于材料所限，仍无法得出进一步的结论。[①]

[①]　事实上，目前学术界对整个新疆地区青铜时代以前的了解都处于类似的状况，缺乏能够说明问题的材料。近年来阿勒泰吉木乃通天洞遗址发现了旧石器中晚期过渡时期的文化层堆积，为推进这一领域的认识带来了希望。参见新疆文物考古研究所、北京大学考古文博学院：《新疆吉木乃县通天洞遗址》，《考古》2018年第7期，第3—14页。

　　目前罗布泊地区较为明确的、最早的考古学文化当属青铜时代的小河文化。对该文化面貌的认识主要建立在墓葬材料的基础上：地表有立木标志，高等级墓葬有建木屋、或有7圈立木围桩者；竖穴沙室，采用有盖无底的胡杨木棺，棺上覆盖生牛皮密封，棺前竖立标志墓主人性别的男根或女阴生殖崇拜立木，高等级墓又有在木棺外用木板室或覆泥壳等"椁"类葬具者；墓主人均仰身直肢，单人葬为主，头向东；头戴尖顶毡帽、上插羽饰，身披毛织斗篷、着腰衣、脚穿短腰皮靴；均随葬麻黄枝小包；随葬品中不见陶器，草编篓是主要容器，呈卵形，上面编织出阶梯纹或波线纹；随葬木器、骨器、玉器都较为普遍。根据碳十四测年所得数据，小河文化的年代大约在公元前2000—前1500年之间，其中地表建7圈立木围桩可能是该文化较晚阶段出现的。从墓葬来看，小河文化人群能够利用的环境资源仍比较有限，社会复杂化程度并不高，但已形成了高等级和一般平民两个阶层。在葬俗上，该文化表现出大量生殖崇拜和萨满信仰方面的内容，如对牛、蛇、数字"七"的崇拜，高等级墓葬中尤为突出，表明宗教权力在社会中具有较大的影响力。早期高等级墓葬多为女性，晚期则男性地位提高并超过女性，说明社会需求的重点从生育转向劳动力，这可能是生产性经济发展的结果。小河文化的经济成分中，畜牧业无疑是最重要的，农业虽然所占比例较小，但重要性也在逐步提高，而且可能具有特殊的含义。虽然没有直接的农耕遗迹发现，但墓葬中出土了小麦和黍这两类栽培作物，受到了学术界的格外关注。这两种分别起源于东西方的栽培作物共同发现于小河文化，表明小河文化混合交融了东西双方的文化因素。体质人类学、分子遗传学的研究也印证了这一点，并揭示出这种混合在小河人群迁入罗布泊地区之前就已发生。在文化源流上，小河文化与欧亚草原具有密切的内在联系，尤其是和阿尔泰地区的切木尔齐克文化关系紧密；同时也接收了一部分来自西方的文化因素。但对于小河文化的具体形成过程，我们目前尚不能作出准确的描述，这是由于罗布泊地区的地理环境与周边地区差异过大，导致人群迁入后在生存策略和生活方式上发生了巨大变化。

　　小河文化在公元前1500年衰落之后，由于环境和气候的恶化，罗布泊地区的人类活动沉寂了相当长一段时间，直到汉晋时期环境好转后，才再度活跃起来。这一时期也是狭义的陆上丝绸之路开辟和初步建立的时期，罗布泊西北的楼兰鄯善王国作为中原经营西域的重要节点，成为了中原正式记载的对象。罗布泊地区汉晋时期的遗址发现数量较多，但迄今未进行过全面的发掘，因而考古学文化面貌也主要是由墓葬材料揭示。基于对墓葬的分析，汉晋时期罗布泊地区的考古文化变迁脉络已经基本清晰，大致可分为楼兰王国、鄯善前期、鄯善后期三个时期。

楼兰王国时期（公元前2世纪—前1世纪），罗布泊地区流行平面呈刀形的大型丛葬墓，即在长方形竖穴土坑墓的一侧开出墓道用以多次葬入死者，墓中使用立柱、支撑墓口的棚盖。有些墓葬的使用时间相当长，一直延续到鄯善时期。同时，竖穴土坑的单人墓葬也有一些发现。总体上这一时期的墓葬材料较少，可能与当时的经济形态以畜牧业为主、"民随畜牧逐水草"有关。另外，西域南道的土著考古文化面貌存在很大的一致性，且末、于阗、扜弥等地同一时期的墓葬与楼兰墓葬在很多特征上十分接近。同时，这一时期开始零星见到丝绸、铜镜等来自中原的物品。张骞凿空使得汉王朝开始了对西域的大规模经营，因而汉文化对于西域上层人士具有直接的影响，诸国王公贵族之间赠送礼品甚至用汉文来书写贺词。

鄯善的建立可谓西汉王朝干预西域政局的代表性事件之一，直接刺杀废除楼兰国王，扶持新王，更换国名并迁都，通过一系列举措来保证汉王朝的势力影响，树立权威。相应地，鄯善前期（公元1世纪—3世纪上半叶）罗布泊地区的物质文化表现出强烈的汉文化色彩，汉式器物大量出现，尤以各种带有政治宣传意味和时代风尚的文字织锦最为典型。与此同时，部分出土丝绸上可见到标有产地、规格、价钱等信息，表明在汉王朝的经营是十分有效的，丝绸之路较为畅通，商品贸易能够顺利开展。可以推想，这一时期进入西域的汉人数量应是不少的，樏樋、解注瓶等极具汉文化特色的器物的发现，表明了西域民众对于汉文化的深层次认同。然而，就目前而言，我们仍未能发现墓主明确为汉人的墓葬。这种情况一方面与考古发现与研究不足有关，另一方面可能表明这一时期到达西域的汉人仍是以出使、和亲、屯戍、经商等临时性活动为主，而长期、永久性的汉人移民则仍比较少见。同时，佉卢文文书、赫尔墨斯毛织挂毯、丰收女神棉布画等证明了这一时期西方文化对于西域也有着相当程度的影响。

鄯善后期（公元3世纪下半叶—4世纪上半叶），西域的整体政局更加复杂化，这一时期中原和中亚两方对西域的控制力度都难以达到西汉的程度。然而，尽管军事政治层面的直接影响未能继续，但西域的东西方文化交流在这一时期却进入了一个新的阶段,即表现出从张骞开通丝路以来、长期累积效应后的文化融合,真正的永久性移民也开始出现,而且是来自东西两个方向。楼兰、尼雅集中出土的佉卢文文书,现多被认为是贵霜人小规模、多次来到西域所带来的,楼兰壁画墓、营盘 M59 等可能即这些贵霜移民或其后裔的墓葬。使用带斜坡墓道的土洞墓、汉式箱式木棺、泥质轮制灰陶的则是来自河西地区的汉人移民。后者事实上也是汉魏之际中原动乱、文化西移的连锁反应结果。并且,鄯善最终也在魏晋以后河西西域地区各种势力混战的局面中走向消亡。罗布泊地区公元 4 世纪中叶以后的墓葬十分少见,但佛教遗存却十分丰富,由此推测佛教随贵霜文化自西向东传播而来以后,人们已经普遍采用了火葬制度。

　　罗布泊汉晋时期墓葬序列的建立为其他考古遗存的研究提供了一个基本框架。楼兰鄯善王国时期,土著居民和汉王朝先后在罗布泊及周边地区修筑了许多城址,这些城址是西域独具特色的历史文化遗存。墓葬材料的分析表明,罗布泊考古文化明显表现出土著和中原两类文化因素,这一线索无疑也是讨论城址的重要思路。传世文献亦早已揭示出这两类城址:即张骞通西域前作为诸国王治的土著城郭和汉王朝进入后修筑的城郭。就目前看来,两类城址的主要差别在于平面形制上,即土著城郭多为圆形,汉式城址多为方形。尼雅古城、圆沙古城以及 2017 年新发现的咸水泉古城是土著城址的地表,应分别是精绝、扜弥、楼兰诸小国的王治所在。汉式方城除了采用传统的方形平面外,在规模尺度上也遵循汉代规制,在城墙朝向上则表现出年代差别。楼兰 LE 古城、小河西北古城符合汉代尺度,城墙朝向正方向,墙体精良坚固,应为西汉修建的两处不同级别的军政治所;LA、LK 和 LL 三座城址则墙体建造粗糙,朝向与正方向偏角较大,可能是魏晋时期修筑。另外,城门结构也是两类城址的一个重要差别。土著城址多采用"过梁式"城门,以大型木材构筑门道;而汉式城址则往往在城门外加筑"L"形瓮城,以增强防御性。

　　在城墙修筑技术上,两类城址则不能截然区分。中原地区在长期的历史实践中形成"夯土版筑"技术,是基于黄土的黏性实施的,而罗布泊地区土质含砂量较大、夯层黏合力差,需要在夯层间加入红柳、柴草等植物构成"筋骨",才能保证墙体的坚固性。这一土质特点在河西地区同样存在,因而罗布泊地区的城墙修筑方法与河西汉塞是较为相似的。孔雀河沿岸烽燧群作为长城的延长线,修筑技法与河西汉塞更是基本相同。基于同样的考虑,两地也都有很多小规模建筑如亭燧等是直接以土坯作为建筑材料的。同时,土坯也经常用于城垣墙体的修补。

在分析城址考古学特征的基础上,第四章对罗布泊城址涉及历史地理问题,即传世文献中诸多古城的地望所在,也进行了一些考量,但所得结论只是暂时性的、推测性的,需要更多相关材料的佐证。

接下来,我们尝试利用考古材料,对罗布泊汉晋时期社会生活中的几个侧面进行了一些考察。古代社会生活史研究是近年来史学界方兴未艾的一个领域,考古学材料在推动这一领域的研究上发挥了巨大的作用,而罗布泊地区更是由于干燥的自然环境,在保存古代遗存方面具有天然的优势。第五章选取文字书写、建筑家具、生业饮食等几个方面进行了观察和描述,第六章则重点分析了鄯善佛教的世俗性特征及其来源,以此探讨汉晋时期罗布泊地区东西方文化交流的状况。最后,第七章结合传世文献,以考古出土资料为重点,对后鄯善时代特别是吐蕃占领期间的罗布泊历史进行了回顾与考察。由于材料和作者学识的限制,本书对很多问题的讨论十分粗浅,期待在将来的工作和研究中能够进一步深入。

参考文献

中日文部分

A

阿尔伯特·赫尔曼著,姚可崑、高中甫译
　2006　《楼兰》,乌鲁木齐:新疆人民出版社。
岸边成雄(日)著,王耀华译,陈以章校
　1988　《古代丝绸之路的音乐》,北京:人民音乐出版社。
安尼瓦尔·哈斯木
　2010　《多学科合作研究结硕果——小河墓地环境及动植物合作研究
　　　　交流会纪要》,《新疆文物》2010年第2期,第81—85页。

B

巴音郭楞蒙古自治州文管所
　1992　《且末县扎洪鲁克墓葬1989年清理简报》,《新疆文物》1992年
　　　　第2期,第1—14页。
巴州文物普查队
　1993　《巴音郭楞蒙古自治州文物普查资料》,《新疆文物》1993年第1
　　　　期,第1—94页。
白桂思(美)著,付建河译
　2012　《吐蕃在中亚:中古早期吐蕃、突厥、大食、唐朝争夺史》,乌鲁
　　　　木齐:新疆人民出版社。
白云翔、于志勇
　2014　《汉代西域考古与汉文化》,北京:科学出版社。

297

伯希和(法)著,田卫疆译,胡锦洲校

    1986   《喀什噶尔考(下)》,《喀什师范学院学报》1986年第2期,第55—63页。

C

長沢和俊

    1963   《楼蘭王国》,東京:角川書店。

    1979   《シルク・ロード史研究》,東京:国書刊行会(长泽和俊著、钟美珠译:《丝绸之路史研究》,天津:天津古籍出版社,1990年)。

    1996   《楼蘭王国史の研究》,東京:雄山閣出版。

陈坤龙等

    2007   《小河墓地出土三件铜片的初步分析》,《新疆文物》2007年第2期,第125—129页。

陈戈

    1986   《新疆米兰灌溉渠道及相关的一些问题》,《考古与文物》1986年第4期,第91—102页。

    1990   《新疆古代交通路线综述》,《新疆文物》1990年第3期,第55—92页。

陈俊吉

    2013   《北朝至唐代化生童子的类型探究》,《书画艺术学刊》2013年第15期,台北:台北艺术大学,第177—252页。

陈梦家

    1980   《汉简缀述》,北京:中华书局。

陈汝国

    1984   《楼兰古城历史地理若干问题探讨》,《新疆大学学报》(哲学人文社会科学版)1984年第3期,第50—61页。

陈世良

    1982   《魏晋时代的鄯善佛教》,《世界宗教研究》1982年第3期,第79—89页。

陈晓露

2013 《鄯善佛寺分期初探》,《华夏考古》2013年第2期,第97—104页。

2014 《楼兰考古》,兰州:兰州大学出版社。

2016 《扜弥国都考》,《考古与文物》2016年第3期,第93—105页。

2019 《中亚早期古城形制演变初论——从青铜时代到阿契美尼德王朝时期》,《西域研究》,2019年第3期,第113—131页。

陈星灿

1995 《孔雀河古墓沟木雕人像试析》,《华夏考古》1995年第2期,第71—77页。

陈直

1986 《居延汉简研究》,天津:天津古籍出版社。

陈宗器

1936 《罗布泊与罗布荒原》,《地理学报》1936年第3卷第1期,第18—49页。

丛德新、贾伟明

2014 《切木尔切克墓地及其早期遗存的初步分析》,收入吉林大学边疆考古研究中心编:《庆祝张忠培先生八十岁论文集》,北京:科学出版社,2014年,第275—308页。

D

大葆台汉墓发掘组、中国社会科学院考古研究所

1989 《北京大葆台汉墓》,北京:文物出版社。

大庭修(日)著,徐世虹译

1998 《木简在世界各国的使用与中国木简向纸的变化》,收入中国文物研究所编:《出土文献研究》第四辑,北京:中华书局,1998年,第4—11页。

戴蔻琳、伊弟利斯·阿不都热苏勒

2005 《在塔克拉玛干的沙漠里:公元初年丝绸之路开辟之前克里雅河谷消逝的绿洲》,收入陈星灿、米盖拉主编:《考古发掘与历史复原》,北京:中华书局,2005年,第49—63页。

戴茜

2011 《生殖崇拜象征符号中性别指向的考古学研究——以新疆小河墓地为例》，收入贺云翱主编：《女性考古与女性遗产——首届"女性考古与女性遗产学术研讨会"论文集》，南京：南京大学出版社，2011年，第68—72页。

戴维

2005 《鄯善地区汉晋墓葬与丝绸之路》，北京大学考古文博学院硕士学位论文。

党志豪

2013 《新疆若羌米兰遗址2012年考古发掘》，收入国家文物局主编：《2012中国重要考古发现》，北京：文物出版社，2013年，第136—139页。

丁垚

2009 《西域与中土：尼雅、楼兰等建筑遗迹所见中原文化影响》，《汉唐西域考古：尼雅—丹丹乌里克国际学术讨论会会议论文提要》，第108页。

刁淑琴、朱郑慧

2008 《北魏鄯乾、鄯月光、于仙姬墓志及其相关问题》，《河南科技大学学报（社会科学版）》2008年第6期，第13—16页。

東京国立博物館

1998 《东洋美术一五〇选》，東京：東京国立博物館。

F

F. W. 托马斯（英）编著，刘忠译注

2003 《敦煌西域古藏文社会历史文献》，北京：民族出版社。

方国锦

1958 《鎏金铜斛》，《文物参考资料》1958年第9期，第69—70页。

方云静

2010 《罗布泊科考：科学家不断揭开谜团》，《新疆日报（汉）》2010年11月16日第007版。

冯承钧

    1957   《西域南海史地考证论著汇辑》,北京：中华书局。

    1962   《西域南海史地考证译丛》第一、二卷,北京：商务印书馆。

富谷至

    2001   《流沙出土の文字資料：楼蘭・尼雅文書を中心に》,京都：京都大学学術出版会。

G

甘肃居延考古队

    1978   《居延汉代遗址的发掘和新出土的简册文物》,《文物》1978年第1期,第1—25页。

甘肃省博物馆

    1960   《甘肃武威磨咀子6号汉墓》,《考古》1960年第5期,第10—12页。

    1972   《武威磨咀子三座汉墓发掘简报》,《文物》1972年第12期,第9—21页。

甘肃省文物队、甘肃省博物馆、嘉峪关市文物管理所

    1985   《嘉峪关壁画墓发掘报告》,北京：文物出版社。

甘肃省文物考古研究所

    1994   《敦煌祁家湾：西晋十六国墓葬发掘报告》,北京：文物出版社。

    1998   《敦煌佛爷庙湾：西晋画像砖墓》,北京：文物出版社。

    2005   《甘肃玉门官庄魏晋墓葬发掘简报》,《考古与文物》2005年第6期,第8—13页。

甘肃省文物考古研究所、高台县博物馆

    2008   《甘肃高台地埂坡晋墓发掘简报》,《文物》2008年第9期,第29—39页。

甘肃省文物局

    2001   《疏勒河流域汉长城考察报告》,北京：文物出版社。

甘肃省文物考古研究所、日本秋田县埋藏文化财中心、甘肃省博物馆

    2012   《2003年甘肃武威磨咀子墓地发掘简报》,《考古与文物》2012年第5期,第28—38页。

高永久

1993 《萨毗考》,《西北史地》1993年第3期,第46—52页。

国家文物局

2012 《中国文物地图集·新疆维吾尔自治区分册》,北京:文物出版社。

郭物

2011 《通过天山的沟通——从岩画看吉尔吉斯斯坦和中国新疆在早期青铜时代的文化联系》,《西域研究》2011年第3期,第75—82页。

2012 《新疆史前晚期社会的考古学研究》,上海:上海古籍出版社。

H

哈密顿（法）著,耿昇译

1985 《仲云考》,收入《西域史论丛》编辑组:《西域史论丛》第二辑,乌鲁木齐:新疆人民出版社,1985年,第163—189页。

韩国国立中央博物馆

1989 《中央アジアの美术》,汉城:三和出版社。

韩建业

2007 《新疆的青铜时代和早期铁器时代文化》,北京:文物出版社。

2016 《新疆古墓沟墓地人形雕像源于中亚》,收入王巍、杜金鹏:《三代考古》(六),北京:科学出版社,2016年,第473—478页。

韩康信

1986a 《新疆楼兰城郊古墓人骨人类学特征的研究》,《人类学学报》1986年第3期,第227—242页。

1986b 《新疆孔雀河古墓沟墓地人骨研究》,《考古学报》1986年第3期,第361—384页。

韩森

2001 《尼雅学研究的启示》,收入巫鸿主编:《汉唐之间文化艺术的互动与交融》,北京:文物出版社,2001年,第275—298页。

韩翔、王炳华、张临华

1988 《尼雅考古资料》,新疆社会科学院内部刊物,乌鲁木齐。

何德修

2004 《缤纷楼兰》，乌鲁木齐：新疆大学出版社。

侯灿

1990 《高昌楼兰研究论集》，乌鲁木齐：新疆人民出版社。

2001 《魏晋西域长史治楼兰实证——楼兰问题驳难之一》，《敦煌研究》2001年第4期，第105—111页。

2002 《楼兰研究析疑——楼兰问题驳难之二》，《敦煌研究》2002年第1期，第66—71页。

侯灿、杨代欣

1999 《楼兰汉文简纸文书集成》，成都：天地出版社。

胡平生

1991a 《魏末晋初楼兰文书编年系联（上）》，《西北民族研究》1991年第1期，第67—77页。

1991b 《魏末晋初楼兰文书编年系联（下）》，《西北民族研究》1991年第2期，第6—19页。

胡平生、马月华

2004 《简牍检署考校注》，上海：上海古籍出版社。

胡兴军

2017 《楼兰鄯善都城新考》，《新疆文物》2017年第2期，第43—59页。

胡兴军、何丽萍

2017 《新疆尉犁县咸水泉古城的发现与初步认识》，《西域研究》2017年第2期，第122—125页。

胡兴军、阿里甫

2017 《新疆洛浦县比孜里墓地考古新收获》，《西域研究》2017年第1期，第144—146页。

黄盛璋

1992 《塔里木河下游聚落与楼兰古绿洲环境变迁》，收入黄盛璋主编：《亚洲文明》第二集，合肥：安徽教育出版社，1992年，第21—38页。

1999 《楼兰始都争论与LA城为西汉楼兰城总论证》，收入任继愈主编：《国际汉学》第二辑，郑州：大象出版社，1999年，第43—44页。

1986 《于阗文〈使河西记〉的历史地理研究》,《敦煌学辑刊》1986年第2期,第1—18页。

黄晓芬

2003 《汉墓的考古学研究》,岳麓书社。

黄小江

1985 《若羌县文物调查简况(上)》,《新疆文物》1985年第1期,第20—26页。

黄文弼

1935 《释居卢訾仓》,《国学季刊》第五卷第二号,第65—69页。

1948 《罗布淖尔考古记》,北平:国立北京大学出版部。

1983 《新疆考古发掘报告:1957—1958》,北京:文物出版社。

惠夕平

2008 《两汉博山炉研究》,山东大学2008年硕士学位论文。

霍巍

1995 《西藏古代墓葬制度史》,成都:四川人民出版社。

霍旭初

1994 《龟兹艺术研究》,乌鲁木齐:新疆人民出版社。

霍旭初、祁小山

2006 《丝绸之路·新疆佛教艺术》,乌鲁木齐:新疆大学出版社。

J

吉林大学边疆考古研究中心、内蒙古自治区文物考古研究所

2008 《额济纳古代遗址测量工作简报》,吉林大学边疆考古研究中心:《边疆考古研究》第7辑,北京:科学出版社,2008年,第353—370页。

吉林大学历史系考古专业七三级工农兵学员

1976 《凤凰山一六七号墓所见汉初地主阶级丧葬礼俗》,《文物》1976年第10期,第47—50页。

吉谢列夫

1981 《南西伯利亚古代史》,新疆社会科学院民族研究所。

济南市文化局文物处

    1988   《山东平阴新屯汉画像石墓》,《考古》1988年第11期,第961——974页。

季羡林

    1985   《大唐西域记校注》,北京:中华书局。

    1990   《佛教与中印文化交流》,南昌:江西人民出版社。

暨远志

    2004   《金狮床考——敦煌壁画家具研究之二》,《考古与文物》2004年第3期,第82——87页。

贾丛江

    2004   《关于西汉时期西域汉人的几个问题》,《西域研究》2004年第4期,第1——8页。

    2008   《西汉伊循职官考疑》,《西域研究》2008年第4期,第11——15页。

贾应逸

    1986   《"司禾府印"辩》,《新疆文物》1986年第1期,第27——28页。

    1999   《尼雅新发现的佛寺遗址研究》,《敦煌学辑刊》1999年第2期,第48——55页。

贾应逸、祁小山

    2002   《印度到中国新疆的佛教艺术》,兰州:甘肃教育出版社。

橘瑞超(日)著、柳洪亮译

    1999   《橘瑞超西行记》,乌鲁木齐:新疆人民出版社。

K

柯嘉豪

    1998   《椅子与佛教流传的关系》,《中研院历史语言研究所集刊》第六十九本第四分(1998年12月),第727——763页。

孔祥星、刘一曼

    1984   《中国古代铜镜》,北京:文物出版社。

L

劳幹

    1960   《居延汉简考释之部》，台北：中研院历史语言研究所。

李宝通

    1996   《两汉楼兰屯戍源流考》，收入西北师范大学历史系、甘肃省文物考古研究所编：《简牍学研究》第一辑，兰州：甘肃人民出版社，第179—183页。

    2002   《敦煌索励楼兰屯田时限探赜》，《敦煌研究》2002年第1期，第73—80页。

李炳泉

    2003   《西汉西域伊循屯田考论》，《西域研究》2003年第2期，第1—9页。

李崇峰

    2002   《中印佛教石窟寺比较研究：以塔庙窟为中心》，新竹：觉风佛教艺术文化基金会。

李春香

    2010   《小河墓地古代生物遗骸的分子遗传学研究》，吉林大学博士学位论文。

李春香、周慧

    2016   《小河墓地出土人类遗骸的母系遗传多样性研究》，《西域研究》2016年第1期，第50—55页。

李美燕

    2015   《从云冈石窟第六窟的天宫伎乐考察北魏佛教音乐供养的实践》，《艺术评论》第二十九期，台北：台北艺术大学，2015年，第45—79页。

李青

    2005   《古楼兰鄯善艺术综论》，北京：中华书局。

李青昕

    2006   《战国秦汉出土丝织品纹样研究》，北京大学考古文博学院硕士学位论文。

李如森

2003 《汉代丧葬礼俗》,沈阳:沈阳出版社。

李水城

2009 《天山北路墓地一期遗存分析》,收入北京大学考古文博学院、中国国家博物馆编:《俞伟超先生纪念文集》,北京:文物出版社,2009年,第193—202页。

李文儒

2003 《被惊扰的楼兰》,《文物天地》2003年第4期。

李文瑛

1999 《营盘遗址相关历史地理学问题考证——从营盘遗址非“注宾城”谈起》,《文物》1999年第1期,第43—51页。

2003 《新疆尉犁营盘墓地考古新发现及初步研究》,收入殷晴主编:《吐鲁番学新论》,乌鲁木齐:新疆人民出版社,2006年,第393—408页。

2012 《小河六问——小河多学科研究的最新成果》,《新疆日报(汉)》2012年2月5日第004版。

2013 《科技考古在小河文化研究中的应用》,《中国文物报》2013年11月8日第007版。

李肖

2001 《且末古城地望考》,《中国边疆史研究》2001年第3期,第37—45页。

李晓岑、郭金龙、王博

2014 《新疆民丰东汉墓出土古纸研究》,《文物》2014年第7期,第94—96页。

李艳玲

2012 《公元3、4世纪西域绿洲国农作物种植业生产探析——以佉卢文资料反映的鄯善王国为中心》,收入余太山、李锦绣主编:《欧亚学刊》第10辑,北京:中华书局,2012年,第212—231页。

2014 《田作畜牧——公元前2世纪至7世纪前期西域绿洲农业研究》,兰州:兰州大学出版社。

李吟屏

    2000   《尼雅遗址古建筑初探》,《喀什师范学院学报》2000年第21卷
           第2期,第41—46页。

李征

    1962   《阿勒泰地区石人墓调查简报》,《文物》1962年第7—8期,第
           103—108页。

李正宇

    2009   《敦煌佛教研究的得失》,《南京师大学报(社会科学版)》2009
           年第5期,第49—55页。

李志敏

    1993   《"纳职"名称考述:兼谈粟特人在伊吾活动的有关问题》,《西
           北史地》1993年第4期,第36—38页。

栗田功

    1988   《ガンダーラ美術》Ⅰ,东京:二玄社。

    1990   《ガンダーラ美術》Ⅱ,东京:二玄社。

联合国教科文组织驻中国代表处等

    1998   《交河故城——1993、1994年度考古发掘报告》,北京:东方出版社。

梁思成

    2001   《梁思成全集》第八卷,北京:中国建筑工业出版社。

梁涛、再帕尔·阿不都瓦依提等

    2009   《新疆安迪尔古城遗址现状调查及保护思路》,《江汉考古》
           2009年第2期,第140—144页。

梁一鸣、杨益民等

    2012   《小河墓地出土草篓残留物的蛋白质组学分析》,《文物保护与
           考古科学》2012年第4期,第81—85页。

林良一

    1992   《東洋美術の装飾文様:植物文篇》,京都:同朋舍(林良一著,
           林保尧译:《佛教美术的装饰纹样》,《艺术家》1981—1982年,
           总第76—91号)。

林梅村

    1985   《楼兰尼雅出土文书》,北京:文物出版社。

1988　《沙海古卷——中国所出佉卢文书初集》，北京：文物出版社。

1993　《1992年米兰荒漠访古记——兼论汉代伊循城》，《中国边疆史地研究》1993年第2期，第12—18页。

1995　《西域文明——考古、语言、民族和宗教新论》，北京：东方出版社。

1998　《汉唐西域与中国文明》，北京：文物出版社。

1999　《楼兰——一个世纪之谜的解析》，北京：中央党校出版社（林梅村：《寻找楼兰王国》，北京：北京大学出版社，2009年）。

2000a　《古道西风——考古新发现所见中外文化交流》，北京：生活·读书·新知三联书店。

2000b　《尼雅96A07房址出土佉卢文残文书考释》，《西域研究》2000年第3期，第42—43页。

2001　《新疆营盘古墓出土的一封佉卢文书信》，《西域研究》2001年第3期，第44—45页。

2003　《汉代西域艺术中的希腊文化因素》，《九州学林》2003年一卷二期，第2—35页。

2006　《丝绸之路考古十五讲》，北京：北京大学出版社。

2007　《松漠之间：考古新发现所见中外文化交流》，北京：生活·读书·新知三联书店。

林立

2003　《米兰佛寺考》，《考古与文物》2003年第3期，第47—55页。

林圣智

2011　《中国中古时期墓葬中的天界表象》，收入巫鸿、郑岩主编：《古代墓葬美术研究》第一辑，北京：文物出版社，2011年，第131—162页。

刘庆柱

1998　《汉代城址的考古发现与研究》，收入《远望集——陕西省考古研究所华诞四十周年纪念文集》（下），西安：陕西人民美术出版社，1998年，第544—551页。

刘文锁

2000　《尼雅遗址形制布局初探》，中国社会科学院研究生院博士学位论文。

2001 《尼雅浴佛会及浴佛斋祷文》,《敦煌研究》2001年第3期,第42—49页。

2002 《中亚的印章艺术》,收入中山大学艺术学研究中心编:《艺术史研究》第四辑,广州:中山大学出版社,2002年,第389—402页。

2003 《楼兰的简纸并用时代与造纸技术之传播》,吉林大学边疆考古研究中心:《边疆考古研究》第2辑,北京:科学出版社,2003年,第406—413页。

2007 《沙海古卷释稿》,北京:中华书局。

2010 《丝绸之路——内陆欧亚考古与历史》,兰州:兰州大学出版社。

刘欣如

1993 《贵霜时期东渐佛教的特色》,《南亚研究》1993年第3期,第40—48页。

2017 《飞天伎乐来自何方》,收入孟宪实、朱玉麒主编:《探索西域文明:王炳华先生八十华诞祝寿论文集》,上海:中西书局,2017年,第109—115页。

刘学堂

2009 《新疆史前宗教研究》,北京:民族出版社。

刘源

2017 《汉晋鄯善国社会经济史研究述要》,《吐鲁番学研究》2017年第1期,第117—124页。

楼兰文物普查队

1988 《罗布泊地区文物普查简报》,《新疆文物》1988年第3期,第85—94页。

罗帅

2014 《汉、贵霜、罗马之间的贸易与文化交流》,北京大学博士学位论文。

吕红亮

2015 《西喜马拉雅地区早期墓葬研究》,《考古学报》2015年第1期,第1—34页。

吕厚远、夏训诚等

　2010　《罗布泊新发现古城与5个考古遗址的年代学初步研究》,《科学通报》2010年第3期,第237—245页。

罗华庆

　1988　《9至11世纪敦煌的行像和浴佛活动》,《敦煌研究》1988年第4期,第98—103页。

洛阳区考古发掘队

　1959　《洛阳烧沟汉墓》,北京:科学出版社。

罗新

　1998　《墨山国之路》,《国学研究》第五卷,北京:北京大学出版社,第483—518页。

M

马大正、王嵘、杨镰

　1994　《西域考察与研究》,乌鲁木齐:新疆人民出版社。

马大正、杨镰

　1998　《西域考察与研究续编》,乌鲁木齐:新疆人民出版社。

马健

　2011　《匈奴葬仪的考古学探索——兼论欧亚草原东部文化交流》,兰州:兰州大学出版社。

　2014　《草原霸主——欧亚草原早期游牧民族的兴衰史》,北京:商务印书馆。

马雍

　1990　《西域史地文物丛考》,北京:文物出版社。

梅建军等

　2013　《新疆小河墓地出土部分金属器的初步分析》,《西域研究》2013年第1期,第39—49页。

孟凡人

　1990　《楼兰新史》,北京:光明日报出版社。

　1991　《SuPiya人与婼羌的关系略说》,《新疆大学学报》(哲学社会科学版)1991年第3期,第57—63页。

1995 《楼兰鄯善简牍年代学研究》,乌鲁木齐:新疆人民出版社。

2000 《新疆考古与史地论集》,北京:科学出版社。

穆舜英

1977 《新疆出土文物中有关我国古代兄弟民族的历史文化》,收入《新疆历史论文集》,新疆人民出版社,1977年,第41—68页。

穆舜英、张平

1995 《楼兰文化研究论集》,乌鲁木齐:新疆人民出版社。

N

南京博物院

1991 《四川彭山汉代崖墓》,北京:文物出版社。

Nicholas Sims-Williams、毕波

2009 《尼雅新出粟特文残片研究》,《新疆文物》2009年第3—4期,第53—58页。

P

潘吉星

1989 《从考古发现看造纸术的起源》,收入中国科学院自然科学史研究所物理化学研究室主编:《鉴古证今——传统工艺与科技考古文萃》,上海:上海科学技术出版社,1989年,第1—16页。

彭念聪

1960 《若羌米兰新发现的文物》,《文物》1960年第8—9期,第92—93页。

普加琴科娃、列穆佩(俄)著,陈继周、李琪译

1994 《中亚古代艺术》,乌鲁木齐:新疆美术摄影出版社。

Q

祁小山、王博

2008 《丝绸之路・新疆古代文化》,乌鲁木齐:新疆人民出版社。

屈亚婷、杨益民、胡耀武、王昌燧

    2013   《新疆古墓沟墓地人发角蛋白的提取与碳、氮稳定同位素分析》,《地球化学》2013年第5期,第447—453页。

R

饶瑞符

    1982   《米兰古代水利工程与屯田建设》,《新疆地理》1982年第Z1期,第61页。

S

山西省文物工作委员会

    1980   《山西浑源毕村西汉木椁墓》,《文物》1980年第6期,第42—51页。

邵会秋

    2007   《新疆史前时期文化格局的演进及其与周邻地区文化的关系》,吉林大学文学院博士学位论文。

    2008   《新疆扎滚鲁克文化初论》,吉林大学边疆考古研究中心:《边疆考古研究》第7辑,北京:科学出版社,第170—183页。

    2009   《新疆地区安德罗诺沃文化相关遗存探析》,收入吉林大学边疆考古研究中心编:《边疆考古研究》第8辑,北京:科学出版社,2009年,第81—97页。

盛春寿

    1989   《民丰县尼雅遗址考察纪实》,《新疆文物》1989年第2期,第49—54页。

史树青

    1960   《新疆文物调查随笔》,《文物》1960年第6期,第22—30页。

宋亦箫

    2009   《新疆石器时代考古文化讨论》,收入文化遗产研究与保护技术教育部重点实验室、西北大学文化遗产与考古学研究中心编著:《西部考古》第四辑,西安:三秦出版社,2009年,第88—94页。

松田寿男（日）著,陈俊谋译

    1987   《古代天山历史地理学研究》,北京:中央民族学院出版社。

苏治光

    1984   《东汉后期至北魏对西域的管辖》,《中国史研究》1984年第2
            期,第31—38页。

孙机

    1991   《汉代物质文化资料图说》,北京:文物出版社（增订本,上海:
            上海古籍出版社,2008年）。

孙尚勇

    2004   《佛陀的音乐观与原始佛教艺术》,《南亚研究季刊》2004年第2
            期,第77—80页。

孙彦

    2011   《河西魏晋十六国壁画墓研究》,北京:文物出版社。

T

唐长孺

    1983   《南北朝期间西域与南朝的陆路交通》,收入氏著:《魏晋南北
            朝史论拾遗》,北京:中华书局,1983年,第168—174页。

田辺勝美

    2006   《新出樓蘭壁畫に關する二、三の考察》,《古代オリエント博物
            館紀要》,第26期,2006年,第67—95页。

田辺勝美、前田耕作

    1999   《世界美术大全集·东洋编15·中央アジア卷》,东京:小学
            馆。

吐鲁番学研究院、新疆文物考古研究所

    2014   《吐鲁番加依墓地发掘简报》,《吐鲁番学研究》2014年第1期,
            第1—18页。

吐尔逊·艾沙

    1983   《罗布淖尔地区东汉墓发掘及初步研究》,《新疆社会科学》
            1983年第1期,第128—134页。

特尔巴依尔

2017　《新疆巩乃斯河流域早期遗存的发现与初步研究》,"第七届北京高校研究生考古论坛"发言,北京,2017年11月11日。

托尼奥·赫尔舍(德)著,陈亮译

2013　《古希腊艺术》,北京:世界图书出版公司。

W

瓦尔特·考夫曼(美)

1989　《古印度的音乐文化》,收入《上古时代的音乐》,北京:文化艺术出版社,1989年,第133页。

王博

1996　《切木尔切克文化初探》,收入西北大学文博学院编:《考古文物研究——纪念西北大学考古专业成立四十周年文集》,西安:三秦出版社,1996年,第274—285页。

王炳华

1983a　《古墓沟人社会文化生活中的几个问题》,《新疆大学学报(哲学社会科学版)》,1983年第2期,第86—90页。

1983b　《孔雀河古墓沟发掘及其初步研究》,《新疆社会科学》1983年第1期,第117—130页。

1991　《"丝路"考古新收获》,《新疆文物》1991年第2期,第21—41页。

1993　《丝绸之路考古研究》,乌鲁木齐:新疆人民出版社(增订本,乌鲁木齐:新疆人民出版社,2009年)。

1999a　《新疆历史文物》,乌鲁木齐:新疆美术摄影出版社。

1999b　《新疆古尸——古代新疆居民及其文化》,乌鲁木齐:新疆人民出版社。

1999c　《楎椸考——兼论汉代礼制在西域》,《西域研究》1999年第3期,第50—58页。

2002　《沧桑楼兰:罗布淖尔考古大发现》,杭州:浙江文艺出版社。

2004　《生殖崇拜:早期人类精神文化的核心——新疆罗布淖尔小河五号墓地的灵魂》,《寻根》2004年第4期,第4—14页。

2008　《西域考古历史论集》,北京:中国人民大学出版社。

2009　《"土垠"遗址再考》,收入朱玉麒主编:《西域文史》第四辑,北京:科学出版社,2009年,第61—82页。

2010a　王炳华:《罗布淖尔考古与楼兰—鄯善史研究》,收入朱玉麒主编:《西域文史》第五辑,北京:科学出版社,2010年,第1—20页。

2010b　《西域考古文存》,兰州:兰州大学出版社。

2012　《说"七"——求索青铜时代孔雀河绿洲居民的精神世界》,收入沈卫荣主编:《西域历史语言研究集刊》第五辑,北京:科学出版社,2012年,第15—32页。

2013　《伊循故址新论》,收入朱玉麒主编:《西域文史》第七辑,北京:科学出版社,2012年,第221—233页。

2014　《古墓沟》,乌鲁木齐:新疆人民出版社。

2017a　《从高加索走向孔雀河——孔雀河青铜时代考古文化探讨之一》,《西域研究》2017年第4期,第1—14页。

2017b　《孔雀河青铜时代考古文化与吐火罗》,北京:科学出版社。

王炳华、王路力

2016　《阿凡纳羡沃考古文化与孔雀河青铜时代考古遗存》,《西域研究》2016年第4期,第83—89页。

王欣

1998　《古代鄯善地区的农业与园艺业》,《中国历史地理论丛》1998年第3期,第77—90页。

王欣、常婧

2007　《鄯善王国的畜牧业》,《中国历史地理论丛》2007年第2期,第94—100页。

王樾

1998　《略说尼雅发现的"仓颉篇"汉简》,《西域研究》1998年第4期,第55—58页。

王忠

1958　《新唐书吐蕃传笺证》,北京:科学出版社。

王仲荦

　　1992　《敦煌石窟出〈寿昌县地镜〉考释》,《敦煌学辑刊》1992年第1、
　　　　　　2期,第1—5页。

魏坚、任冠

　　2016　《楼兰LE古城建置考》,《文物》2016年第4期,第41—50页。

韦正

　　2012　《试谈吐鲁番几座魏晋、十六国早期墓葬的年代和相关问题》,
　　　　　　《考古》2012年第9期,第60—68页。

　　2014　《试谈库车友谊路古墓群的年代和墓主身份》,收入吉林大学
　　　　　　边疆考古研究中心:《边疆考古研究》第12辑,北京:科学出版
　　　　　　社,2014年,第275—282页。

吴荭

　　2008　《甘肃高台地埂坡魏晋墓》,收入国家文物局编:《2007年中国
　　　　　　重要考古发现》,北京:文物出版社,2008年,第84—91页。

吴礽骧

　　2005　《河西汉塞调查与研究》,北京:文物出版社。

吴勇

　　2017　《楼兰地区新发现"张市千人丞印"的历史学考察》,《西域研
　　　　　　究》2017年第3期,第41—48页。

吴勇、田小红、穆桂金

　　2016　《楼兰地区新发现汉印考释》,《西域研究》2016年第2期,第
　　　　　　19—23页。

吴州、黄小江

　　1991　《克里雅河下游喀拉墩遗址调查》,收入新疆克里雅河及塔克拉
　　　　　　玛干科学探险考察队:《克里雅河及塔克拉玛干科学探险考察
　　　　　　报告》,北京:中国科学技术出版社,第98—116页。

武威市文物考古研究所

　　2011　《甘肃武威磨嘴子汉墓发掘简报》,《文物》2011年第6期,第
　　　　　　4—11页。

X

奚国金

1999　《罗布泊之谜》,北京:中共中央党校出版社。

西蒙·普赖斯(英)著,邢颖译

2015　《古希腊人的宗教生活》,北京:北京大学出版社。

夏雷鸣

2006　《从佉卢文文书看鄯善国佛教的世俗化》,《新疆社会科学》
2006年第6期,第116—122页。

夏训诚

2007　《中国罗布泊》,北京:科学出版社。

相馬秀廣、高田将志

2003　《Corona衛星写真から判読される米蘭遺跡群・若羌南遺跡
群:楼蘭王国の国都問題との関連を含めて(衛星写真を利用
したシルクロード地域の都市・集落・遺跡の研究)》,《シル
クロード学研究》2003年第17期,第61—80页。

相馬秀廣(日)

2004　《塔里木盆地及其周边地区遗址的布局条件》,《中国文物报》
2004年10月22日第007版。

项一峰

1997　《初谈佛教石窟供养人》,《敦煌研究》1997年第1期,第96—
100页。

肖小勇

2015　《西域考古研究——游牧与定居》,北京:中央民族大学出版
社。

小河考古队

2005　《新疆罗布泊小河墓地全面发掘圆满结束》,《中国文物报》
2005年4月13日第001版。

解思明等

2014　《新疆克里雅北方墓地出土食物遗存的植物微体化石分析》,收
入山东大学文化遗产研究院编:《东方考古》第11集,北京:科
学出版社,2014年,第394—400页。

新疆博物馆

　　1960　《新疆民丰县北大沙漠中古遗址墓葬区东汉合葬墓清理简报》，
　　　　　　《文物》1960年第6期，第9—12页。

新疆博物馆、巴州文管所、且末县文管所

　　2002　《且末扎滚鲁克二号墓地发掘简报》，《新疆文物》，2002年第
　　　　　　1—2期，第1—21页。

新疆博物馆、喀什地区文管所、莎车县文管所

　　1999　《莎车县喀群彩棺墓发掘简报》，《新疆文物》1999年第2期，第
　　　　　　45—51页。

新疆博物馆、库车文管所

　　1987　《新疆库车昭怙厘西大寺塔墓清理简报》，《新疆文物》1987年
　　　　　　第1期，第10—12页。

新疆博物馆考古队

　　1961　《新疆民丰大沙漠中的古代遗址》，《考古》1961年第3期，第
　　　　　　119—122、126页。

新疆博物馆文物队

　　1998　《且末县扎滚鲁克五座墓葬发掘报告》，《新疆文物》1998年第3
　　　　　　期，第2—18页。

新疆楼兰考古队

　　1988a《楼兰古城址调查与试掘简报》，《文物》1988年第7期，第1—
　　　　　　22页。

　　1988b《新疆城郊古墓群发掘简报》，《文物》1988年第7期，第23—39页。

新疆社会科学院考古研究所

　　1981　《新疆克尔木齐古墓群发掘简报》，《文物》1981年第1期，第
　　　　　　23—32页。

　　1983　《新疆考古三十年》，乌鲁木齐：新疆人民出版社。

新疆维吾尔自治区博物馆

　　1972　《吐鲁番县阿斯塔那——哈拉和卓古墓群清理简报》，《文物》
　　　　　　1972年第1期，第8—29页。

　　1973　《吐鲁番县阿斯塔那——哈拉和卓古墓群发掘简报（1963—
　　　　　　1965）》，《文物》1973年第10期，第7—27页。

新疆维吾尔自治区博物馆、巴音郭楞蒙古自治州文物管理所、且末县文物管理所

    2003a 《新疆且末扎滚鲁克一号墓地发掘报告》,《考古学报》2003年第1期,第89—136页。

    2003b 《1998年扎滚鲁克第三期文化墓葬发掘简报》,《新疆文物》2003年第1期,第1—19页。

新疆维吾尔自治区博物馆考古部、吐鲁番地区文物局阿斯塔那文物管理所

    2016 《新疆吐鲁番阿斯塔那古墓群西区考古发掘报告》,《考古与文物》2016年第5期,第31—50页。

新疆维吾尔自治区博物馆、新疆文物考古研究所

    2001 《中国新疆山普拉:古代于阗文明的揭示与研究》,乌鲁木齐:新疆人民出版社。

新疆维吾尔自治区文物事业管理局等

    1999 《新疆文物古迹大观》,乌鲁木齐:新疆美术摄影出版社。

    2009 《新疆历史文明集萃》,乌鲁木齐:新疆美术摄影出版社。

新疆维吾尔自治区文物局

    2011 《新疆维吾尔自治区第三次全国文物普查成果集成:新疆古城遗址》,北京:科学出版社。

    2014 《新疆维吾尔自治区长城资源调查报告》,北京:文物出版社。

    2015 《不可移动的文物:巴音郭楞蒙古自治州卷》,乌鲁木齐:新疆美术摄影出版社。

新疆维吾尔自治区文物普查办公室、巴州文物普查队

    1993 《巴音格楞蒙古自治州文物普查资料》,《新疆文物》1993年第1期,第1—94页。

新疆文物考古研究所

    1994 《新疆尉犁县因半古墓调查》,《文物》1994年第10期,第19—30页。

    1997 《1996年新疆吐鲁番交河故城沟西墓地汉晋墓葬发掘简报》,《考古》1997年第9期,第46—54页。

    1999a 《新疆察吾呼——大型氏族墓地发掘报告》,北京:东方出版社。

1999b 《尉犁县营盘15号墓发掘简报》,《文物》1999年第1期,第4—
　　　16页。

2000　《新疆民丰县尼雅遗址95MNI号墓地M8发掘简报》,《文物》
　　　2000年第1期,第4—40页。

2001　《交河沟西——1994—1996年度考古发掘报告》,乌鲁木齐:新
　　　疆人民出版社。

2002a 《新疆尉犁县营盘墓地1995年发掘简报》,《文物》2002年第6
　　　期,第4—45页。

2002b 《新疆尉犁县营盘墓地1999年发掘简报》,《考古》2002年第6
　　　期,第58—74页。

2004a 《2002年小河墓地考古调查与发掘报告》,收入吉林大学边疆
　　　考古研究中心编:《边疆考古研究》第3辑,北京:科学出版社,
　　　2004年,第338—398页。

2004b 《和田地区文物普查资料》,《新疆文物》2004年第4期,第15—
　　　39页。

2004c 《和静县察汗乌苏古墓群考古发掘新收获》,《新疆文物》2004
　　　年第4期,第40—42页。

2007a 《新疆罗布泊小河墓地2003年发掘简报》,《文物》2007年第10
　　　期,第4—42页。

2007b 《和静县小山口水电站墓群考古发掘新收获》,《新疆文物》
　　　2007年第3期,第25—28页。

2008　《罗布泊地区小河流域的考古调查》,收入吉林大学边疆考古研
　　　究中心:《边疆考古研究》第7辑,北京:科学出版社,2008年,
　　　第371—407页。

2010　《和静县小山口二、三号墓地考古发掘新收获》,《新疆文物》
　　　2010年第1期,第59—62页。

2012a 《新疆下坂地墓地》,北京:文物出版社。

2012b 《新疆吐鲁番市台藏塔遗址发掘简报》,《考古》2012年第9期,
　　　第37—44页。

2013a 《新疆萨恩萨伊墓地》,北京:文物出版社。

2013b 《2007年库车县友谊路魏晋十六国时期墓葬考古发掘简报》,

《新疆文物》2013年第3—4期,第4—23页。

2013c 《库车县友谊路魏晋十六国墓葬2010年度考古发掘简报》,《新疆文物》2013年第3—4期,第24—50页。

2013d 《且末县托盖曲根一号墓地考古发掘报告》,《新疆文物》2013年第3—4期,第51—66页。

2013e 《且末县古大奇墓地考古发掘报告》,《新疆文物》2013年第3—4期,第67—74页。

2014 《汉代西域考古与汉文化》,北京:科学出版社。

2015a 《新疆阿勒泰地区考古与历史文集》,北京:文物出版社。

2015b 《2014年度古楼兰交通与古代村落遗迹调查报告》,《新疆文物》2015年第3—4期,第4—40页。

2015c 《2014年度奇台县石城子遗址考古发掘报告》,《新疆文物》2015年第3—4期,第41—55页。

2016 《2015年度新疆古楼兰交通与古代人类村落遗迹调查报告》,《新疆文物》2016年第2期,第28—64页。

2017a 《洛浦县比孜里墓地考古新发现》,《新疆文物》2017年第1期,第55—62页。

2017b 《哈巴河县阿依托汗一号墓群考古发掘报告》,《新疆文物》2017年第2期,第19—39页。

2017c 《2016年度新疆古楼兰交通与古代人类村落遗迹调查报告(上)》,《新疆文物》2017年第4期,第4—51页。

2017d 《2016年度新疆古楼兰交通与古代人类村落遗迹调查报告(下)》,《新疆文物》2017年第4期,第56—94页。

新疆文物考古研究所小河考古队

2006 《罗布泊小河墓地考古发掘的重要收获》,收入殷晴主编:《吐鲁番学新论》,乌鲁木齐:新疆人民出版社,2006年,第937—941页。

新疆文物考古研究所、北京大学考古文博学院

2018 《新疆吉木乃县通天洞遗址》,《考古》2018年第7期,第3—14页。

新疆文物考古研究所、新疆维吾尔自治区博物馆编

    1995 《新疆文物考古新收获1979～1989》，乌鲁木齐：新疆人民出版社。

    1997 《新疆文物考古新收获续1990～1996》，乌鲁木齐：新疆人民出版社。

徐龙国

    2006 《北方长城沿线地带秦汉边城初探》，收入《汉代考古与汉文化国际学术研讨会论文集》，济南：齐鲁书社，2006年，第33—48页。

许潇

    2014 《巴克特里亚与希腊化的佛教——以〈那先比丘经〉为中心》，《中南大学学报（社会科学版）》2014年第6期，第21—25页。

许新江

    2006 《中瑞西北科学考察档案史料》，乌鲁木齐：新疆美术摄影出版社。

Y

杨富学

    2009 《鄯善国佛教戒律问题研究》，《吐鲁番学研究》2009年第1期，第59—76页。

杨巨平

    2011 《希腊化还是印度化——"Yavanas"考》，《历史研究》2011年第6期，第134—155页。

杨铭

    1986 《唐代吐蕃统治鄯善的若干问题》，《新疆历史研究》1986年第2期，第20—30页。

    2005 《吐蕃统治鄯善再探》，《西域研究》2005年第2期，第39—46页。

杨益民等

    2017 《小河墓地麻黄利用的新证据》，《2015—2016文物考古年报》，新疆维吾尔自治区文物考古研究所内部资料，第126页。

羊毅勇

　　1994　《从考古资料看汉晋时期罗布淖尔地区与外界的交通》,《西北民族研究》1994年第2期,第23—32页。

扬之水

　　2010　《龟兹舍利盒乐舞图新议》,《文物》2010年第9期,66—74页。

伊弟利斯·阿不都热苏勒

　　1993　《新疆地区细石器遗存》,《新疆文物》1993年第4期,第37—59页。

伊弟利斯·阿不都热苏勒、李文瑛

　　2014　《寻找消失的文明:小河考古大发现》,《大众考古》2014年第4期,第24—32页。

伊弟利斯·阿不都热苏勒、张玉忠

　　1997　《1993年以来新疆克里雅河流域考古述略》,《西域研究》1997年第3期,第39—42页。

伊藤敏雄

　　2001　《南疆の遺跡調査記—楼蘭(〔セン〕善)の国都問題に関連して》,《唐代史研究》2001年第4期,第122—147页。

殷晴

　　2010　《汉代丝路南北道研究》,《新疆社会科学》2010年第1期,第121—128页。

余太山

　　1992　《塞种史研究》,北京:中国社会科学出版社。

　　1995　《两汉魏晋南北朝与西域关系史研究》,北京:中国社会科学出版社。

俞伟超

　　2000　《尼雅95MN1号墓地M3与M8墓主身份试探》,《西域研究》2000年第3期,第40—41页。

于建军

　　2015　《切木尔切克文化的新认识》,《新疆文物》2015年第3—4期,第69—74页。

于志勇

1996a 《新疆尼雅出土"五星出东方利中国"彩锦织纹初析》,《西域研究》1996年第3期,第43—46页。

1996b 《新疆地区细石器研究的回顾与思考》,《新疆文物》1996年第4期,第64—71页。

1998 《尼雅遗址的考古发现与研究》,《新疆文物》1998年第1期,第53—68页。

2003 《楼兰—尼雅地区出土汉晋文字织锦初探》,《中国历史文物》2003年第6期,第38—48页。

2006 《尼雅遗址新发现的"元和元年"织锦锦囊》,《新疆文物》2006年第3期,第75—79页。

2007 《汉长安城未央宫遗址出土骨签之名物考》,《考古与文物》2007年第2期,第48—62页。

2010 《西汉时期楼兰"伊循城"地望考》,《新疆文物》2010年第1期,第63—74页。

于志勇、覃大海

2006 《营盘墓地M15的性质及罗布泊地区彩棺墓葬初探》,《吐鲁番学研究》2006年第1期,第63—95页,收入西北大学考古学系、西北大学文化遗产与考古学研究中心编:《西部考古》第一辑,西安:三秦出版社,2006年,第401—427页。

袁晓红、潜伟

2012 《新疆若羌瓦石峡遗址出土冶金遗物的科学研究》,《中国国家博物馆馆刊》2012年第2期,第141—149页。

岳邦湖、钟圣祖

2001 《疏勒河流域汉长城考察报告》,北京:文物出版社。

Z

张弛a

2015 《社会权力的起源——中国史前葬仪中的社会与观念》,北京:文物出版社。

张弛b

2014 《尼雅95MN1M8随葬弓矢研究——兼论东汉丧葬礼仪对古代尼雅的影响》,《西域研究》2014年第3期,第7—12页。

2016 《两汉西域屯田的相关问题——以新疆出土汉代铁犁铧为中心》,《贵州社会科学》2016年第11期,第70—75页。

张德芳

2001 《从悬泉汉简看两汉西域屯田及其意义》,《敦煌研究》2001年第3期,第113—121页。

2009a 《从悬泉汉简看楼兰(鄯善)同汉朝的关系》,《西域研究》2009年第4期,第7—16页。

2009b 《悬泉汉简中有关西域精绝国的材料》,《丝绸之路》2009年第24期,第5—7页。

张杰、白雪怀

2016 《新疆沙湾县大鹿角湾墓群的考古收获》,《西域研究》2016年第3期,第136—139页。

张莉

1999 《西汉楼兰道新考》,《西域研究》1999年第3期,第86—88页。

2002 《汉晋时期楼兰绿洲环境开发方式的变迁》,《历史地理》第十八辑,第186—198页。

张平

1985 《瓦石峡元代文书试析》,《新疆文物》1985年第1期,第98—101页。

1986 《若羌县巴什夏尔遗址出土的古代玻璃器皿》,《新疆社会科学》1986年第3期,第87—92页。

1990 《若羌县"石头城"勘查记》,《新疆文物》1990年第1期,第20—22页。

张全超、朱泓

2011 《新疆古墓沟墓地人骨的稳定同位素分析——早期罗布泊先民饮食结构初探》,《西域研究》2011年第3期,第91—96页。

张全超、朱泓、金海燕

2006 《新疆罗布淖尔古墓沟青铜时代人骨微量元素的初步研究》,

《考古与文物》2006年第6期,第99—103页。

张小舟

1987 《北方地区魏晋十六国墓葬的分区与分期》,《考古学报》1987年第1期,第19—44页。

张玉忠

2001 《近年新疆考古新收获》,《西域研究》2001年第3期,第108—111页。

2005 《楼兰地区发现彩棺壁画墓葬》,收入中国考古学会编:《中国考古学年鉴》(2004),北京:文物出版社,第410—412页。

张玉忠、再帕尔

2000 《新疆抢救清理楼兰古墓有新发现》,《中国文物报》2000年1月9日。

章巽

1985 《法显传校注》,上海:上海古籍出版社。

1990 《〈水经注〉中的扜泥城和伊循城》,收入余太山、陈高华等编:《中亚学刊》第三辑,北京:中华书局,第71—76页。

朝日新闻社

1992 《日中国交正常化20周年记念展:楼兰王国と悠久の美女》,东京:朝日新闻社。

赵丰

2005 《中国丝绸通史》,苏州:苏州大学出版社。

赵丰、于志勇

2000 《沙漠王子遗宝:丝绸之路尼雅遗址出土文物》,香港:艺纱堂服饰工作队。

赵丰、伊弟利斯·阿不都热苏勒

2007 《大漠联珠:环塔克拉玛干丝绸之路服饰文化考察报告》,上海:东华大学出版社。

赵声良

2008 《飞天艺术:从印度到中国》,南京:江苏美术出版社。

赵维平

2003 《丝绸之路上的琵琶乐器史》,《中国音乐学》2003年第4期,第

34—48页。

郑炳林

1986 《〈沙州伊州地志〉所反映的几个问题》,《敦煌学辑刊》1986年第2期,第66—75页。

郑汝中

1997 《敦煌乐舞壁画的形成分期和图式》,《敦煌研究》1997年第4期,第36页。

郑岩

2002 《魏晋南北朝壁画墓研究》,北京:文物出版社。

中川原育子(日)著,彭杰译

2009 《关于龟兹供养人像的考察(上)》,《新疆师范大学学报(哲学社会科学版)》2009年第1期,第101—109页。

中法克里雅河考古队

1998 《新疆克里雅河流域考古调查概述》,《考古》1998年第12期,第28—37页。

中国科学院塔克拉玛干沙漠综考队考古组

1990a 《若羌县古代文化遗存考察》,《新疆文物》1990年第4期,第2—14页。

1990b 《且末县古代文化遗存考察》,《新疆文物》1990年第4期,第20—30页。

1990c 《安迪尔遗址考察》,《新疆文物》1990年第4期,第30—46页。

中国科学院新疆分院、罗布泊综合科学考察队

1987 《罗布泊科学考察与研究》,北京:科学出版社。

中国社会科学院考古研究所

2010 《中国考古学·秦汉卷》,北京:中国社会科学出版社。

中国社会科学院考古研究所、西藏自治区文物保护研究所

2014 《西藏阿里地区噶尔县故如甲木墓地2012年发掘报告》,《考古学报》2014年第4期,第563—583页。

中国社会科学院考古研究所、西藏自治区文物保护研究所、阿里地区文物局等

2015 《西藏阿里地区故如甲木墓地和曲踏墓地》,《考古》2015年第7

期,第29—50页。

中国社会科学院考古研究所新疆队、新疆巴音郭楞蒙古自治州文管所

 1990 《新疆和静县察吾乎沟口三号墓地发掘简报》,《考古》1990年
    第10期,第882—889页。

 1997 《新疆且末县加瓦艾日克墓地的发掘》,《考古》1997年第9期,
    第21—32页。

中日尼雅遗址学术考察队

 2014 《1988—1997年度民丰县尼雅遗址考古调查简报》,《新疆文
    物》2014年第3—4期,第3—183页。

中日日中共同尼雅遗迹学术考察队

 1996 《中日日中共同尼雅遗迹学术调查报告书》第一卷,乌鲁木齐/
    京都:中日日中共同尼雅遗迹学术考察队。

 1999 《中日日中共同尼雅遗迹学术调查报告书》第二卷,乌鲁木齐/
    京都:中日日中共同尼雅遗迹学术考察队。

 2007 《中日日中共同尼雅遗迹学术调查报告书》第三卷,乌鲁木齐/
    京都:中日日中共同尼雅遗迹学术考察队。

朱之勇、高磊

 2015 《新疆旧石器、细石器研究的成就、问题与展望》,收入吉林大学
    边疆考古研究中心编:《边疆考古研究》第18辑,北京:科学出
    版社,2015年,第93—104页。

自治区博物馆、阿克苏文管所、温宿县文化馆

 1986 《温宿县包孜东墓葬群的调查和发掘》,《新疆文物》1986年第2
    期,第1—14页。

自治区文物普查办公室、阿克苏地区文物普查队

 1995 《阿克苏地区文物普查报告》,《新疆文物》1995年第4期,第
    3—99页。

自治区文物普查办公室、巴州文物普查队

 1993 《巴音格楞蒙古自治州文物普查资料》,《新疆文物》1993年第1
    期,第1—94页。

西文部分

A

Allchin, F. R. & Hammond N. (ed.)

    1978   *The Archaeology of Afghanistan*, London/New York/San Francisco: Academic Press.

Andrews, F. H.

    1933   *Catalogue of Wall Paintings from Ancient Shrines in Central Asia: Recovered by Sir Aurel Stein*, Delhi: Manager of Publications.

    1948   *Wall-paintings from Ancient Shrines in Central Asia Recovered by Sir Aurel Stein*, 2 Vols., London: Oxford Univesity Press.

Anthony, D. W.

    2007   *The Horse, the Wheel and Language: How Bronze-Age Riders from the Eurasian Steppes Shaped the Modern World*, Princeton & Oxford: Princeton University Press.

    2013   "Two IE phylogenies, three PIE migrations, and four kinds of steppe pastoralism", *The Journal of Language Relationship*, Vol. 9 (2013), pp. 10–11.

B

Behrendt, K.

    2004   *The Buddhist Architecture of Gandhara*, Leiden & Boston: Brill.

    2007   *The Art of Gandhara in the Metropolitan Museum of Art*, New Haven/CT: Yale University Press.

Bergman, F.

    1935   "Loulan Wood-Carvings and Small Finds Discovered by Sven Hedin", BMFEA, No.7 (1935), pp. 71–144.

    1939   *Archaeological Researches in Sinkiang, Especially the Lop-Nor Region*, Stockholm: Bokförlags Aktiebolaget Thule, 1939（贝格曼著,王安洪译:《新疆考古记》,乌鲁木齐:新疆人民出版社,1997年）.

Bernard, P.

    1982   "Ancient Greek city in Central Asia", *Scientific American*, Vol. 246 (Jan. 1982), pp. 148–159.

Bertrand, A.

    2012   "Water Management in Jingjue 精絶 Kingdom: The Transfer of a Water Tank System from Gandhara to Southern Xinjiang in the Third and Fourth Centuries C.E.", *Sino-Platonic Papers*, no. 223, Apr. 2012.

Betts, A., Jia, P. & Abuduresule, I.

    2018   "A New Hypothesis for Early Bronze Age Cultural Diversity in Xinjiang, China", *Archaeological Research in Asia*, 2018, in press.

Boyer, A. M.

    1911   "Inscriptions de Miran", *Journal Asiatique*, mai-juin(1911), pp. 413–430.

Boyer, A. M., Rapson, B. J. & Senart, E.

    1920–1929 *Kharosthi Inscriptions Discovered by Sir Aurel Stein in Chinese Turkestan*, Oxford: Clarendon Press.

Brancaccio, P. & Liu, X.

    2009   "Dionysus and Drama in the Buddhist art of Gandhara", *Journal of Global History*, Vol. 4 (2009), pp. 219–244.

Bromberg, C. A.

    1987   "An Iranian Gesture at Miran", *Bulletin of the Asia Institute*, Vol. 1(1987), pp. 45–58.

    1988   "The Putto and Garland in Asia", *Bulletin of the Asia Institute*, Vol. 2(1988), pp. 67–85.

Brough, J.

    1965   "Comments on Third-Century Shan-shan and the History of Buddhism", *Bulletin of the School of Oriental and African Studies*, Vol. 28, No. 3(1965), pp. 582–612.

    1970   "Supplementary Notes on Third-Century Shan-shan", *Bulletin of the School of Oriental and African Studies*, Vol. 33, No.1(1970), pp. 39–45.

Burrow, T.

    1935   "Tocharian Elements in the Kharoṣṭhī Documents from Chinese Turkestan", *Journal of the Royal Asiatic Society*, 1935, pp. 667–675.

    1940   *A Translation of the Kharoshti Documents from Chinese Turkestan*, London: The Royal Asiatic Society（王广智:《新疆出土佉卢文残卷译文集》,收入韩翔等1988: 183–267）.

Bussagli, M.

    1963   *Painting of Central Asian, Geneva*: Skira（巴萨格里著,许建英、何汉民译:《中亚佛教艺术》,乌鲁木齐: 新疆美术摄影出版社,第27—90页）.

C

Carpenter, T. H.

    1997   *Dionysian Imagery in Fifth-Century Athens*, Oxford: Clarendon Press.

Carter, M. L.

    1968   "Dionysiac Aspects of Kushān Art", *Ars Orientalis*, Vol. 7 (1968), pp. 121–146.

    1982   "The Bacchants of Mathura: New Evidence of Dionysiac Yaksha Imagery from Kushan Mathura", *The Bulletin of the Cleveland Museum of Art*, Vol. 69, No. 8 (Oct., 1982), pp. 247–257.

Cambon, P.

    2004   "Monuments de Hadda au musée national des arts asiatiques-Guimet", *Monuments et mémoires de la Fondation Eugène Piot*, tome 83, 2004, pp.168–184.

Cunningham, A.

    1879   *The Stupa of Bharhut: A Buddhist Monument Ornamented with Numerious Sculptures*, London: W. H. Allen and Co. etc.

D

Dalton, O. M.

    1926   *The Treasure of the Oxus with Other Examples of Early Oriental Metal-Work* (repr.), London: British Museum.

Dani, A. H.

    1986   *The Historic City of Taxila*, Tokyo: UNESCO（艾哈默德·哈桑·达尼著,刘丽敏译,陆水林校:《历史之城塔克西拉》,北京:中国人民大学出版社,2005年）.

Dani, A. H. & Masson, V. M.

    1992   *History of Civilizations of Central Asia: The Dawn of Civilization, Earlist Times to 700 B.C.* (Vol. I), Paris: UNESCO（丹尼、马松主编,芮传明译:《中亚文明史·第一卷·文明的曙光:远古时代至公元前700年》,北京:中国对外翻译出版公司,2002年）.

Dar, S. R.

    1979   "Toilet Trays from Gandhara and Beginning of Hellenism in Pakistan", *Journal of Central Asia*, Vol. 2, (Dec. 1979), pp. 141–184.

Debaine-Francfort, C. & Idriss, A. (ed.)

    2001   *Keriya, mémoires d'un fleuve: Archéologie et civilsation des oasis du Taklamakan*, Paris: Éditions Findakly.

E

Errington, E. & Cribb, J.

    1992   *The Crossroad of Asia, London*: The Ancient India and Iran Trust.

F

Faccenna, D.

    1980–1981 *Butkara I (Swat, Pakistan) 1956–1962*, 5 Vols., Rome: IsMEO.

    1995   *Saidu Sharif (Swat, Pakistan), 2. The Buddhist Sacred Area, The Stupa Terrace*, 2 Vols., Rome: IsMEO.

Faccenna, D., Khan, A. & Nadiem, I.

　1993　*Panr I (Swat, Pakistan)*, Vol. ⅩⅩⅥ, Reports and Memoirs, Rome: IsMEO.

Faccenna, D. & Taddei, M.

　1962-1964 *Sculptures from the Sacred Area of Butkara I (Swat, Pakistan), Vol. Ⅱ, Reports and Memoirs*, Rome: IsMEO.

Falk, H.

　2009　"Making Wine in Gandhara under Buddhist Monastic Supervision", *Bulletin of the Asia Institute*, New Series, Vol. 23 (2009), pp. 65-78.

　2010　"Libation Trays from Gandhara", *Bulletin of the Asia Institute*, New Series, Vol. 24 (2010), pp. 89-113.

Frachetti, M. D.

　2011　"Migration Concepts in Central Eurasian Archaeology", *Annual Review of Anthropology*, 2011, Vol. 40, pp. 195-212.

Francfort, H. P.

　1979　*Les palettes du Gandhāra, Mémoires de la Délégation Archéologique Francaise en Afghanistan*, Vol. 23, Paris: Presses Universitaires de France.

Foucher, A.

　1905　*L' Art Gréco-Bouddhique du Gandhāra*, Vol. 1, Paris: E. Lerous（阿·福歇著，王平先、魏文捷译，王冀青审校:《佛教艺术的早期阶段》,兰州:甘肃人民出版社,2008年).

Frumkin, G.

　1970　*Archaeology in Soviet Central Asia*, Leiden: E. L. Brill.

G

Gryaznov, M. P.

　1999　*Afanasievskaya Kultura na Yenisee*, St Petersburg: Dmitriy Bulanin.

H

Hansen, V.

2004   "Religious Life in a Silk Road Community: Niya During the Third
        and Fourth Centuries", in: John Lagerwey ed., *Religion and Chinese
        Society*, Vol. Ⅰ, Hong Kong: The Chinese University Press/
        Paris: École française d'Extrême-Orient, 2004, pp. 279–315.

2012   *Silk Road: A New History*, London: Oxford University Press.

Harmatta, J., Puri, B.N. & Etemadi, G.. F. (ed.)

1994   *History of Civilizations of Central Asia: The Development of
        Sedentary and Nomadic Civilizations, 700 B.C. to A.D. 250 (Vol.
        Ⅱ)*, Paris: UNESCO（亚诺什·哈尔马塔主编，徐文勘、芮传
        明译:《中亚文明史·第二卷·定居文明与游牧文明的发展:
        公元前700年至公元250年》，北京: 中国对外翻译出版公司，
        2002年)。

Hedin, S. A.

1903   *Central Asia and Tibet: Towards the Holy City of Lassa*, 2 Vols,
        London: Hurst and Blackett/New York: Charles Scribner's Sons.

1905   *Scientific Results of a Journey in Central Asia 1899–1902*, Vol.
        2, Stockholm: Lithographic Institute of the General Staff of the
        Swedish Army（斯文·赫定著，王安洪、崔延虎译:《罗布泊探
        秘》，乌鲁木齐: 新疆人民出版社，1997年)。

1943   *History of the Expedition in Asia 1927–1935*, 3 Vols., Stockholm:
        Elandes Bortryckeri Aktiebolag Goteborg（斯文·赫定著，徐十
        周、王安洪、王安江译:《亚洲腹地探险八年》，乌鲁木齐: 新疆
        人民出版社，1992年)。

Herrmann, A.

1931   *Lou-lan: China, Indien und Rom im Lichte der Ausgrabungen am
        Lobnor*, Leipzig: F. A. Brockhaus（阿尔伯特·赫尔曼著，姚可
        崑、高中甫译:《楼兰》，乌鲁木齐: 新疆人民出版社，2006年)。

Houben, J. E. M.

    2003   "The Soma-Haoma Problem: Introductory Overview and Observations on the Discussion", *Electronic Journal of Vedic Studies*, Vol. 9(2003) Issue 1a (May 4), http://www.ejvs.laurasianacademy.com/ejvs0901a.txt

Hiebert, F. & Cambon, P.

    2008   *Afghanistan: Hidden Treasures from the National Museum, Kabul*, Washington D. C.: National Geographic.

Huntington, E.

    1907   *The Pulse of Asia: A Journey in Central Asia Illustrating the Geographic Basis of History*, New York/Boston: Houghton Mifflin（亨廷顿著，王采琴、葛莉译:《亚洲的脉搏》，乌鲁木齐：新疆人民出版社，2001年）.

I

Ingholt, H. & Lyons, I.

    1957   *Gandharan Art in Pakistan*, New York: Pantheon Books.

K

Kuzmina, E. E.

    2007   *The Origin of the Indo-Iranians*, Leiden/Boston: Brill.

    2008   *The Prehistory of the Silk Road*, Philadelphia: University of Pennsylvania Press.

L

Litvinsky, B. A. (ed.)

    1996   *History of Civilizations of Central Asia: The crossroads of civilizations, A.D. 250 to 750(Vol. III)*, Paris: UNESCO（李特文斯基主编，马小鹤翻译:《中亚文明史・第三卷・文明的交会：公元250年至750年》，北京：中国对外翻译出版公司，2003年）.

Litvinskii, B. A. & Pichikian, I. R.

    1981   "The Temple of the Oxus", *The Journal of the Royal Asiatic Society of Great Britain and Ireland*, No. 2 (1981), pp. 133–167.

Lo Muzio, C.

    1995   "On the Musicians of the Airtam Capitals", in: Antonio Invernizzi ed., *In the Land of the Gryphons: Papers on Central Asian Archaeology in Antiquity*, Firenze: Le Lettre, 1995, pp. 239–257.

    2011   "Gandharan Toilet-Trays: Some Reflections on Chronology", *Ancient Civilizations from Scythia to Siberia*, Vol. 17 (2011), pp. 331–340.

M

Mair, V. H. & Hickman, J. (ed.)

    2014   *Reconfiguring The Silk Road: New Research on East-West Exchange in Antiquity*, Philadelphia: University of Pennsylvania Museum of Archaeology and Anthropology.

Maisey, F. C.

    1892   *Sanchi and Its Remains: A Full Description of the Ancient Buidings, Sculptures, and Inscriptions*, London: Kegan Paul, Trench, Trubner & Co., Ltd.

Marshall, J.

    1918   *A Guide to Sanchi*, Calcutta: Superintendent Government Printing.

    1951   *Taxila: An Illustrated Account of Archaeological Excavations Carried Out at Taxila under the Orders of The Government of India Between the Years 1913 and 1934*, 3 Vols., Cambridge: At the University Press（约翰·马歇尔著，秦立彦译：《塔克西拉》，昆明：云南人民出版社，2002年）.

    1960   *Buddhist Art of Gandhara: The Story of the Early School, Its Birth, Growth and Decline*, Cambridge: Cambridge University Press（约翰·马歇尔著，许建英译，贾应逸审校：《犍陀罗佛教艺术》，乌鲁木齐：新疆美术摄影出版社，1999年）.

N

Nakanishi Yumiko

    2000   *The Art of Miran*, Thesis (Ph.D.), University of California, Berkeley.

P

Paula, C.

    1992   *Miran and the Paintings from Shrines M. Ⅲ and M. Ⅴ*, Thesis (Ph. D.), University of London.

Pope, A. U. (ed.),

    1938   *A Survey of Persian Art*, Vol. Ⅶ, London/New York: Oxford University Press.

Pugachenkova, G. A.

    1991   "The Buddhist Monuments of Airtam", *Silk Road Art and Archaeology*, Vol. Ⅱ (1991/92), pp. 23–38.

    1988   *The Art of Central Asia*, Leningrad: Aurora Art Publishers（普加琴科娃、列穆佩著,陈继周、李琪译:《中亚古代艺术》,乌鲁木齐: 新疆美术摄影出版社,1994年）.

R

Rowland, B. Jr.

    1960   *Gandhara Sculpture from Pakistan Museums*, New York: The Asia Society Inc.

Rhie, M. M.

    1999   *Early Buddhist art of China and Central Asia*, Vol. Ⅰ, Leiden/Boston/Koln: Brill.

    2002   *Early Buddhist art of China and Central Asia*, Vol. Ⅱ, Leiden/Boston/Koln: Brill.

Rosenfield, J. M.

    1967   *The Dynastic Arts of the Kushans*, Berkeley and Los Angeles: University of California Press.

Rowland, B.

1971–72 "Graeco-Bactrian Art and Gandhāra: Khalchayan and the Gandhāra Bodhisattvas", *Archives of Asian Art*, Vol. 25 (1971/1972), pp. 29–35.

1953 *The Art and Architecture of India: Buddhist*, Hindu, Jain, London: Penguin Books.

1974 *The Art of Central Asia*, New York: Crown Publishers.

S

Sarianidi, V. I.

1985 *Bactrian Gold from the Excavations of the Tillya-Tepe Necropolis in Northern Afghanistan*, Leningrad: Aurora Art.

1994 "New Discoveries at ancient Gonur", *Ancient Civilizations from Scythia to Siberia*, Vol.2, No.3, 1994, pp. 289–310.

Sharma, R. C.

1984 *Buddhism Art of Mathura*, Delhi: Agam Kala Prakashan.

Stein, M. A.

1907 *Ancient Khotan: Detailed Report of Archaeological Explorations in Chinese Turkestan*, 2 Vols., Oxford: Clarendon Press（奥雷尔·斯坦因著, 巫新华等译:《古代和田: 中国新疆考古发掘的详细报告》, 济南: 山东人民出版社, 2009年）.

1921 *Serindia: Detailed Reporat of Explorations in Central Asia and Westernmost China Carried out and Described under the Orders of H. M. India Government*, 5 Vols., Oxford: Clarendon Press（奥雷尔·斯坦因著, 巫新华等译:《西域考古图记》, 桂林: 广西师范大学出版社, 1998年）.

1928 *Innermost Asia: Report of Exploration in Central Asia Kan-su and Eastern Iran*, 4 Vols., Oxford: Clarendon Press（奥雷尔·斯坦因著, 巫新华等译:《亚洲腹地考古图记》, 桂林: 广西师范大学出版社, 2004年）.

Svyatko, S. V. et al.

    2009   "New Radiocarbon Dates and a Review of the Chronology of Prehistoric Populations from the Minusinsk Basin, Southern Siberia, Russia", *Radiocarbon*, Vol. 1(2009), pp. 243–273.

T

Tanabe, K.

    2002   "Greek, Roman and Parthian Influences on the Pre-Kushana Gandharan 'Toilet-Trays' and Forerunners of Buddhist Paradise (Pāramitā)", *Silk Road Art and Archaeology*, Vol. 8 (2002), pp. 73–100（田边胜美著，黄铁生译：《前贵霜时期犍陀罗梳妆盘反映的希腊、罗马和安息的影响和佛教"来世"观的萌芽》，《信息与参考》2003年第1期，第22—30页）.

    2003   "The Earliest Pāramitā Imagery of Gandharan Buddhist Reliefs", *Silk Road Art and Archaeology*, Vol. 9 (2003), pp. 87–105（田边胜美著，刘艳燕译：《犍陀罗佛教浮雕中最早的波罗蜜多造像——对酒神节形象的新诠释》，《信息与参考》2004年总第5期，第99—104页）.

Tissot, F.

    2006   *Catalogue of the National Museum of Afghanistan 1931–1985*, Paris: UNESCO.

Tubb, J. N.

    1982   "A Crescentic Axehead from Amarna (Syria) and an Examination of Similar Axeheads from the Near East", *Iraq*, Vol. 44, No. 1 (Spring, 1982), pp. 1–12.

W

Whitefield, R. & Farrer, A.

    1990   *Caves of the Thousand Buddhas: Chinese Art from the Silk Route*, London: The Trustees of the British Museum.

Whitefield, R.

  1982–1985 *The Art of Central Asia: The Stein Collection in the British Museum*, 3 Vols., Tokyo: Kodansha（ロデリック・ウィットフィールド編集解説, 大英博物館監修, 上野アキ翻訳:《西域美術: 大英博物館スタイン・コレクション》, 東京: 講談社, 1984年）.

Werblowsky, J. R. Z.

  1987 "Synkretismus in der Religionsgeschichte", in: Walther Heissig & Hans-Joachim Klimkeit ed., *Synkretismus in den Religionen Zentralasiens*, Wiesbaden: Verlag Otto Harrassowitz, 1987, pp. 1–7.

Y

Yang, R. et al.

  2014 "Investigation of Cereal Remains at the Xiaohe Cemetery in Xinjiang, China", *Journal of Archaeological Science*, Vol. 49 (2014), pp. 42–47.

Z

Zhang, Y. et al.

  2017 "Holocene Environmental Changes around Xiaohe Cemetery and Its Effects on Human Occupation, Xinjiang, China", *Journal of Geographical Sciences*, 2017, 27(6), pp. 752–768.

图书在版编目（CIP）数据

罗布泊考古研究 / 陈晓露著. —上海：上海古籍
出版社，2022.1
ISBN 978-7-5732-0164-5

Ⅰ.①罗⋯ Ⅱ.①陈⋯ Ⅲ.①罗布泊-考古-研究
Ⅳ.①P942.450.78

中国版本图书馆CIP数据核字（2021）第246413号

罗布泊考古研究

陈晓露 著

上海古籍出版社出版发行

（上海市闵行区号景路 159 弄 1-5 号 A 座 5F 邮政编码 201101）

（1）网址：www.guji.com.cn
（2）E-mail：guji1 @ guji.com.cn
（3）易文网网址：www.ewen.co

常熟市人民印刷有限公司印刷

开本 710×1000 1/16 印张 23.25 插页 2 字数 358,000
2022 年 1 月第 1 版 2022 年 1 月第 1 次印刷
ISBN 978-7-5732-0164-5

K · 3102 定价：128.00 元
如有质量问题，请与承印公司联系